机场道面表面健康状态智能检测技术

马　涛　张伟光　童　峥　著

科 学 出 版 社

北　京

内 容 简 介

机场道面作为整个机场的重要基础设施，是关系飞机能否安全起降的关键环节，机场道面的服务质量水平也是各国机场在建设时期和运营时期特别关注的问题。本书针对机场道面的外来物、表面病害、抗滑性能、积水积冰积雪等与道面服务质量水平相关的关键因素，介绍了机场道面外来物检测技术、基于图像处理技术的机场道面裂缝快速检测技术、基于道面三维纹理的机场道面抗滑性能评价技术、机场道面雨雪冰状态检测与预警技术，为机场道面健康状态数字化检测与智能化管养提供技术支撑，从机场道面检测层面支撑交通强国的发展战略。

本书适用于机场道面相关领域的管理人员、研究人员以及高校教师与研究生。

图书在版编目(CIP)数据

机场道面表面健康状态智能检测技术/马涛，张伟光，童峥著. —北京：科学出版社，2025.6

ISBN 978-7-03-076035-7

Ⅰ. ①机… Ⅱ. ①马… ②张… ③童… Ⅲ. ①飞机跑道–路面性状–自动检测 Ⅳ. ①V351.11

中国国家版本馆 CIP 数据核字(2023)第 137641 号

责任编辑：惠 雪 曾佳佳 李 策/责任校对：郝璐璐

责任印制：张 伟/封面设计：许 瑞

科学出版社 出版

北京东黄城根北街 16 号

邮政编码：100717

http://www.sciencep.com

北京九州迅驰传媒文化有限公司印刷

科学出版社发行 各地新华书店经销

*

2025 年 6 月第 一 版 开本：720×1000 1/16

2025 年 6 月第一次印刷 印张：16

字数：320 000

定价：139.00 元

(如有印装质量问题，我社负责调换)

前　言

机场道面作为整个机场的重要基础设施，是关系飞机能否安全起降的关键环节，机场道面的服务质量水平也是各国机场在建设时期和运营时期特别关注的问题。机场道面在服役期间，存在外来物入侵风险，在飞机荷载、环境荷载的耦合作用下，会产生裂缝、坑槽等不同的病害形式，而外来物与雨雪冰等因素也是影响飞行安全的重要因素。现阶段，机场道面的表面状态检测仍然以人工检测为主，虽然可靠度高，但存在检测效率低、智能化不足等问题。因此，研究人员一直致力于机场道面表面健康状态的快速检测与智能处理方法，从检测精度、处理效率等角度出发，构建机场道面表面健康状态的系列检测技术，以高精度、高效率地实现机场道面表面状态的检测。

目前，在国内外机场道面检测方法中，外来物的检测主要基于雷达-光电复合探测系统，存在虚警率与成本较高等缺点；机场道面裂缝、坑槽等表面状态的检测主要依赖人工巡检与测试，存在效率低、测试精度不高等问题；机场道面不均匀沉降的检测具有检测覆盖面小且不连续等缺点；机场道面摩擦系数与雨雪冰等参数的检测存在单点检测、覆盖面小、设备昂贵等不足。

针对上述需求，在机场外来物检测方面，作者团队开发了基于纯光电的机场外来物检测技术，建立了外来物精细化评价指标及危险等级评判机制，实现了机场外来物全天候、全自动、高检测率识别；在机场道面裂缝检测方面，开发了基于 DeepLab V3+的裂缝图像语义分割算法、裂缝目标检测与特征提取方法，建立了裂缝几何特征计算与破损评定分级方法，实现了裂缝自动化检测、测算与评定；在机场道面变形方面，开发了基于合成孔径雷达干涉测量(InSAR)技术的道面高精度监测技术；在道面抗滑性能检测方面，开发了基于近景摄影测量的道路表面纹理信息采集技术，构建了基于三维激光点云的路表纹理特征重构技术，搭建了机场道面抗滑性能快速采集设备，实现了机场纹理快速采集与实时解算；在雨雪冰状态检测方面，开发了基于目标检测算法的雪冰状态识别模型，建立了基于三维点云的表面积雪厚度检测方法，实现了积水积冰积雪厚度的实时检测。

全书共 10 章。第 1 章为绪论；第 2 章和第 3 章介绍机场道面外来物实时检测技术；第 4 章介绍机场道面多尺度表面病害检测技术；第 5 章介绍机场道面裂缝快速检测与高清辨识技术；第 6～8 章介绍机场道面不均匀沉降监测、抗滑性能检测与评价方法；第 9 章和第 10 章介绍机场道面雨雪冰状态检测与预警技术。其中，第 1～3 章由马涛撰写，第 4～8 章由张伟光撰写，第 9 章和第 10 章由童峥撰写。

其他参与辅助性工作的人员有程杭林、钟靖涛、常昊雷、张一鸣、张晶、彭天宜、祝铭阳、方可欣、宋一涛、林晓澎、申熙远。

本书的出版得到了国家重点研发计划项目“机场道面状态智能化监测与性能快速恢复技术”(2020YFB1600102)的支持，在此表示感谢。

由于作者水平有限，加上时间仓促，书中疏漏之处在所难免，恳请读者提出宝贵意见。

作　者

2024 年 7 月

目　录

第 1 章　绪　　论

2022 年 5 月发布的《2021 年民航行业发展统计公报》中显示，2021 年民航行业完成运输总周转量 856.75 亿吨公里，比 2020 年增长 7.3%(图 1.1)。国内航线完成运输总周转量 641.14 亿吨公里，比 2020 年增长 9.1%；国际航线完成运输总周转量 215.61 亿吨公里，比 2020 年增长 2.3%。

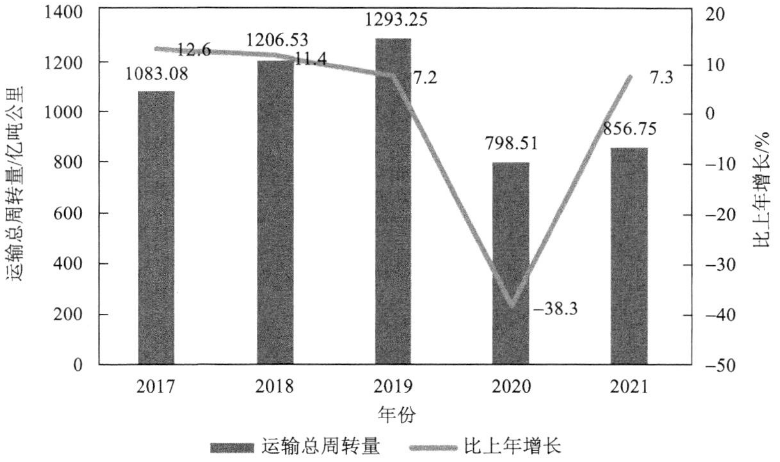

图 1.1　2017～2021 年民航运输总周转量

随着周转量和机场数量的增加，我国对民航的发展提出了更高要求，《“十四五”民用航空发展规划》提出进一步的发展预期指标：民用机场数量从 2020 年的 580 个提升至 2025 年的 770 个；运输总周转量从 2020 年的 799 亿吨公里提升至 2025 年的 1750 亿吨公里；保障起降架次从 2020 年的 905 万架次提升至 2025 年的 1700 万架次。与此同时，要致力于构建一流的民航安全体系：树立民航系统安全观，正确处理安全和发展的关系，围绕运行、空防、适航、信息等民航安全链条，系统提升理论创新能力、风险防控能力、依法监管能力、安全保障能力和科技支撑能力，持续提升民航安全总体水平。

机场道面作为整个机场的重要基础设施，是关系飞机能否安全起降的关键环节，机场道面的服务质量水平也是各国机场在建设时期和运营时期特别关注的问题。国际民用航空组织 2018～2020 年的统计数据表明，民用飞机在起飞、最终进场着陆阶段发生的事故数量占事故总数的 23%。其中，与道面相关的核心内容包括外来物、表面病害、抗滑性能、积水积冰积雪等。

1.1 机场外来物

机场外来物指的是任何不属于机场但出现在机场运行区域并可能对机场造成损失或者对飞行器造成损害的外来物品，机场外来物的英文为 foreign object debris(FOD)[1]，可以是任何人工物件、动物、植物，甚至雷电等任何不属于机场道面本身的异物。外来物的另一种解释是 foreign object damage，指的是由机场外来物入侵事件而导致的损失。

机场外来物来源种类繁杂，主要分为机场道面外来物和机场净空区外来物，其不确定性侵扰可能会造成航空器的损伤，甚至威胁机场工作人员和乘客的生命安全。同时，虽然机场外来物入侵事件发生频繁，但由于外来物出现的情况难以预估，甚至难以界定外来物损伤是在起飞、降落或空中航行的哪个阶段发生的，因此多数情况下机组人员无法定量分析外来物造成的损伤。在 1992～1998 年，美国航空运输协会统计了旗下成员航空公司报告的外来物损伤事件，其中不明外来物占总数的 73.4%，野生动物占总数的 12.7%，冰和硬物体占总数的 10.2%，软物体占总数的 3.4%，雷击占总数的 0.3%。

1996 年美国航空运输协会一份关于外来物损失的报告显示，各航空公司每年因外来物带来的损失平均约 740 万美元，所有成员航空公司每年损失平均约 1.7 亿美元，其中发动机损伤约 7200 万美元。考虑到数以千计的全球航空制造商、商用飞机和私人飞机运营者，全球航空界的外来物损伤损失可能接近 40 亿美元。

传统的机场外来物检测及处置方式主要依赖人工巡检，巡检人员每天多次采用步行或驾车的方式，通过肉眼进行外来物排查，具有识别效率低下(步行时，覆盖面小)、遗漏率高(主要发生在驾车过程中，车速过快、人眼疲劳等)、实时性差、巡检期间需关停跑道等不足。随着机场跑道繁忙程度的迅速提高，人工检测的窗口期缩短，急需更高效、更准确的机场外来物检测方法，并开发低成本、智能化、高准确率的机场外来物检测技术。

外来物检测技术主要分为三种，即基于毫米波雷达技术、基于光电技术和基于雷达-光电混合技术[2]。机场外来物检测与识别系统主要是利用上述三种外来物检测原理，对机场外来物进行图像采集，实现机场外来物的检测、定位、识别、报警等功能。目前国外已成功研制出相应的机场外来物检测与识别系统，可检测外来物并进行定位[3]，同时对目标进行识别和记录，代表性系统包括 Tarsier 系统、外来物 Detect 系统、外来物 Finder 系统与 iFerret 系统，如图 1.2 所示。国内的外来物检测系统虽然处于起步阶段，但是发展迅速，如中国民用航空总局第二研究所、南京莱斯、沈阳汇通等研发的外来物检测产品，已在国内机场实现布设与应用[4]。

(a) Tarsier 系统

(b) 外来物 Detect 系统

(c) 外来物 Finder 系统

(d) iFerret 系统

图 1.2　典型机场外来物检测系统

1.2　机场道面表面病害

机场道面的表面健康状况直接影响飞行安全。由通用机场信息管理系统统计的数据可知，我国有 41%的机场道面使用年限已超过 20 年，服役年限为 10～20 年的机场数量占机场总数量的 27%。长期以来，这些机场道面一直处于露天环境，不仅承受着化学试剂的腐蚀，还要持续承受航空器带来的各种荷载，极易产生各种病害。

参考 *Distress identification manual for the long-term pavement performance program*[5]和《民用机场道面评价管理技术规范》(MH/T 5024—2019)，可以将水泥混凝土道面和沥青道面病害分类如下。

水泥混凝土道面需要记录的病害类型应包括：

(1) 裂缝类。纵向、横向和斜向裂缝，破板或交叉裂缝，角隅断裂。

(2) 接缝类。填缝料损坏、接缝破碎、板角剥落、胀裂。

(3) 竖向位移类。唧泥和板底脱空、沉陷或错台。

(4) 表层类。起皮、龟裂和细微裂纹，耐久性裂缝，收缩裂缝，坑洞。

(5) 修补类。小补丁、大补丁和开挖补块。

沥青道面需要记录的病害类型应包括：

(1) 裂缝类。纵向和横向裂缝、反射裂缝、滑移裂缝、龟裂、不规则裂缝。

(2) 表层类。松散和老化、喷气烧蚀、集料磨光、泛油、油料腐蚀。

(3) 竖向变形类。轮辙、沉陷、隆起、搓板、推挤。

(4) 修补类。补丁和开挖补块。

图 1.3 展示了几种机场道面典型的表面病害。

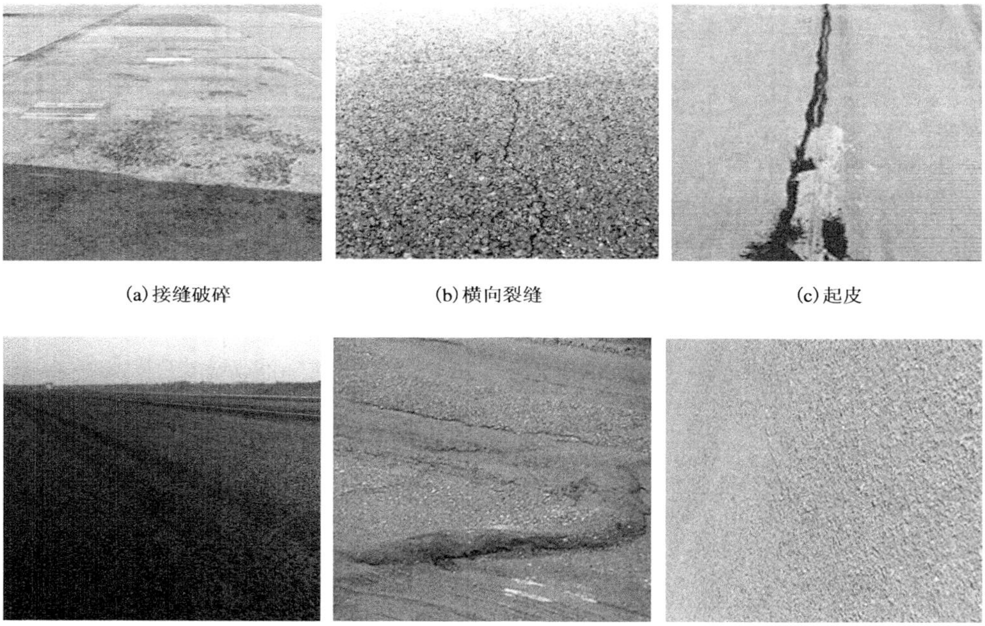

(a) 接缝破碎　(b) 横向裂缝　(c) 起皮

(d) 轮辙　(e) 推挤　(f) 老化

图 1.3　机场道面典型表面病害

传统道面表面状况调查主要采用徒步目视、摄影摄像和纸质记录的方式[6]，检测效率与结果分析效率较低。随着移动互联网技术和图像处理技术的发展，基于高精度定位的移动终端方案在解决现场定位、图像和数据采集等方面呈现出较大的优势。早期的道面病害主要基于传统的图像处理算法，通过对采集的机场跑道路面裂缝进行图像处理得到裂缝几何特征信息，从而判定道面是否需要整修，但是在图像分割的过程中缺少最优阈值分割算法[7]。例如，使用 U-Net、YOLO v5、Faster R-CNN、DDRNet 等模型进行图像的分割来提取道面裂缝信息。目前的主要问题在于算法的准确性和运算速度都有待提升。

1.3　机场道面抗滑性能

机场道面抗滑性能的精准检测与评价是机场建设和安全运营管理过程中日益关注的问题。机场道面在飞机轮胎与道面接触时提供足够的摩擦力，保障飞机在滑行和制动过程中的稳定性。统计表明，恶劣天气条件下的事故率远高于正常情况。道面抗滑能力不足易导致飞机冲出、滑出跑道。2019 年 5 月 3 日，美国一架载有 140 人的飞机冲出跑道，滑入河中。2019 年 6 月 30 日和 7 月 1 日，印度连续两天发生飞机因跑道抗滑能力不足而冲出跑道的事故。2020 年 2 月 5 日，土耳其一架飞机在硬着陆时因抗滑能力不足而冲出跑道，造成 179 人受伤。鉴于大量的人员伤亡和经济损失，许多国家一直以来都致力于开发适应各种天气条件的跑道摩擦力精确测量的方法或设备。

国内外学者对机场道面抗滑性能的原理、检测方式和评价方法进行了大量研究[8-10]，基于摩擦系统分析飞机轮胎与道面之间的相互作用，提出了一种通用的结构化方法，如图 1.4 所示。飞机轮胎-跑道模型主要由轮胎、跑道、沉积物、环境四个摩擦要素组成。

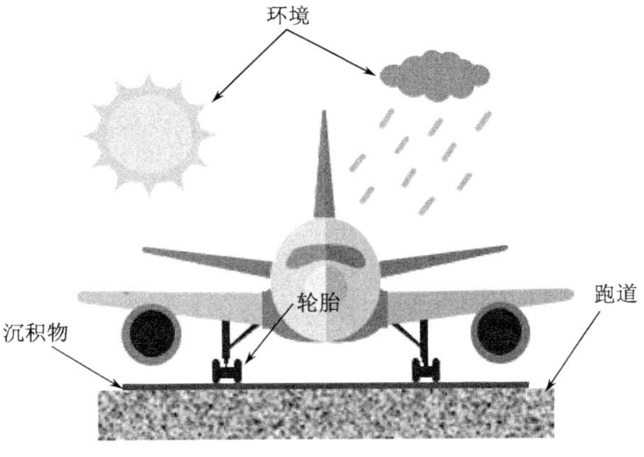

图 1.4　飞机轮胎-跑道模型

通过研究这四个摩擦要素，发现影响道面表面摩擦特性最重要的因素是表面纹理，即道面材料表面纹理的粗糙度。如图 1.5 所示，机场道面表面纹理包括微观纹理和宏观纹理。其中，微观纹理是单个集料的纹理，影响低速条件下的道面抗滑性能，其形成主要依赖道面集料的质量，通过集料的抛光硬度值表征。宏观纹理是由多个相邻集料共同组成的纹理，对机场水泥混凝土道面进行刻槽会改善其宏观纹理，从而增加道面抗滑能力。在潮湿的跑道表面上，虽然跑道的刻槽可以帮助表面水排出，但轮胎-道面之间依然会存在水膜，导致集料表面微观纹理与轮胎之间的直接接触区域面积骤减，此时微观纹理对抗滑的贡献较小，而尺度较大的宏观纹理可以刺穿水膜，该工况下宏观纹理成为轮胎-道面抗滑系统的主导因素。

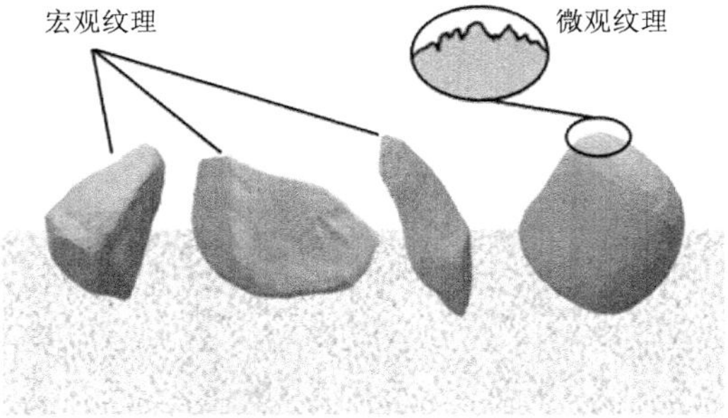

图 1.5　机场道面宏观纹理与微观纹理

目前机场的抗滑性能检测一般采用定点式抗滑性能测试方法和连续式抗滑性能测试方法。连续式抗滑性能测试方法测试在不同速度，水膜厚度为 1mm 的不利情况下的道面摩擦系数。但是连续式抗滑性能检测设备只能判断检测车轮胎与道面的附着状况，无法真实反映道面的纹理数据，也无法判断道面纹理的抗滑水平。

随着技术的进步，基于激光、双目视觉、多目视觉的三维机器视觉技术逐渐进入公路检测领域。在道路表面纹理特性研究方面，国内研究人员采用 Keyence VR-5000 激光扫描设备研究了沥青路面纹理衰变与抗滑性能的关系，基于便携式超高分辨率 3D 激光扫描仪研究了沥青路面纹理功率谱与摩擦系数的关系，相比于以往的基于功率谱的路面摩擦预测模型更准确。然而目前国内外采用机器视觉检测技术对机场道面抗滑性能进行检测的研究较少，机器视觉检测技术在机场道面抗滑性能检测中尚缺乏应用。因此充分研究道面表面纹理特征与其表面抗滑性能之间的客观规律，科学、准确评价机场道面的抗滑能力，有助于指导机场道面工程设计、施工和运营养护等工作。

1.4　机场道面积水积冰积雪

机场道面积水积冰积雪状态直接关系飞行安全和运行效率。中国民用航空局相关统计资料显示，世界上 1/4 的航空运输事故都涉及跑道冲偏的情况，尤其在湿滑道面情况下，即使是技术熟练的飞行员，也难以在湿滑跑道上控制高速行驶中的飞机的航向。飞机偏/冲出跑道可能与多种因素有关，据中国民用航空安全信息系统网（http://safety.caac.gov.cn/）数据库统计，在飞机着陆偏出跑道事故中，有 67%的后验概率事故与跑道存在积水有关，占所有事故原因的首位，有 34%的后验概率事故与积冰积雪有关。为减少这类事故的发生，机场场务工作人员需要实时监控道面状态，及时按照规定对道面积水、积冰、积雪等污染进行处理。

《运输机场跑道表面状况评估和通报规则》(民航规〔2021〕32 号)第三章第十五条规定：当全部或部分跑道表面有湿气、压实的雪、干雪、湿雪、雪浆、霜、冰或积水时，机场管理机构应当立即对跑道表面受污染情况进行评估。因此，道面雨雪冰状态检测与预警对于保障机场运输安全，减少因道面状态导致发生飞行事故具有重要作用。目前机场对道面污染物的识别和评估采取目视的方法，污染物的深度通过直尺测量等方法确认，这种方法需要人员进入跑道巡检测量，检测范围有限且检测效率低。

目前，有关道面表面雨、雪、冰状态的识别主要集中在道路应用研究方面，包括接触式技术与非接触式技术两类[11]。接触式技术通过雨、雪、冰不同的电学特性如介电常数、电导率、谐振特性等差异设计各种埋入式传感器，通过传感器与表面雨雪冰的接触，发送电信号、微波进行不同状态的识别。这类传感器测量准确且分辨率较高，主要不足在于：①对于雨雪冰混合情况识别困难，需要引入多种传感方法融合测量；②识别范围有限，只能确保在埋设传感器的范围内给出识别结果，对于机场大范围应用不具备实用性；③需要破坏道面进行埋设，设备损坏后维修困难。

非接触式技术主要包括光谱强度测量、光学偏振测量、雷达检测和图像识别。光谱强度测量在实验室环境下识别效果稳定，但在实际应用中环境光照参数不可预测，需要处理光污染源。光学偏振测量目前多为室内实验，野外测量准确率还有待研究。雷达检测在实际使用中受湿度、气流变化等影响严重，不能保证实际识别能力和稳定性。图像识别主要依赖机器学习算法，随着近年来识别算法不断更新，在识别准确率和识别速度方面都有了重大突破，并且这种识别方法测量范围广，通过图像可以完成多种道面表面检测项目。此外，图像识别方法还能够处理大规模数据，实现高效的批量处理。

参 考 文 献

[1] Xu Q Y, Ning H S, Chen W S. Video-based foreign object debris detection//IEEE International Workshop on Imaging Systems and Techniques, Shenzhen, 2009: 119-122.

[2] Hantscher S, Essen H, Warok P, et al. LAOTSE, an approach for foreign object detection by multimodal netted 2D/3D sensors//2011 Tyrrhenian International Workshop on Digital Communications-Enhanced Surveillance of Aircraft and Vehicles, Naples, 2011: 61-64.

[3] 郭晓静，于之靖. 机场跑道异物定位算法研究. 测控技术, 2012, 31(5): 41-44.

[4] 王宇，吴炜，张德银. 基于计算机视觉的机场跑道异物检测识别系统. 电视技术, 2010, 34(5): 102-104, 116.

[5] Federal Highway Administration. Distress identification manual for the long-term pavement performance program. FHWA-HRT-13-092, 2014.

[6] 岳晓新, 贾君霞, 陈喜东, 等. 改进 YOLO V3 的道路小目标检测. 计算机工程与应用, 2020, 56(21): 218-223.

[7] 任峰. 基于图像处理技术的机场跑道路面裂纹检测研究. 南京: 南京航空航天大学, 2012.

[8] Carbone G, Mangialardi L. Adhesion and friction of an elastic half-space in contact with a slightly wavy rigid surface. Journal of the Mechanics and Physics of Solids, 2004, 52(6): 1267-1287.

[9] Chen Y, Wang K J, Zhou W F. Evaluation of surface textures and skid resistance of pervious concrete pavement. Journal of Central South University, 2013, 20(2): 520-527.

[10] Shi X D, Shi S W, Zhang L, et al. Modeling and simulation of airport runway frictional coefficient measuring vehicle based on bond-graph method. Applied Mechanics and Materials, 2011, 52-54: 49-53.

[11] 李斯. 基于谱图理论的机场道面除冰雪群作业研究. 天津: 中国民航大学, 2018.

第 2 章　机场道面外来物检测技术研究综述

本章介绍机场道面外来物检测的定义与危害，以及目前国内外常用检测技术的检测原理与方法。

2.1　机场道面外来物检测概述

机场道面是机场的关键基础设施，主要包括跑道、滑行道和停机坪，是飞机进行飞行准备、起飞、降落、滑行、停放的重要功能场地，关乎航空飞行安全和机场运行保障。机场净空区是为保证飞机起飞着陆和复飞的安全，在机场周围划定的限制地貌、地物高度的空间区域。及时准确对上述区域外来物进行监测并进行预警对保障民航机场的安全运行至关重要。

近年来，最引人关注的机场外来物入侵事件是 2000 年法国航空协和飞机空难，此次空难共计造成 113 人(机上 109 人，地面 4 人)遇难。后续调查表明，协和飞机空难起因是上一个航班飞机掉落在跑道上的金属碎片扎破随后起飞滑行中的协和飞机轮胎，轮胎爆破产生的碎片击中多个油箱，导致飞机左机翼起火并坠毁。此次事故导致协和飞机在 2003 年 10 月 24 日全部退役。法国政府因空难事故重新制定更多的航空安全法规。

外来物不仅损坏飞行器，夺去人们宝贵的生命，同时也给航空公司、机场、社会带来巨大的经济损失。美国鸟击委员会的报告记载了 1999 年美国民用航空业的 4800 多起鸟击事件，这些鸟击事件造成的损失超过 4 亿美元，而鸟击委员会估计还有 80%的鸟击事件没有报告。由此推算，1999 年美国仅鸟击损失就高达 20 亿美元。

综上，外来物实时监测直接关系机场运行安全。然而，目前对机场外来物的检测与处置主要依赖人工巡检，巡检人员每天多次步行或驾车，通过肉眼进行外来物排查，具有识别效率低下(步行时，覆盖面小)、遗漏率高(主要发生在驾车过程中，车速过快、人眼疲劳等)、实时性差、巡检期间需关停跑道等不足。随着机场跑道繁忙程度的迅速提高，急需更高效、更准确的机场外来物检测方法，开发低成本、智能化、高准确率的机场外来物检测技术已成为当前行业研究趋势。

2.2 机场道面外来物检测方法

外来物检测方法分为三类，即毫米波雷达技术、光电技术、雷达-光电混合技术[1]。除新加坡的 iFerret 系统采用纯光电技术外，其余技术原理相似，均采用毫米波雷达扫描，在发现疑似的外来物及位置后，采用视频拍摄的方式以获取外来物的类型和尺寸信息。其安装形式主要有两类，即固定式和车载移动式。固定式分为塔架式和边灯式，相比于边灯式，塔架式可覆盖范围更广，设备数量可适当减少。车载移动式通过在车辆上搭载检测设备进行外来物检测，其优点是检测精度高、不受光线影响，检测到外来物可实时处理。

2.2.1 基于雷达-光电混合技术的外来物检测方法

基于雷达-光电混合技术的外来物检测方法是目前常用的外来物检测方法，主要采用雷达探测技术和图像处理技术实现外来物的检测[2]。在雷达信号处理方面，常采用恒虚警率(constant false alarm rate, CFAR)算法作为外来物检测方法。基于毫米波雷达的迭代自适应算法(iterative adaptive algorithm，IAA)，通过对数据预处理先获得粗略的外来物目标信息，再进行融合处理，从而获得准确的外来物目标信息。毫米波监视雷达外来物自动目标检测的综合算法，可实现在超过 660m 远程条件下对小目标的检测。针对外来物检测中大气扰动和系统硬件造成的系统相位漂移，采用基于高分辨率雷达的外来物碎片探测系统相位漂移校正方法，可改善探测系统的检测性能。

基于毫米波雷达成像[2]的跑道外来物检测与识别系统具有较高的检测能力，但雷达系统成本高，运行维护成本也高。此外，雷达系统在跑道外来物的检测过程中具有局限性。例如，Tarsier 系统只能检测跑道外来物的几何信息，缺少色彩、深度信息等直观特征，也是增加检测系统虚警率和漏检率的重要原因。目前的外来物检测与识别系统大多采用人工判别外来物种类及危害的方法。

2.2.2 基于光电技术的传统图像处理外来物检测方法

基于光电技术的跑道外来物检测系统，典型代表是新加坡的 iFerret 系统，其采用视频监控与图像处理技术。但目前基于光学成像的跑道外来物检测与识别系统仍有较大的发展空间，英国研究人员基于视频的固定式和移动式外来物检测系统，提出了相应的检测方法。对于固定式外来物检测系统，在同一场景下拍摄不同时刻的图像，可采用灰度级时空光流法或离散特征检测与匹配法，将这些图像进行对比，判断是否存在外来物。对于移动式外来物检测系统，采用两个及以上摄像机构成立体视觉系统，通过判断一定区域内跑道道面的深度信息，检测出具有一定高度的跑道外来物及其尺寸。然而，此类技术无法准确检测扁平类跑道外来物，也无法精确判断外来物与跑道道面的深度信息差别。针对现有方法的不足，美国研究小组采用合成视觉的方法检测识别外来物。在检测方式方面，德国研究人员使用雷达和视频相结合的检测方法，提高了跑道外来物检测的准确性。在检测算法方面，Jayadharini 等[3]通过采用伽马校正和维纳滤波对基于光学成像系统采集到的图像进行增强，使用背景提取和帧差法进行机场道面外来物的检测。

我国多个研究机构都致力于开展基于光学成像的跑道外来物检测与识别系统研究。在静态背景建模方面，提取跑道背景，通过当前图像与跑道背景图像的差分运算，得到去除跑道背景的外来物图像；采用马尔可夫随机场对检测图像进行处理，以消除噪声干扰并对外来物进行定位，同时利用三维坐标定位技术将霍夫变换(Hough transform)改进后用于确定跑道位置，该研究利用归一化算法实现以机场跑道灯为特征点的匹配，同时为了提高匹配效果，采用特征点旋转整合，有效获取特征点位置[4]。结合传感器逐区域扫描时的方位改变与摄像机初始坐标系换算关系，确定跑道外来物的相对空间位置，实现对跑道外来物的定位。针对环境等外界因素对机场跑道图像配准的影响，提出一种新的匹配算法，将多邻近点距离和图像纹理相结合，提高机场道面外来物检测的有效性[5]。

2.2.3　基于深度学习的外来物检测方法

随着人工智能技术的广泛应用，以及基于深度学习与计算机视觉的目标检测技术的发展，基于卷积神经网络(convolutional neural network, CNN)的目标检测算法在检测、识别方面快速发展，出现许多基于 CNN 的外来物检测方法，如基于改进区域建议网络(region proposal network, RPN)和基于空间变换网络(spatial transformer network, STN)的外来物检测方法。基于 Faster R-CNN 的机场道面外来物识别定位系统通过无人机位置信息换算求解，得到外来物的类别与位置信息[6]。上述以 Fast R-CNN、Faster R-CNN 等为代表的目标检测算法检测精度相对较高，但检测速度慢，无法满足实时性要求等。以 YOLO(you only look once)系列为代表的基于回归的目标检测算法凭借其检测速度快及良好的检测性能在工业界得到广泛应用，该算法专注于对中等大小目标的检测。考虑到外来物目标尺度小、图像占比小，在小目标检测方向上，YOLO 算法要实现对外来物的实时精准检测仍有挑战。研究人员在 YOLO v3 的基础上优化了网络结构，并解决了原 YOLO v3 存在的定位精度偏低和漏检问题。同时，通过计算锚框、改进损失函数的方法，提高了道路小目标的检测精度。然而，在外来物探测实际应用中仍面临检测精度无法满足需求的问题，存在较多的漏检、错检问题。

2.3 机场道面外来物检测研究趋势

不同检测原理的机场外来物检测方法在其实际应用中表现出不同的性能和适用范围，其具体对比如表 2.1 所示。随着计算机视觉技术的进步，目前基于视频的跑道外来物检测与识别方法在国内外研究人员的努力下有了较快的发展，但仍处于理论研究和模拟实验阶段，并没有实际应用到跑道外来物检测与识别中，主要存在以下几方面问题：

表 2.1 机场外来物检测方法对比

检测技术		检测原理	检测设备	检测精度	优点	缺点
视觉检测	YOLO, Faster R-CNN	使用摄像设备捕捉场地图像，识别异常物体及杂物	CCTV 摄像头、计算机视觉算法	高，受图像处理算法影响	适用于多种物体类型，图像处理算法不断进步，能够识别多种形状和颜色的物体	对光线和天气条件敏感，需要高质量的图像处理算法，可能受到遮挡影响
激光雷达	PointNet, PointNet++，激光雷达点像素级估计(PIXOR)	发射激光束，测量返回时间以计算目标位置及尺寸	LiDAR 传感器	高，受精度和环境影响	精准测量，适用于各种目标，不受光线影响，可用于 3D 场景建模	价格昂贵，受复杂环境（如大雨、雪）影响，难以识别非金属物体
磁性检测	通过动态滤波降噪与模式识别算法精准定位金属异物，结合背景场动态校准实现物体检测	探测地面上的金属物体，检测地面磁场的变化	磁场传感器	中，受金属类型和深度影响	适用于金属物体，可以在土壤或混凝土下检测，操作相对简单	受金属类型和深度影响，无法检测非金属物体，检测精度受限
微波雷达	雷达卷积神经网络、合成孔径雷达(SAR)图像分析技术	发射微波信号，测量反射信号以识别物体及其移动速度	微波雷达传感器	高，受波长和天气影响	适用于各种气候条件，对目标移动速度敏感，不受光照影响	精确度可能受天气影响，检测非金属目标可能不如金属目标准确
热成像	基于热图像的异常检测方法，可结合图像处理技术	检测场地热量分布，识别异常物体的热特征	热像仪	中，受温度差和热辐射影响	可以检测到热特征，对特定情况(如发动机启动后的高温物体)敏感	精度受温度差和热辐射影响，无法准确检测温度变化不大的物体
雷达	调频连续波(FMCW)雷达信号处理技术，SAR 图像分析技术	发射无线电波，测量反射信号以确定物体位置及速度	雷达传感器	高，受频率和天气影响	适用于复杂环境，不受光照影响，可以探测远距离目标	信号处理复杂，成本较高，受频率和天气影响

(1)算法通用性问题。国内外研究者开发出多种跑道外来物检测算法，但这些算法大多针对固定区域内构建背景模型，当背景区域变化时，算法有效性难以保障。

(2)算法有效性的评估问题。跑道外来物缺乏统一的公开测试样本，难以对检测算法进行统一的客观评估。对于机场道面外来物检测这一特殊应用，主要从查准率、查全率、虚警率和漏检率等指标对检测算法进行评价。同时需要建立较为全面的跑道外来物样本库。

(3)算法研究的系统性问题。研究仅针对跑道外来物检测，而对跑道外来物的识别及其相应的危险等级分类研究较少。对不同危险等级的跑道外来物有不同的处理方式，即对于高危外来物，需要立即移除；对于中危外来物，可以在巡检完成后将其移除；对于低危外来物，可以等待跑道关闭后再将其移除。如果对于所有危险等级的外来物都采用立即移除的处理方式，将会大大增加道面巡查人员的工作负荷，同时增加巡查人员在跑道上的停留时间，降低跑道利用率。

参 考 文 献

[1] 王宇, 吴炜, 张德银. 基于计算机视觉的机场跑道异物检测识别系统. 电视技术, 2010, 34(5): 102-104,116.

[2] 郭晓静, 于之靖. 机场跑道异物定位算法研究. 测控技术, 2012, 31(5): 41-44.

[3] Jayadharini J, Ajitha S, Divya T, et al. Foreign object detection using hybrid assessment and enhancement technique//2013 Fifth International Conference on Advanced Computing (ICoAC). IEEE, 2013: 537-542.

[4] 杨文丽. 基于机器视觉的机场跑道异物检测与分类识别方法研究[D]. 南京:南京航空航天大学, 2022.

[5] 孟西西. 机场跑道微小障碍物图像模式识别系统研究与设计. 武汉: 武汉理工大学, 2015.

[6] Deng Q S, Zhan Y, Liu C, et al. Multiscale power spectrum analysis of 3D surface texture for prediction of asphalt pavement friction. Construction and Building Materials, 2021, 293: 123506.

第 3 章　机场道面外来物实时检测技术

本章提出两种机场道面外来物检测方法：一是纯视频检测，通过在道面两侧布设光电监控的形式实现；二是基于线结构光设备的外来物检测，搭载在所研发的多功能集成设备上开展检测。

3.1　基于视频方法的外来物检测技术

光电单元放置于机场跑道两侧进行外来物的监测，每个光电单元由 3 个摄像机组成，摄像机具有红外辅助功能，可保证夜间持续工作。光电单元对跑道一侧的 180°范围进行监测，每个摄像机覆盖 60°的范围。相邻光电单元设置重叠监测区域，可以提高监测准确率，具体布设方案如图 3.1 所示。对每个监测单元和光学检测设备进行编号，确定其在机场跑道的具体监测区域，保证捕捉到的图像基于此信息和光学设备参数计算出外来物的具体位置。该单元的数量根据实际需求进行调整，实现目标区域的覆盖[1]。

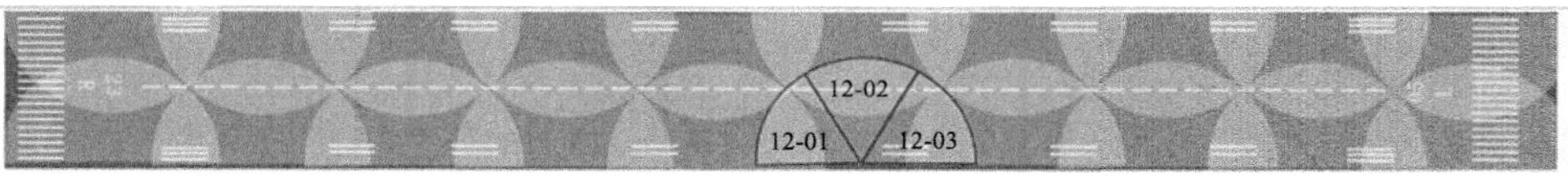

图 3.1　光电设备监测单元布设方案

光电设备的选取主要考虑两个因素，即覆盖范围和清晰度。以西安咸阳国际机场的跑道为例，两条跑道尺寸分别为长 3000m、宽 45m，长 3800m、宽 60m，光电设备若覆盖整个跑道，则监控设备要满足探测距离大于 42.43m 的要求。当光电设备离外来物的距离较远时，外来物在图像中占比过小，将导致外来物像素过低，影响检测效果，因此需要对设备拍摄像素进行规定。前期研究过程中发现，在图像中外来物至少占据 4 像素×4 像素才能满足基本的识别要求[2]。随着图像中外来物所占据像素数量的不断增加，其识别精度提高。例如，一个摄像头的监测范围近似为三角形，其监测面积为 45m×45m/2，若完成该区域内一个尺寸为 5cm×5cm 外来物的识别，则摄像头的像素至少应达到 4×4×(45m×45m/2)/(5cm×5cm)=648 万像素。在对多个摄像头类型进行对比分析之后，最终选取设备参数如表 3.1 所示。

表 3.1　外来物边灯式监测设备参数

电源	分辨率	帧率	最远探测距离	辅助功能
12V	3840 像素×2160 像素	25Hz	80m	红外探测智能报警

光电设备在外来物监测过程中，需要实时将数据传输至主控台。采用图 3.2 所示的物联网接入方式实现数据传输。光电设备通过无线方式与控制端计算机进行连接和数据传输，与摄像机连接的上位机可与相应的摄像机实现信息交互[3]。上位机的功能包括数据接收、处理与分析，主要传输数据为经识别完成后的外来物检测信息，包括发现时间、外来物经/纬度、种类、尺寸、报警等级和推荐处理方法等，同时通过摄像机控制端的应用程序实现摄像机的指令发布。各上位机通过直连方式接入物联网，所部署的摄像机时间同步操作通过物联网系统给各上位机发送控制指令，保证全局时间的统一性。物联网系统提供身份认证、时间同步、设备运维、数据转发等功能[4]。

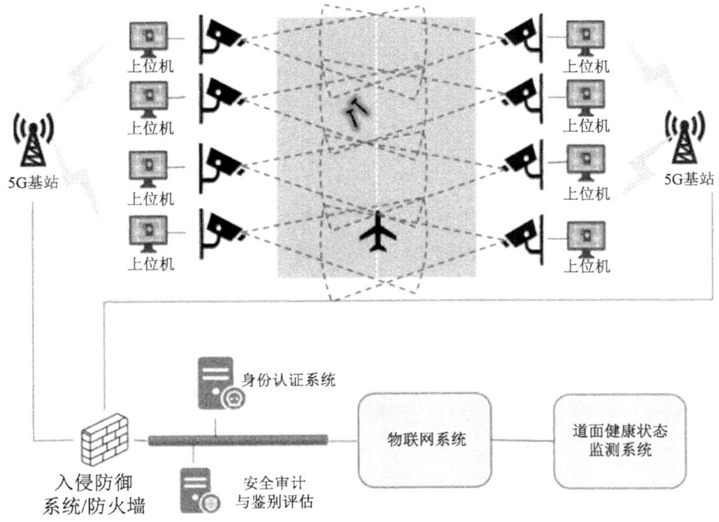

图 3.2　机场跑道全覆盖外来物物联网入网方式

图 3.3 所示的检测过程中，启动光学设备对机场跑道进行不间断扫描监测，并将拍到的视频图像资料上传到监控中心；根据光学图像对目标进行识别并给出外来物尺寸、属性及威胁等级信息；监控中心做出是否需要清理的决策，若光学摄像机未能完成识别，则监控中心可手动操控光学摄像机对目标进行人工验证与确认；在收到监控中心清除机场道面外来物指令后，清理工作站派出工作人员回收外来物，并把清理信息与外来物现场数据上传监控中心，监控中心整理数据并保存。

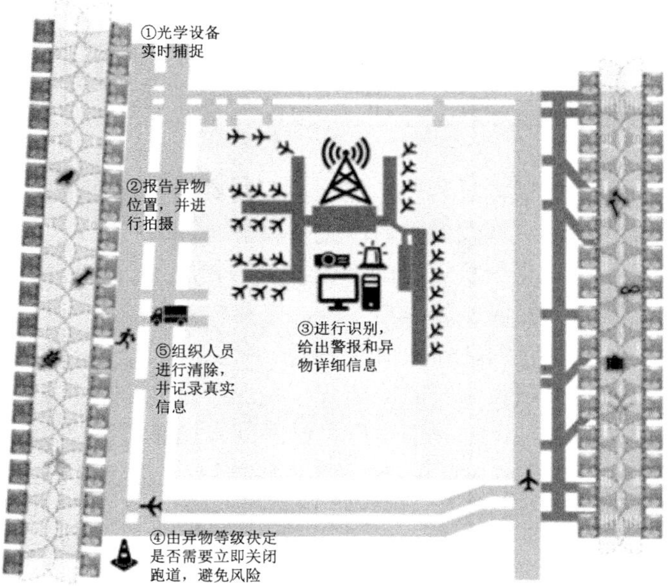

图 3.3　机场跑道全覆盖外来物检测流程逻辑图

3.1.1　外来物实验数据采集

初步进行工况实验并获取外来物监测数据，研究光电设备的信息采集、传输与存储机制，实现高清实时监测视频的无线传输。选取沥青道面作为研究对象进行数据采集。道路宽 20m，摄像头布置于道路边缘 20cm 高度和 150cm 高度，分别在白天、傍晚、夜晚及不同天气状况下拍摄，外来物种类主要有不规则石块、泡沫块、沥青混凝土块、金属物块、金属易拉罐、塑料瓶、塑料包装、尼龙布，外来物的尺寸范围为 3～20cm。采集外来物图像视频并进行传输存储，采集到的部分图像如图 3.4 所示。

(a)潮湿路面环境下不同拍摄角度外来物图像

(b) 夜晚环境下不同拍摄角度外来物图像

(c) 白天真实场景下自然外来物图像

图 3.4　不同工况实验下拍摄的外来物图像

3.1.2　机场外来物图像识别技术

现阶段外来物需要人工进行识别，严重依赖主观经验判断，且检测算法的精度达不到要求，亟须设计智能图像识别算法进行快速识别分析[5]。因此，通过设计基于人工智能技术的小目标检测算法，提出机场道面外来物分类模型，进行针对性特征金字塔优化设计，以提升外来物的识别精度。通过对比分析不同算法用于机场道面外来物识别的准确度与速度，择优选择识别算法，保证外来物详细属性信息的高精度实时识别。采用多目标、多分辨率分析与特征融合技术提取外来物多尺度量化特征，获取机场道面外来物的精准描述，实现机场道面外来物的量化检测研究。

采用 YOLO[6]系列算法作为外来物属性种类识别算法。YOLO v5 模型结构如图 3.5 所示，主要包括输入端、Backbone、Neck 和预测端。YOLO 模型能够同时兼顾模型识别精度及识别速度，采用 YOLO v3、YOLO v4 及 YOLO v5 进行外来物的识别训练，研究不同的锚框组合方式对模型精度的影响，选取最优的外来物检测模型。

首先在校园道路构建外来物数据集，采用智能手机和摄像机采集外来物图像，如图 3.6 所示。通过多种采集设备获取阴天、晴天不同道路状况下的外来物信息，实现不均匀光照下外来物的高精度识别。采用垂直俯拍、路面前景拍摄、道边固定拍摄等多种角度获取数据集，实现不同角度下的外来物的多样性识别。数据采集方式如下：

(1) 手持相机拍摄，采用云台搭配手机的方式采集外来物数据。

(2) 摄像机拍摄，放在路边位置采集外来物数据。

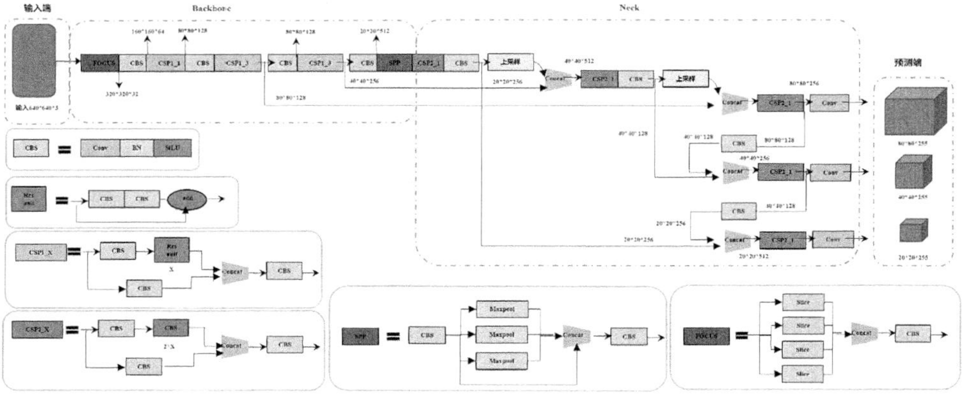

图 3.5　YOLO v5 模型结构

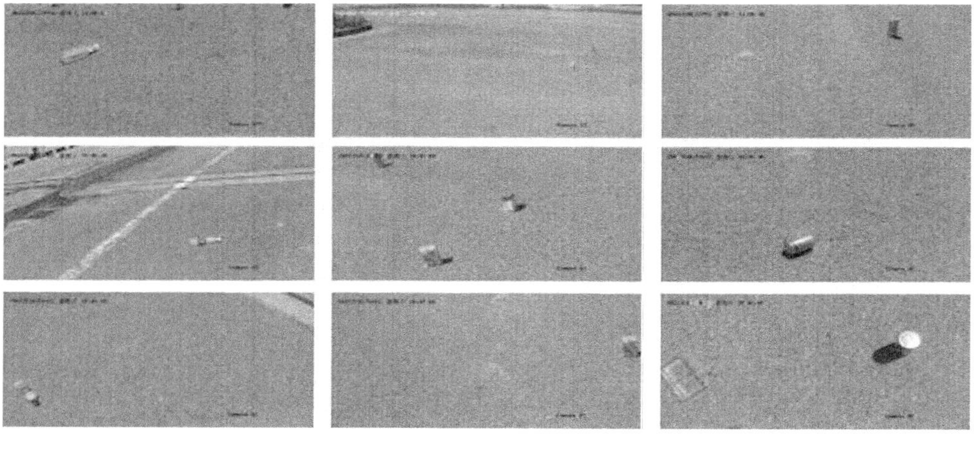

图 3.6　外来物数据集

机场外来物的类型多样，材质以金属、合成橡胶为主，颜色以深色居多，尺寸主要在 3cm×3cm 以下，常见的机场跑道外来物种类包括金属器件、碎石块、纸制品，甚至是动物与植物等，但实际情况下的机场跑道外来物远不止这几种常见的类型，很多目标甚至因遭受轮胎的碾压等情况而不具备固定的形态。综合考虑机场外来物可能的出现频率及机场实际外来物样例，在对相关文献进行深入研习的基础上，最终确定了 13 种机场外来物类别，分别为塑料瓶、金属罐、利乐盒、破碎塑料、高尔夫球、金属制品、木质物、水泥碎块、沥青碎块、橡胶破碎块、人、纸制品及车辆。

在完成外来物的分类后，采用 LabelImg 进行人工标注，给出目标物体的位置及分类信息，如图 3.7 所示，采用矩形框的方式进行外来物的区域级标定。

图 3.7　外来物标注

该数据集尽可能模拟机场跑道场景及外来物的相关特点，数据集中包含超过 5000 个目标，训练集中样本信息的统计结果如图 3.8 所示。其中，图 3.8(a)统计了目标中心点在图像中所处的位置，图 3.8(b)展示了检测目标的尺寸信息。由图 3.8(a)可知，数据集中物体分布较为均匀，并未出现集中在某一处的情况，一定程度上能够满足机场跑道外来物出现的随机性。考虑到部分图像采用平视视角进行拍摄，道路路面位于图片下侧，因此出现在图片下半部分的目标略多于上半部分属于正常情况。图 3.8(b)展示了数据集中目标占图像大小的分布，大部分目标相较于图像占比均较小，样本高度和宽度占图片比例大多分布在 0～0.2。

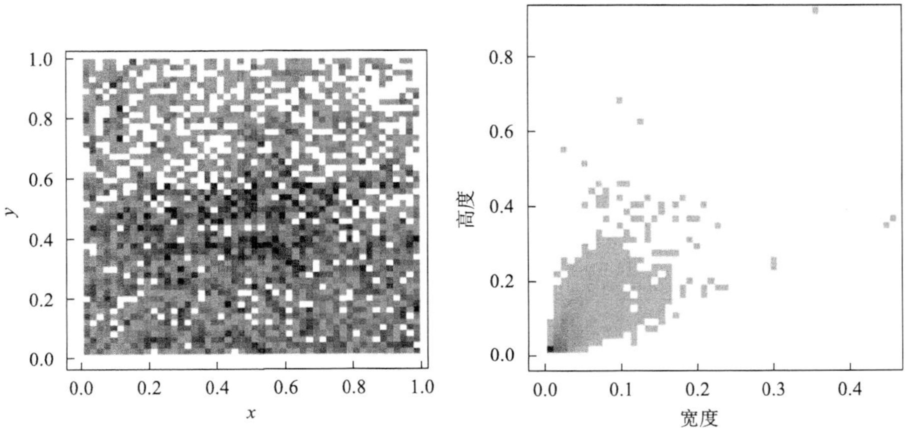

(a) 标注框中心点分布情况　(b) 标注框宽高分布情况

图 3.8　机场道面外来物检测数据集信息统计分析

1. 模型参数设置

编程语言为Python，深度学习框架为PyTorch 1.11.0，CUDA版本为11.6.0。工作站配置为：Intel Xeon, CPU@2.90GHz, NVIDIA GeForce RTX 3090 GPU。选取Adam优化器，输入图像尺寸为640像素，批处理量为16，训练轮次为400，初始学习率为0.01。

采用迁移学习策略进行模型训练，如图3.9所示。采用COCO数据集的预训练权重进行迁移学习，加快模型收敛速度。数据集共有8355张图像，数据集训练、验证和测试比例约为7∶2∶1，其中5841张图像用于训练，1679张图像用于验证，835张图像用于测试。模型参数如表3.2所示。

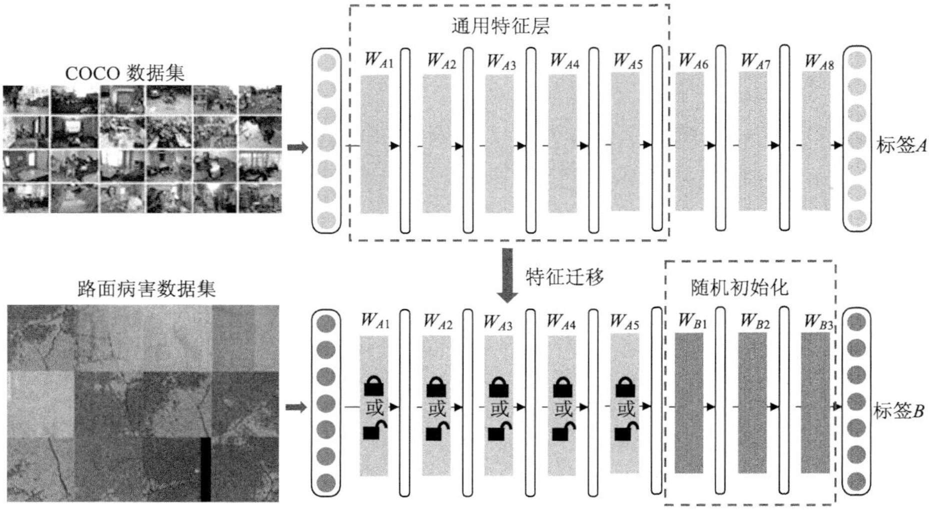

图3.9　外来物迁移学习策略

表3.2　目标检测模型参数

模型	特征提取网络	锚框尺寸/像素
YOLO v3	DarkNet53	尺度1：[10,13], [16,30], [23,33]
YOLO v4	CSPDarkNet53	尺度2：[30,61], [62,45], [59,119]
YOLO v5	CSPDarkNet53	尺度3：[116,90], [156,198], [373,326]

2. 评价指标

1) 损失计算

目标检测模型共包含三类损失：

$$\text{Loss} = L_{\text{box}} + L_{\text{confidence}} + L_{\text{cls}} \tag{3.1}$$

式中，L_{box} 为真实框编码(与锚框相关)后的长宽与 xy 轴偏移量和预测值的差距；$L_{\text{confidence}}$ 为实际存在的框预测结果中置信度的值与 1 对比，实际不存在的框最大交并比(intersection over union, IoU)的值与 0 对比；L_{cls} 为实际存在的框种类预测结果与实际结果的对比。

回归损失由两项组成，一项为中心点坐标损失，另一项为宽高损失。

$$
\begin{aligned}
L_{\text{box}} &= \lambda_{\text{box}} \sum_{i=0}^{N\times N} \sum_{j=0}^{3} I_{ij}^{\text{obj}} \left[(t_x - t_x^*)^2 + (t_y - t_y^*)^2 \right] \\
&\quad + \lambda_{\text{box}} \sum_{i=0}^{N\times N} \sum_{j=0}^{3} I_{ij}^{\text{noobj}} \left[(t_w - t_w^*)^2 + (t_h - t_h^*)^2 \right]
\end{aligned} \tag{3.2}
$$

式中，I_{ij}^{obj} 表示第 i 个网格内的第 j 个锚框是否含有物体，若含有物体，则为 1，否则为 0；I_{ij}^{noobj} 表示第 i 个网格内的第 j 个锚框是否不含物体，若不含物体，其值为 1，反之为 0。

置信度损失采用二值交叉熵：

$$
\begin{aligned}
L_{\text{confidence}} &= -\sum_{i=0}^{N\times N} \sum_{j=0}^{3} I_{ij}^{\text{obj}} \left[\overset{*}{C}_i \log(C_i) + (1 - \overset{*}{C}_i) \log(1 - C_i) \right] \\
&\quad - \lambda_{\text{noobj}} \sum_{i=0}^{N\times N} \sum_{j=0}^{3} I_{ij}^{\text{noobj}} \left[\overset{*}{C}_i \log(C_i) + (1 - \overset{*}{C}_i) \log(1 - C_i) \right]
\end{aligned} \tag{3.3}
$$

分类损失采用二元交叉熵：

$$
L_{\text{cls}} = -\sum_{i=0}^{N\times N} I_{ij}^{\text{obj}} \sum_{c\in \text{classes}} \left[\overset{*}{P}_i \log(P_i) + (1 - \overset{*}{P}_i) \log(1 - P_i) \right] \tag{3.4}
$$

式中，P_i 使用 Logistic 函数计算。

回归 Loss 会乘以一个 $2-w_i \times h_i$ 的比例系数，用来加大对小目标的损失利用，提高小目标物体的识别率。综上所述，损失函数表示为

$$
\begin{aligned}
\text{Loss} &= \lambda_{\text{box}} \sum_{i=0}^{N\times N} \sum_{j=0}^{3} I_{ij}^{\text{obj}} (2 - w_i \times h_i) \left[\left(t_x - t_x^*\right)^2 + \left(t_y - t_y^*\right)^2 \right] \\
&\quad + \lambda_{\text{box}} \sum_{i=0}^{N\times N} \sum_{j=0}^{3} I_{ij}^{\text{noobj}} (2 - w_i \times h_i) \left[\left(t_w - t_w^*\right)^2 + \left(t_h - t_h^*\right)^2 \right] \\
&\quad - \sum_{i=0}^{N\times N} \sum_{j=0}^{3} I_{ij}^{\text{obj}} \left[\overset{*}{C}_i \log\left(C_i\right) + \left(1 - \overset{*}{C}_i\right) \log\left(1 - C_i\right) \right] \\
&\quad - \lambda_{\text{noobj}} \sum_{i=0}^{N\times N} \sum_{j=0}^{3} I_{ij}^{\text{noobj}} \left[\overset{*}{C}_i \log\left(C_i\right) + \left(1 - \overset{*}{C}_i\right) \log\left(1 - C_i\right) \right] \\
&\quad - \sum_{i=0}^{N\times N} I_{ij}^{\text{obj}} \sum_{c\in \text{ classes}} \left[\overset{*}{P}_i \log\left(P_i\right) + \left(1 - \overset{*}{P}_i\right) \log\left(1 - P_i\right) \right]
\end{aligned} \tag{3.5}
$$

2) 识别评价指标

在完成模型结构组成后，需要考虑相应的指标评价目标检测模型的性能。通常借助分类结果的混淆矩阵来进行说明，如表 3.3 所示。

表 3.3 混淆矩阵

真实标签	预测结果	
	阳性(positive)	阴性(negative)
阳性(positive)	TP(真阳性)	FN(假阴性)
阴性(negative)	FP(假阳性)	TN(真阴性)

模型的性能较差时，会出现误检或者漏检样例，即假阳性和假阴性现象。为了评价目标检测模型的识别结果，表 3.3 中各样例的定义如下。

(1) TP(真阳性)：预测框分类结果正确，且与真实框的 IoU≥0.5。

(2) FP(假阳性)：分为两种情况，第一种情况为分类结果正确，0<IoU<0.5；第二种情况为分类结果错误，IoU≥0.5。

(3) FN(假阴性)：分类正确或者错误，IoU=0。

根据 TP、FP 及 FN 计算模型的准确率(Precision)和召回率(Recall)：

$$\text{Precision}=\frac{\text{TP}}{\text{TP}+\text{FP}} \tag{3.6}$$

$$\text{Recall}=\frac{\text{TP}}{\text{TP}+\text{FN}} \tag{3.7}$$

准确率和查全率是一对矛盾的指标，通常准确率较高时，查全率较低；准确率较低时，查全率较高。因此，基于这对指标无法全面评价模型的好坏，需要基于 Precision-Recall 图计算平均精度(average precision, AP)和平均精度均值(mean average precision, MAP)评价模型性能。通过计算 Precision-Recall 图曲线(简称 P-R 曲线)与坐标轴围成的面积计算 AP，所有类别病害的 AP 平均值为 MAP。

$$\text{AP}=\int p(r)\mathrm{d}r \tag{3.8}$$

$$\text{MAP}=\frac{1}{n}\sum_{i=1}^{n}\text{AP} \tag{3.9}$$

一般的 AP 曲线不是平滑曲线，无法计算积分，只能采用近似算法完成计算，采用内插点计算 P-R 曲线与坐标轴围成的面积。

3. 模型训练测试及结果分析

机场跑道检测模型的平均精度均值能够达到 0.797。此外，针对不同类别物体的检测，模型在进行塑料瓶与金属罐等类别物体的识别与检测时，平均精度接近 1，即在进行这几种物体的检测时，几乎不会出现误报或漏报的情况。但对于木质物与金属制品平均精度较低，一方面可能是因为数据集中这两种样本数量较少，模型没有得到充分训练；另一方面可能是由这两种材料本身的尺寸或颜色等特征所致。

3.2　基于线结构光的外来物检测技术

3.2.1　测量原理

基于线结构光的三维测量传感器采用高精度、高频率三维测量相机结合大功率激光器组成测量单元，采用基于亚像素的标定方法获取物方和像方的高精度标定关系。激光器投射到被测对象表面形成线性激光线，相机以与激光器成一定角度获取被测物激光线所在表面，通过提取激光线结合标定文件实现单个断面测量，通过连续断面测量实现外来物的三维信息测量。三维测量相机和激光器组成测量单元，惯性测量单元(inertial measurement unit, IMU)测量传感器姿态，GPS/DMI 为外部输入信号，提供传感器工作触发和测量定位数据，所有测量数据结合标定文件进行预处理后按照协议通过以太网上传上位机进行存储和处理，检测设备如图 3.10 所示，其中 α 为相机拍摄角度与激光器发射激光角度的夹角。

假设相机在某方向的感光区域为 11.32mm，焦距为 12mm，相机安装高度为 2150mm，则相机在该方向上的测量范围(量程)(相机与激光器安装夹角较小)为 2018.13mm。X 方向为路面横断面方向，Y 方向为行车方向，Z 方向为高程，假设相机与激光器的安装夹角为 θ，则断面的高程计算原理如图 3.11 所示。

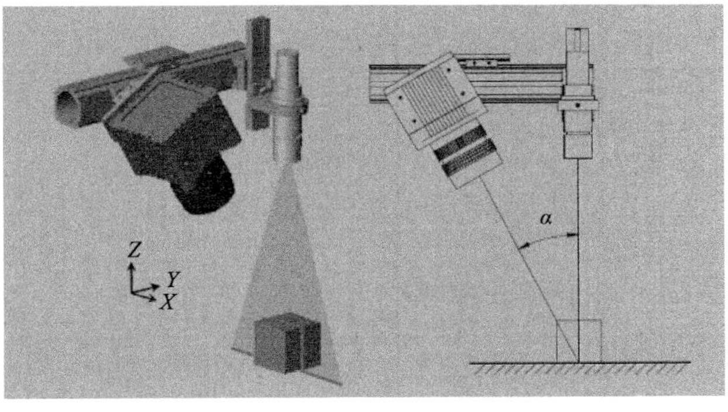

图 3.10　外来物属性识别检测设备

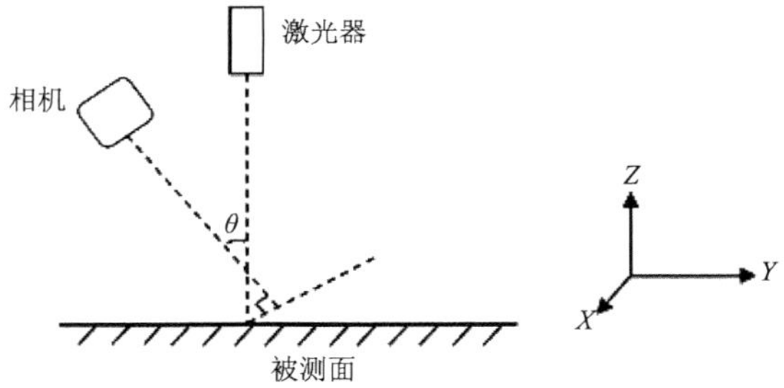

图 3.11 三维测量高程计算原理

3.2.2 测量方法

使用过程中，将三维测量传感器安装在载车上，在载车行进过程中对被测物体轮廓数据进行采集，并将沿行车方向测量的物体轮廓进行拼接，得到被测物体的表面三维轮廓。

所选用的高速三维测量相机参数如表 3.4 所示，线结构光选用红外线激光器作为测量光源组成测量单元，相机与激光器组成 6°～15°的夹角。相机、激光器与 IMU 传感器固定在一体化的刚性支架上，保证传感器间相对位置关系的稳定。所选用的相机支持内触发和外触发两种工作模式，外触发由引入的 DMI 信号提供触发信号。

表 3.4 高速三维测量相机参数

像元尺寸/μm	原始分辨率/像素	64 倍亚像素放大分辨率/像素	相机采样频率/Hz
5.5×5.5	2048×16	2048×1024	20400
5.5×5.5	2048×32	2048×2048	10200

三维道面测量系统的相关参数如表 3.5 所示。结合相机和镜头参数、安装高度和测量原理计算三维测量系统的测量量程和测量精度。

表 3.5 三维道面测量系统相关参数

序号	测量系统安装高度/mm	相机与激光器安装夹角/(°)	测量量程/mm			测量精度/mm	
			X 方向	*Y* 方向	*Z* 方向	*X* 方向	*Z* 方向
1	2150	6	2018.13	31.53	301.67	0.99	0.15
2		8	2018.13	31.53	226.58	0.99	0.11
3		10	2018.13	31.53	181.59	0.99	0.09

在相机的原始分辨率为 2048 像素×32 像素的情况下，相机的采样频率为 10200Hz，此时在 3mm 采样间隔下测量速度可达到 3mm×10200Hz/1000×3.6≈110.2km/h，在 1mm 采样间隔下测量速度可达到 110.2km/h/3≈36.7km/h。结合表 3.5 中的内容可知，三维测量系统覆盖的道面幅宽为 4m，深度测量分辨率为 0.09～0.15mm。横向(道面横断面方向)采样间隔为 0.99mm(横向测量幅宽/横向采样点个数)，纵向(沿飞机起飞或降落方向)采样间隔为 1～3mm 情况下，最高可实现在 36.7～110km/h 的速度区间进行数据采集。

针对不同机场道面检测速度与检测精度的要求，可以通过搭配不同型号的相机、激光器、镜头等形式实现。要想在高速检测条件下获取更高的测量精度，可以选用采样频率更高的三维测量相机。例如，选用采样频率为 28000Hz 的相机，其测量量程为 100mm，相机分辨率为 0.1mm，此时可在 100km/h 的检测速度下实现 1mm 的数据采样间隔。同时，在选用表 3.4 中高速三维测量相机的情况下，搭配不同型号的激光器与镜头，并适当调整相机与激光的夹角(调整范围为 6°～15°)，可以实现工作距离在 100～5000mm 变化。在此工作范围内可保证基于线结构光的三维测量传感器的量程达到 20～300mm，精度达到 0.0005～0.2mm，能够实现同一姿态、同一时间对待测物体进行同步测量，测量精度达到微米级。

由此可知，在选用的测量传感器参数下，基于动态精细化的三维测量方法，结合高精度标定技术，可实现在高速动态环境下一次测量获取一个测量断面，即断面上的点是同一姿态、同一时间测量，测量幅宽至少 2000mm，测量分辨率(同一断面的点采样间隔)至少达到毫米，深度测量精度达到 0.25mm，测量频率在 10kHz 以上，相当于每秒至少测量 2000 万个点。高动态精细三维测量技术可用于宽度大于等于 1mm 的道面病害、尺寸大于等于 1cm×1cm 的道面外来物实时获取、快捷归类与自动评估。

3.2.3　三维测量系统的自动标定

基于线结构光的三维测量系统在获取数据之后，需要进行自动标定，具体包括：①设计三维测量系统的亚像素标定方案；②搭建动态精密三维测量系统标定系统，其由步进电机、激光测距机、型材、动态精密三维测量传感器组成。

三维测量自动标定系统如图 3.12(a)所示，由步进电机往返运动控制标定型材在标定范围内缓慢匀速运动，动态精密三维测量系统连续采集标定型材在不同时刻的像方断面数据，获取像方(XY 平面)的位置，如图 3.12(b)所示。激光测距机采集标定型材多个测点在任意时刻的移动距离，即物方 XZ 平面的 Z 值，结合标定型材形态特征，通过拟合建立型材断面曲线方程计算任意测点物方高程(Z 值)，如图 3.12(c)所示。根据获取的像方 XY 平面信息和物方 XZ 平面信息建立像方和物方的对应关系，形成标定文件，实现动态精密三维测量系统的全像素自动标定，标定精度可达到亚像素级，如图 3.12(d)所示。

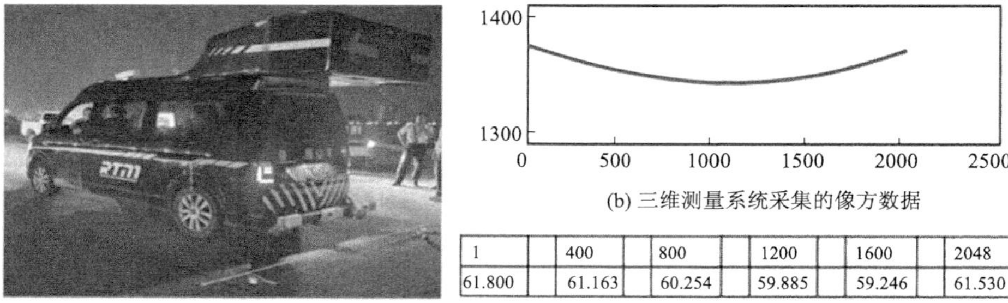

(a) 标定系统

(b) 三维测量系统采集的像方数据

1		400		800		1200		1600		2048
61.800		61.163		60.254		59.885		59.246		61.530

(c) 根据已知测点高程拟合断面所有测点的物方数据

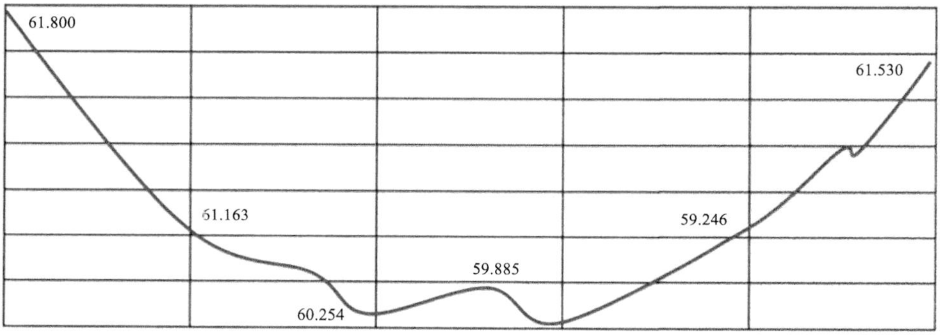

(d) 标定文件

图 3.12　三维测量系统的自动标定过程

3.2.4　断面标准轮廓提取技术

被测物体表面标准轮廓是指除去表面纹理及其他异常情况下的表面轮廓，它反映了一般情况下被测物体表面轮廓的主要走势[7]。被测物体表面控制轮廓反映了被测物体表面轮廓的主要走势，即同时包含了标准轮廓和局部异物区域的轮廓走势。

断面的标准轮廓提取步骤如下：

(1) 断面轮廓抽象表达。先对断面进行主成分分析(principal component analysis，PCA)抽稀，抽稀的具体步骤为：①对原始数据均匀分段；②对每个原始数据子段进行 PCA 变换，取变换后的前 n 个主分量代表原始数据；③利用角检测法提取抽稀断面上的高曲率点和曲线变化的点作为关键点。

(2) 断面自适应分段。依据提取的关键点，对断面进行自适应分段。

(3) 断面模型匹配。根据子段间方向、高程、纹理、位置的相对关系，结合断面模型知识库，进行断面模型匹配，并基于置信度评价模型挑选可靠的子段。

(4) 标准轮廓提取。将可靠子段作为对应区域的标准轮廓；非可靠子段区域则用被测物体的设计轮廓趋势替代。

3.2.5　异物特征知识库建立与完善

不同被测物的形状、纹理、尺寸等特征不同，因此对于不同的测量对象，需要有针对性地定义检测对象的轮廓特征。

常见的异物特征包含线性特征(异物深度、长度、宽度、方向、距离等)、面阵特征(异物整体高度、面积等)、连续性特征等。

在异物特征提取中，结合异物特征知识库信息，提取预定义的特定异物特征，在数据应用过程中，对异物特征知识库信息进行完善。

3.2.6　基于机场道面轮廓的异物检测技术

基于机场道面控制轮廓的异物检测流程包含如下步骤(图 3.13)。

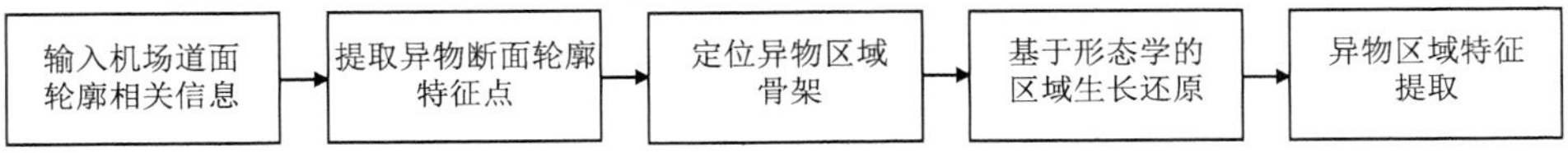

图 3.13　基于机场道面控制轮廓的异物检测流程

在异物检测过程中，首先输入机场道面控制轮廓、机场道面纹理、机场道面标准轮廓。

1. 异物断面轮廓特征点

在提取异物断面轮廓特征点过程中，基于断面轮廓特征，通过分析断面控制轮廓(measurement profile, MP)与标准轮廓(standard profile, SP)的偏差获取较大面积类异物的特征[8]，通过分析预处理后断面轮廓(preprocessed profile, PP)与断面控制轮廓(MP)的偏差获取较小面积类异物的特征，结合异物特征知识库，提取异物断面轮廓特征点，其流程如图 3.14 所示。

对当前第 j (j=1, 2,⋯, m, m 为采集断面个数)个断面轮廓的较大面积类异物特征点进行提取，具体步骤如下：

(1) 将预处理后断面轮廓 PP_j ($PP_j=\{PP_{j1}, PP_{j2}, \cdots, PP_{jn}\}$，其中 n 为单个断面测量点个数)、断面控制轮廓 MP_j ($MP_j=\{MP_{j1}, MP_{j2}, \cdots, MP_{jn}\}$，其中 n 为单个断面测量点个数)作为输入。

(2) 结合断面采集的位置信息(采集设备的当前位置信息)，提取与当前断面轮廓 PP_j 相匹配的标准轮廓 SP_j ($SP_j=\{SP_{j1},SP_{j2},\cdots,SP_{jn}\}$，其中 n 为单个断面测量点个数)。

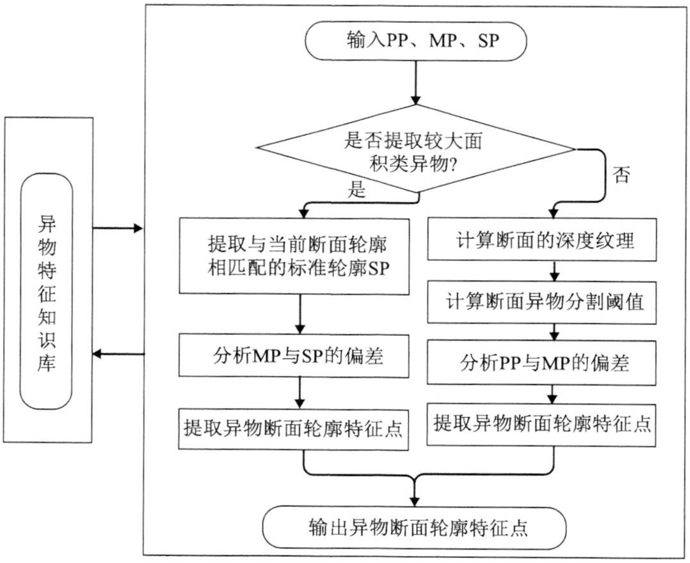

图 3.14　提取异物的断面轮廓特征点流程

(3) 计算断面控制轮廓 MP_{ji} 与标准轮廓 SP_{ji} 的偏差，形成偏差集合 DEV_j ($\mathrm{DEV}_j=\{\mathrm{DEV}_{j1}, \mathrm{DEV}_{j2}, \cdots, \mathrm{DEV}_{jn}\}$, $\mathrm{DEV}_{ji}=\left|\mathrm{MP}_{ji}-\mathrm{SP}_{ji}\right|$，$i=1,2,\cdots,n$)。

(4) 将偏差大于等于精度检测要求 T 的点提取为异物特征点，标记值为 1，否则标记值为 0，并记录到异物特征标记值集合 F_j 中，$F_j=\{F_{j1}, F_{j2}, \cdots, F_{jn}\}$。

$$F_{ji}=\begin{cases}1, & \mathrm{DEV}_{ji}\geqslant T\\ 0, & \mathrm{DEV}_{ji}<T\end{cases}\quad i=1,2,\cdots,n$$

(5) 输出异物特征标记值集合 F_j。

对当前第 j (j=1, 2, …, m，m 为采集断面个数) 个断面轮廓的较小面积类异物特征点进行提取，具体步骤如下：

(1) 将预处理后断面轮廓 PP_j ($\mathrm{PP}_j=\{\mathrm{PP}_{j1}, \mathrm{PP}_{j2}, \cdots, \mathrm{PP}_{jn}\}$，其中 n 为某个断面测量点个数)、断面控制轮廓 MP_j ($\mathrm{MP}_j=\{\mathrm{MP}_{j1}, \mathrm{MP}_{j2}, \cdots, \mathrm{MP}_{jn}\}$，其中 n 为某个断面测量点个数) 作为输入。

(2) 计算预处理后断面轮廓 PP_j 各点与断面控制轮廓 MP_j 对应点的绝对距离 DIS_j ($\mathrm{DIS}_j=\{\mathrm{DIS}_{j1}, \mathrm{DIS}_{j2}, \cdots, \mathrm{DIS}_{jn}\}$，其中，$\mathrm{DIS}_{ji}=\left|\mathrm{PP}_{ji}-\mathrm{MP}_{ji}\right|, i=1,2,\cdots,n$，$n$ 为某个断面测量点个数)，再对绝对距离求平均值 $\mathrm{Avg\_DIS}_j=\sum_{i=1}^{n}\mathrm{DIS}_{ji}/n$，从而获取当前断面的路面纹理值 $\mathrm{Tex}_j=\mathrm{Avg\_DIS}_j$。

(3) 计算断面特征点分割阈值 $T_{j3}=K\cdot\mathrm{Tex}_j$ 的点，其中 K ($K>1$) 为阈值系数。

(4) 计算预处理后断面轮廓 PP_j 各点与断面控制轮廓 MP_j 对应点的距离 S_j ($S_j=\{S_{j1}, S_{j2}, \cdots, S_{jn}\}$，其中，$S_{ji}=\mathrm{PP}_{ji}-\mathrm{MP}_{ji}$ 或 $S_{ji}=\mathrm{MP}_{ji}-\mathrm{PP}_{ji}$，或 $S_{ji}=\left|\mathrm{MP}_{ji}-\mathrm{PP}_{ji}\right|$，$i=1, 2, \cdots, n$，$n$ 为断面测量点个数)。

(5) 将偏差大于等于特征点分割阈值 T_{j3} 的点提取为异物特征点，标记值为 1，否则标记值为 0，并记录到异物特征标记值集合 F_j 中，$F_j=\{F_{j1}, F_{j2}, \cdots, F_{jn}\}$。

$$F_{ji}=\begin{cases}1, & S_i \geqslant T_{j3} \\ 0, & S_i < T_{j3}\end{cases} \quad i=1,2,\cdots,n$$

(6) 输出异物特征标记值集合 F_j。

在方法应用过程中，对异物特征知识库信息进行完善，进而逐步提升异物特征知识库的稳定性和可靠性。

1) 定位机场道面异物区域骨架

在定位异物区域过程中，先将提取的一系列断面异物特征点组成特征二值图像，并结合异物特征知识库，统计二值图像中各连通区域的长度、几何形态(方向、形状等)，再将当前二值图像合理划分成互不重叠的图像子块。对于每个子块，若子块中包含较长连接区域，或者子块中特征点形态具有目标形态特征，则将子块标记为异物骨架，从而实现异物区域的快速、准确定位[9]。

2) 基于形态学的区域生长还原

在基于形态学的区域生长还原过程中[10]，对异物区域骨架内的特征点进行膨胀操作，再对其进行腐蚀操作，并去掉长度较短的噪声区域，生成置信异物区域(region of confidence, ROC)；接着利用 ROC 的形态学特征，进行区域生长还原目标，以保证异物区域检测的完整性。

2. 异物区域特征提取

在异物区域特征提取过程中，按预定义的特征，统计机场道面异物区域的典型特征值，如线性特征值(异物深度、长度、宽度、方向、距离等)、面阵特征值(异物整体高度、面积等)、连续性特征值等。

3.2.7　基于线结构光的机场道面异物检测结果及分析

为验证基于线结构光的三维测量系统在机场道面异物检测中的适应性，将不同的异物置于水泥路面并进行异物检测。准备若干不同种类且尺寸在 25mm 以下的异物，采用测量精度为 0.01mm 的螺旋测微器进行异物真实尺寸测量。将异物放置于机场道面上，使用基于线结构光的三维测量系统进行检测，精度统计如表 3.6 所示，检测结果如图 3.15 所示。

表 3.6　基于线结构光的机场道面异物检测结果精度

异物	长度尺寸(螺旋测微器测量)/mm	长度尺寸(线结构光测量)/mm	检测误差/mm	宽度尺寸(螺旋测微器测量)/mm	宽度尺寸(线结构光测量)/mm	检测误差/mm
金属滑块 1	19.50	19.50	0	9.00	9.02	0.02
金属滑块 2	19.50	19.49	–0.01	9.00	8.99	–0.01
金属滑块 3	19.50	19.52	0.02	9.00	9.00	0
金属滑块 4	19.50	19.50	0	9.00	9.02	0.02
M4 螺钉 1	22.00	21.58	–0.02	4.00	4.00	0
M4 螺钉 2	22.00	21.59	–0.01	4.00	3.98	–0.02
M4 螺钉 3	22.00	22.01	0.01	4.00	3.97	–0.03
M4 螺钉 4	22.00	22.00	0	4.00	3.98	–0.02
垫片 1	1.00	1.03	0.03	15.80	15.81	0.01
垫片 2	2.00	1.99	–0.01	15.80	15.78	–0.02
垫片 3	3.00	3.01	0.01	15.80	15.81	0.01
垫片 4	4.00	4.00	0	15.80	15.81	0.01

图 3.15 各子图中从左至右依次为测试对象实物图、三维高程图、深度转灰度图、异物检测结果图。图 3.15(b)中，左侧泥土高程异常程度不足，未做异物处理；图 3.15(c)中，从上到下依次为 1 个垫片、2 个垫片重叠、3 个垫片重叠、4 个垫片重叠，由于单个垫片的高程异常相对不明显，介于异常和非异常之间，故单个垫片的检测结果不完整，但已做异物标记处理。

由检测结果可知，机场道面异物检测结果精度区间为(–0.03mm，0.03mm)。经实验验证，基于线结构光的动态精密三维测量技术及装备满足机场道面异物检测识别尺寸精度≤0.05mm 的要求，可推广应用于机场道面的异物检测项目中。

扫码查看彩图

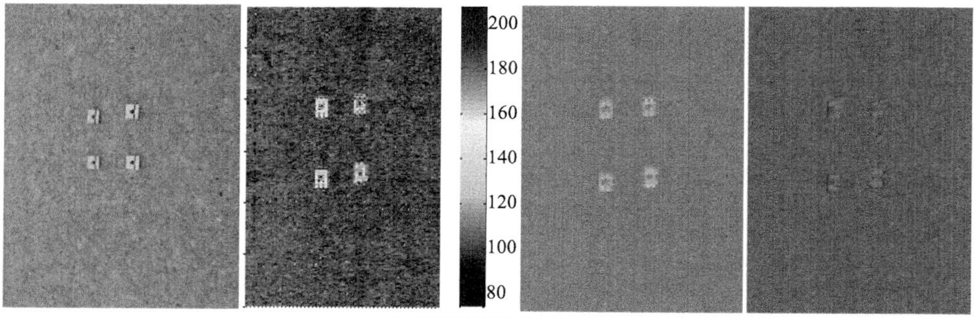

(a) 异物(金属滑块)

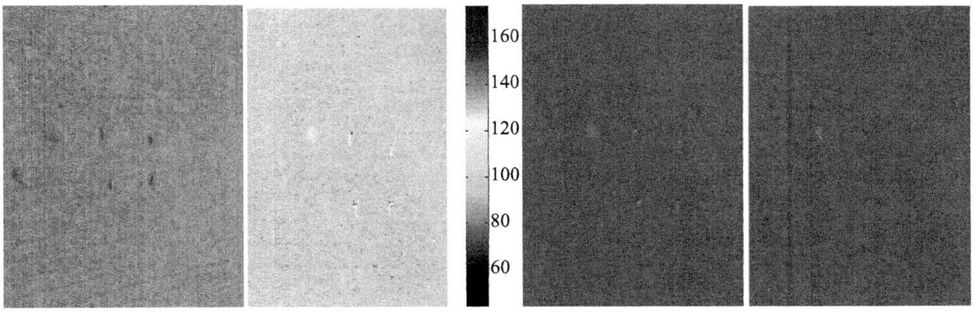

扫码查看彩图

(b) 异物(泥土、M4螺钉)

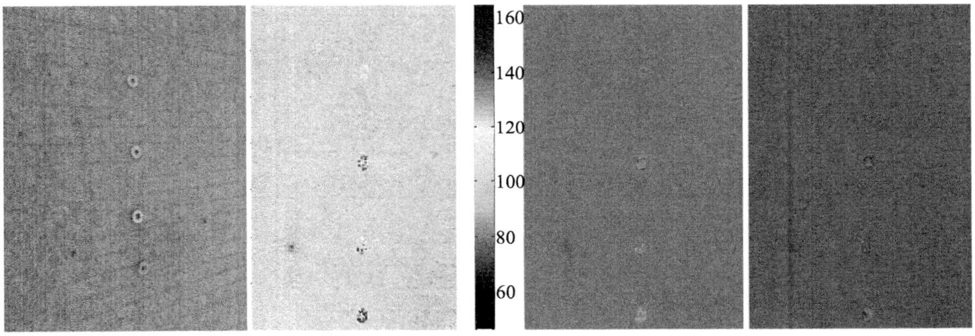

扫码查看彩图

(c) 异物(垫片)

图 3.15　道面异物检测结果示例(单位：mm)

3.3　徐州观音国际机场现场验证

徐州观音国际机场位于江苏省徐州市睢宁县双沟镇，距离徐州市区 45km，为 4E 级民用国际机场，是徐州都市圈和淮海经济区的中心机场。徐州观音国际机场拥有两座航站楼，分别为 T1 和 T2，共 5.8 万 m^2；共有一条跑道，跑道长度为 3400m；停机坪 6.3 万 m^2，机位 9 个；截至 2019 年共开通国内外航线约 39 条，通航城市 39 个。

3.3.1　机场外来物防范工作调研

1. 跑道检查次数和时间

(1) 跑道检查次数全天不应少于 4 次。其中每日跑道开放使用前对跑道(含滑行道)、机坪进行一次全面检查。

(2) 航前首次道面检查应在本场航班起降前 20min 完成；第二次检查一般

安排在 10:00～11:00 完成；第三次检查在 13:50～15:00 完成；第四次检查，冬春季一般安排在 16:00～17:00 完成，夏秋季一般安排在 18:00～19:00 完成。

(3) 本机场有大飞机夜间训练任务安排时应增加一次夜间巡查，具体进入跑道(含滑行道)巡查时间一般安排在 21:00～22:00。

(4) 中午 11:30～12:30 航班起降繁忙时段及孔明灯活动期间应有轮值人员在机坪待命，随时听候指令进入飞行区检查。

(5) 航班运行期间的巡查时刻申请，应提前通过电话与塔台商定。

2. 巡视检查的通报程序和巡查路线

(1) 通报范围。在下述范围内巡视、驱鸟、维护作业时必须向塔台报告：①跑道、滑行道和停机坪；②跑道中心线两侧各 100m 范围的土质地带；③跑道东西两端防吹坪外 300m 范围。

(2) 航前首次道面检查。场务在前一天航班结束前通过电话向塔台提出巡查时刻申请计划，计划包括进入、撤出时间。巡查人员在次日早上进入跑道巡查前，通过电话向塔台值班员申请，经同意后方可从事巡查作业。道面巡查结束后，应及时将道面检查情况电话通报塔台。全面巡查线路根据“飞行区道面巡查线路图”实施，如图 3.16 所示。

图 3.16　飞行区道面巡查线路图

(3) 航班运行期间跑道巡查。场务根据航班情况，提前通过电话向塔台申请巡查时间，塔台可根据飞行情况适当调整巡查时刻。航班运行期间跑道巡查线路为沿跑道中心线行驶，与飞机起降方向相反。

(4) 航班运行期间平滑、机坪巡查。场务值班人员根据航班情况，提前通过电话向塔台申请巡查时间，塔台根据飞行情况适当安排巡查时段。巡查人员按照“飞行区道面巡查线路图”线路实施，如有特殊要求，根据塔台管制员指令进行巡视。

3. 巡视保障要求

(1) 道面保障值班员2名，分为主班和副班，通信设备处于良好状态。

(2) 巡视检查的车辆在检查期间始终开启黄色旋转灯标，检查人员穿反光背心或外套。

(3) 对跑道实施检查时，检查路线按照规定路线行驶，车速不得大于45km/h。当跑道面损坏加剧或雨后遇连续高温天气时，应当适当增加中间检查的次数。

(4) 在跑道、滑行道或其附近区域进行不停航施工，施工车辆、人员需要通过正在对航空器开放的道面时，应当增加道面检查次数，确保不会因外来物影响飞行安全，并应当制定具体措施，确保施工车辆、人员不影响航空器的正常运行。

(5) 每日对滑行道、机坪、升降带、跑道端安全地区、飞行区围界、巡场路线巡视检查一次。

(6) 道面检查内容包括：①道面清洁情况，重点检查可能被航空器发动机吸入的物体，如损坏道面的碎片、嵌缝料老化碎片、石子、金属或塑料物体、鸟类或其他动物尸体、其他外来物等；②道面损坏情况，包括破损的板块、掉边、掉角、拱起、错台等；③雨后道面与相邻土面区的高差；④灯具的损坏情况；⑤道面标志的清晰程度；⑥井盖完好情况和密合程度等。

(7) 当出现以上影响飞行安全和大风及其他不利气候条件时，应当增加对飞行区的巡视检查次数，发现问题应当及时处理。在影响运行安全时，应当及时报告航行部门和值班领导。

(8) 在实施机场低能见度程序运行时，不得对跑道、滑行道进行常规巡视检查。

(9) 巡视检查期间，检查人员在相应的无线电波道上时刻保持守听。下车检查时，检查人员离开车辆的距离不得超过100m(随身携带对讲机)，检查车辆处于运行状态。

(10) 当塔台管制员要求检查人员撤离时，检查人员及车辆应当立即撤离至管制员指定的位置，并不得进入升降带平整区、跑道端安全地区、导航设备的敏感区和临界区。撤离后，及时通知塔台。当检查人员发现通信联系中断时，应当立即撤离跑道。

(11) 在巡视检查中发现航空器零件、轮胎碎片、灯具碎片和动物尸体等时，应立即通知塔台管制员和值班领导。做好记录，并将该物体上交有关部门。

(12)熟练掌握场道应急预案，能准确无误地实施各项应急措施，圆满完成上级安排的任务。

(13)冬季值班应注意雪情，做好场道除雪准备工作。夏季值班应注意雨情，做好场道防汛抗洪准备工作。

(14)按照不停航施工管理规定，应现场监督管理道面上的施工作业活动。

(15)巡视值班人员与塔台管制员联系时需用标准用语，巡视检查完成后，检查人员向塔台管制员报告飞行区场地情况，并将检查开始时间、结束时间、检查人员姓名、飞行区场地等情况记录在检查日志中。

(16)机坪附近设立外来物防范宣传语，并设置外来物垃圾桶，方便工作人员收集后进行统计并记录信息，如图 3.17 所示。

图 3.17　外来物防范宣传

3.3.2　现场数据采集前期准备

1. 前期调研准备

前期调研准备文件主要包括外来物监测视频、机场外来物具体工作流程、机场外来物记录和处置方案。

2. 数据采集方案设计

1)硬件准备

笔记本、摄像机(海康威视 DS-2XA8287F-LZS)、路由器、网线、电源，连接方式如图 3.18 所示，摄像机参数如表 3.7 所示，电源参数如表 3.8 所示。

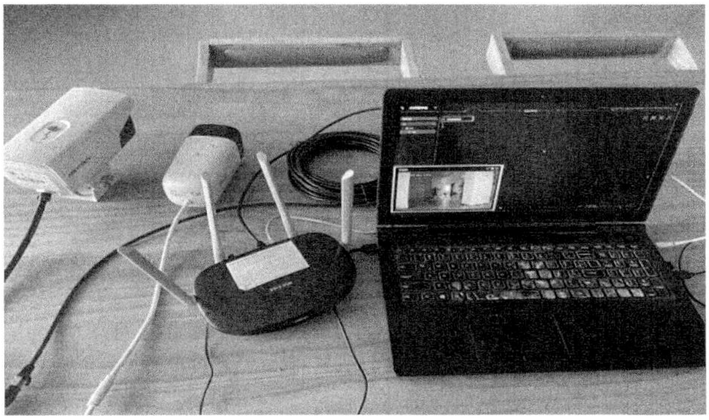

图 3.18　外来物数据的采集设备连接示意图

表 3.7　摄像机参数

图像尺寸	探测距离	电源供应	工作温度	功能
3840 像素×2160 像素	80m	12V，1.3A	–30～60℃	二次开发、智能

表 3.8　电源参数

型号	容量	输出电压	最大输出电流	工作温度
YSN-370	44800mA·h	24V/12V/5V	10A	–30～55℃

2) 外来物样件准备

(1) 规范要求外来物样件。

标准样件：高尔夫球(直径 43mm)、金属体(边长 30mm)。

实物样件：水泥混凝土块(100mm)、沥青混凝土块(100mm)、跑道灯具零件、活动扳手(200mm)、套筒(50mm)、橡胶皮、扭曲金属条(200mm)、油箱盖、轮毂螺母、液压管(200mm)、白色聚氯乙烯管(50mm)。

(2) 额外准备外来物试件。

尼龙布(50mm)、塑料袋(150mm)、塑料瓶(200mm)、鸟类模型、植物残枝、泡沫板(100mm)、餐盒、报纸杂志、纸屑、行李零部件及标签等。

3) 检测步骤

(1) 选取不同测点(跑道起点、飞机加速区域等关键位置)，布置并连接设备，设置摄像机位置、高度和角度，保证监测区域满足 30m×30m 且实现跑道的全覆盖，启动设备。

(2) 在检测区域内放置单个外来物样件并多次调整位置(跑道中央、检测范围边缘、随机位置等)，进行检测。

(3) 在检测区域内放置多个外来物样件并多次调整位置(跑道中央、检测范围边缘、随机位置等)，进行检测。

(4) 调整摄像机位置(跑道两侧、跑道外 6m 或 8m 处)、高度(20cm、200cm、4m 或 6m)和角度(三个不同机位)，重复步骤(2)、(3)。

3. 风险分析

(1) 由于需要布置连接设备且需要摆放不同位置、不同种类、不同数量的外来物，每个测点预计需要 60min，需要三人进行数据采集工作，两人负责摆放，一人负责采集和指挥调整位置。

(2) 由于需要在跑道上摆放外来物，须保证采集数据后，完全确认所有外来物已被清除，以免影响机场正常运行。

(3) 若跑道和滑行道上不允许进行测试，可在机场其他道路上进行数据采集。

3.3.3　数据采集

本次外来物数据采集工作主要分为两个时间段：14:00～16:00，天气状况较为良好；9:00～10:00，有雾稍微影响视线。采集地点为徐州观音国际机场跑道东部(上午)和中部(下午)、机坪(上午)。监控机位和外来物摆放如图 3.19 所示，采集到的外来物图像如图 3.20 所示。

(a) 1m 高度

(b) 20cm 高度

(c) 1.5m 高度

(d) 外来物摆放

图 3.19　监控机位和外来物摆放

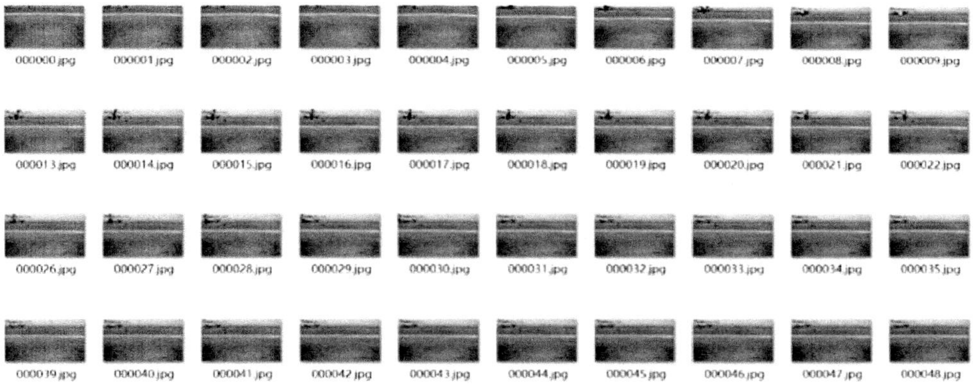

图 3.20　拍摄图像截取

3.3.4　图像分析与检测

随机从拍摄图像中挑选不同场地、不同角度的 233 张图像，对检测精度进行统计。检测效果如图 3.21～图 3.23 所示，检测精度统计如表 3.9 所示。

表 3.9　检测精度统计

类别	实际	检测	错检	漏检	准确率/%	漏检率/%
塑料瓶	90	90	0	0	100	0
金属罐	215	215	0	0	100	0
破碎塑料	1582	1635	53	0	96.6	0
高尔夫球	561	539	0	22	96.1	4.1
金属制品	320	305	0	20	93.8	6.6
水泥碎块	507	517	20	10	94.1	2.0
沥青碎块	530	523	3	10	97.5	1.9
人	222	222	0	0	100	0
纸制品	350	350	0	0	100	0
车辆	55	53	0	2	96.4	3.8
总计(平均)	4432	4449	76	64	96.8	1.5

随机挑选的 233 张外来物检测图片中，所有类别的检测准确率均在 93%以上，其中金属制品的准确率在所有类别中最低，为 93.8%，原因在于金属表面较为光滑，在晴朗的天气状况下，金属表面会映射机场道面的纹理，影响模型检测精度；所有类别的漏检率均在 10%以下，其中金属制品的漏检率在所有类别中最高，为 6.6%。整体来看，模型的实际检测效果满足使用要求。

图 3.21　跑道机场道面外来物检测效果(一)

图 3.22　跑道机场道面外来物检测效果(二)

图 3.23　机场跑道低角度外来物检测效果

3.3.5　道面异物尺寸与位置计算

在完成机场异物的识别和定位后，进一步研究异物的几何特性计算方法，开发异物的危险等级评定方法，为异物处理提供依据。

在确定异物的几何特性过程中，首先将整幅原始图像的左上角设为坐标原点，水平方向为 x 轴，垂直方向为 y 轴，边界框的原始左上角坐标设为(x_1， y_1)，原始右下角坐标设为(x_2， y_2)，图像分辨率为 3840 像素×2160 像素，如图 3.24 所示。根据相机的成像原理，图片上每行 y 对应的水平宽度和距离相机的远近都不同，y 越大，对应的水平宽度越小且精度越高，因此采用 y_2 进行异物尺寸的计算；图片上每列 x 对应的纵向长度不同，越靠近中点对应的纵向宽度越小且精度越高，因此采用 $\bar{x}$ 来进行异物尺寸的计算。选取 y_2 行中点作为异物位置，异物在图像中的尺寸、位置计算公式如下：

$$l_{\mathrm{FOD}} = \max\left\{\alpha_{y_2}(x_2 - x_1)/3840, \beta_{\bar{x}}(y_2 - y_1)/2160\right\}$$

$$x_{\mathrm{FOD},i} = \alpha_{y_2}\frac{x_1 + x_2}{2}\Big/3840, \quad y_{\mathrm{FOD},i} = \beta_{y_2} y_2 \tag{3.10}$$

式中，l_{FOD} 为机场道面异物的最长边尺寸；α_{y_2} 为像素行为 y_2 时的横向转换系数；$\beta_{\bar{x}}$ 为像素列为 $\bar{x}$ 时的转换系数；β_{y2} 为像素行为 y_2 时的纵向转换系数；$x_{\mathrm{FOD},i}$ 为机场外来物在第 i 个光电设备图像中的横坐标；$y_{\mathrm{FOD},i}$ 为机场外来物在第 i 个光电设备图像中的纵坐标。

图 3.24　基于检测框的机场异物尺寸计算方法

以图 3.24 中的塑料为例，其检测框坐标为(1815, 1169)、(1907, 1196)，取 y 行为 1196 对应的水平宽度，由相机布设角度和实测可得该行对应的水平宽度为 15.35m，距离相机 8.38m，则该塑料异物的宽度为(1907–1815) × 9.35/3840= 22.40cm，所处位置为(1907+1815)×9.35/(2×3840)=4.53m。当以光电设备为坐标原点时，异物坐标为(–0.14m，8.38m)。再根据光电设备的布设方式计算得到异物在整体坐标系中的位置，计算公式如下：

$$x = x_i + x_{\mathrm{FOD},i}, \quad y = y_i + y_{\mathrm{FOD},i} \tag{3.11}$$

式中，x、y 分别为机场外来物在机场坐标系中的横、纵坐标值；x_i、y_i 分别为第 i 个光电设备在机场坐标系中的横、纵坐标值。

类似地，对图3.24中其他的异物尺寸与位置进行计算，从左至右结果如表3.10所示。

表 3.10　异物详细属性表

异物	种类	(x_1, y_1)	(x_2, y_2)	尺寸/cm	位置/m
1	塑料	(948,1042)	(1026,1068)	21.02	(–2.28,10.17)
2	水泥块	(996,1214)	(1024,1239)	6.57	(–2.22,7.78)
3	纸制品	(1392,1016)	(1420,1032)	7.75	(–1.26,10.68)
4	塑料	(1396,1118)	(1447,1136)	13.04	(–1.22,9.22)
5	金属	(1475,1184)	(1525,1225)	11.88	(–1.03,7.97)
6	塑料	(1659,740)	(1692,751)	8.06	(–0.63,8.44)
7	塑料	(1804,1005)	(1858,1020)	15.08	(–0.22,10.85)
8	塑料	(1815,1169)	(1907,1196)	22.40	(–0.14,8.38)
9	塑料	(2216,1116)	(2312,1155)	23.97	(0.67,7.64)
10	塑料	(2147,1221)	(2250,1249)	24.18	(0.83,8.95)
11	沥青块	(2394,1092)	(2442,1124)	11.60	(1.03,6.40)
12	水泥块	(2318,1309)	(2372,1337)	12.39	(1.21,9.39)
13	沥青块	(2483,1210)	(2591,1236)	25.42	(1.50,7.82)
14	塑料	(2761,1101)	(2788,1124)	18.59	(2.02,9.39)
15	高尔夫球	(2842,1176)	(2853,1192)	3.34	(2.28,11.38)
16	塑料	(3064,1095)	(3081,1112)	4.43	(2.80,9.56)
17	高尔夫球	(3615,967)	(3628,982)	3.73	(4.14,14.62)

3.3.6　道面异物危险等级及预警

目前国内尚未建立民航机场道面异物的危险等级精细化评判标准及对应的处置方案。针对此问题，结合机场异物处理工作相关指导，开发异物多特征信息融合评估模型，建立异物精细化评价指标[11]。采用专家系统技术，研究异物评判机制，开发智能决策过程，形成异物特征针对性的处置方案。自动记录异物详细属性和处置过程，形成全信息可追溯数据库，设置接口进行可视化展示，实现异物危险等级快速预警。

跑道不同区域对于外来物防范的限制等级不同，因此将跑道区域划分为滑行区、起飞降落滑跑区、起飞着陆区三个区域，设置不同的权值系数，其中，出现在起飞着陆区的异物均视为高危类型。基于前一阶段异物的种类、尺寸、位置和不同区域，判断异物所属的危险等级。基于其物质属性，将其划分为高危类型、中危类型和低危类型。高危类型主要包括砂石、金属、玻璃、动物尸体等；中危类型主要包括胎皮碎片、纸箱、树枝、塑料袋等；低危类型主要包括植物残枝、纸屑、泡沫和嵌缝条等。外来物报警规则如表 3.11 所示。

表 3.11　外来物报警规则

外来物类型	尺寸/cm	在跑道上的位置		
		0~30%	31%~70%	71%~100%
金属/玻璃/混凝土/砂石	—	Ⅰ级		
哺乳动物或爬行动物尸体	—	Ⅰ级		
轮胎碎片/硬质塑料/涂料碎片	$L\geqslant5$	Ⅱ级	Ⅰ级	Ⅱ级
	$5>L\geqslant3$	Ⅲ级	Ⅱ级	Ⅲ级
	$L<3$	Ⅲ级		
冰块	$L\geqslant5$	Ⅱ级	Ⅰ级	Ⅱ级
	$5>L\geqslant3$	Ⅲ级	Ⅱ级	Ⅲ级
	$L<3$	Ⅲ级		
鸟类尸体	$L\geqslant13$	Ⅱ级	Ⅰ级	Ⅱ级
	$13>L\geqslant3$	Ⅲ级	Ⅱ级	Ⅲ级
	$L<3$	Ⅲ级		
塑料薄膜等软质物体	$L\geqslant50$	Ⅲ级	Ⅱ级	Ⅲ级
	$L<50$	Ⅲ级		

获取机场跑道数据及机场跑道的运行方向，基于机场跑道数据建立跑道模型，并基于机场跑道的运行方向将跑道模型划分为多个不同的跑道区域。根据物质属性将异物划分为多个不同危险程度的外来物类型，基于多个跑道区域和多个外来物类型以及外来物尺寸设定报警规则。基于探测到的异物所在的跑道区域和所属的外来物类型，从报警规则中判定与异物对应的报警级别，根据报警级别给出外来物处理方案。

参 考 文 献

[1] Deng Q S, Zhan Y, Liu C, et al. Multiscale power spectrum analysis of 3D surface texture for prediction of asphalt pavement friction. Construction and Building Materials, 2021, 293: 123506.

[2] Kouchaki S, Roshani H, Prozzi J A, et al. Field investigation of relationship between pavement surface texture and friction. Transportation Research Record: Journal of the Transportation Research Board, 2018, 2672(40): 395-407.

[3] Wan Y L, Liang X D, Bu X X, et al. FOD detection method based on iterative adaptive approach for millimeter-wave radar. Sensors, 2021, 21(4): 1241.

[4] Qin F, Bu X X, Liu Y L, et al. Foreign object debris automatic target detection for millimeter-wave surveillance radar. Sensors, 2021, 21(11): 3853.

[5] Wang Y M, Song Q, Wang J, et al. A correction method to systematic phase drift of a high resolution radar for foreign object debris detection. Remote Sensing, 2022, 14(8): 1787.

[6] Gou H S, Pan H X. Airport runway foreign object detection method based on improved YOLOv8//Proceedings of the 2023 3rd International Conference on Big Data, Artificial Intelligence and Risk Management, Chengdu, 2023: 928-934.

[7] Radke R J, Andra S, Al-Kofahi O, et al. Image change detection algorithms: A systematic survey. IEEE Transactions on Image Processing, 2005, 14(3): 294-307.

[8] Green D F J. Runway safety monitor algorithm for runway incursion detection and alerting. Algorithms, 2002.

[9] Hantscher S, Essen H, Warok P, et al. LAOTSE, an approach for foreign object detection by multimodal netted 2D/3D sensors//2011 Tyrrhenian International Workshop on Digital Communications-Enhanced Surveillance of Aircraft and Vehicles, Naples, 2011: 61-64.

[10] Jayadharini J, Ajitha S, Divya T, et al. Foreign object detection using hybrid assessment and enhancement technique//2013 Fifth International Conference on Advanced Computing (ICoAC), Chennai, 2013: 537-542.

[11] Xu Q Y, Ning H S, Chen W S. Video-based foreign object debris detection//IEEE International Workshop on Imaging Systems and Techniques, Shenzhen, 2009: 119-122.

第 4 章　机场道面多尺度表面病害检测技术研究综述

随着使用年限的增加，机场道面不断出现边角破损、表面龟裂等表面病害，因此及时发现、整治这些表面病害显得尤为重要。目前的机场道面表面病害检测多采用人工目视检测结合多功能道路检测车自动检测，综合评定道面的病害类型及相应的破损程度。这些方式检测频率低、成本高，无法实现道面病害的周期性高频检测，难以及时发现破损严重的道面病害，容易错过道面病害的最佳养护时期，增加养护维修成本。为提高道面表面病害检测的频率及效率，亟须研究全自动化的道面病害检测方式，实现大规模道面病害检测并及时进行养护维修，提高道面的使用年限。

4.1　机场道面表面病害检测概述

根据《民用机场道面评价管理技术规范》(MH/T 5024—2019)，机场道面病害主要为裂缝、角隅断裂、接缝破碎、修补等类型的病害。其中接缝破碎是接缝两侧各 600mm 范围内出现的裂缝，角隅断裂是在角隅处产生的与接缝斜交的裂缝，修补则是对严重的裂缝进行维修后重新产生的病害，这些表面病害严重影响了飞机起飞、降落、滑跑的舒适度及安全性。并且，由于飞机的频繁起落、环境等综合因素的影响，很多机场的道面板在还未达到设计寿命时就出现了表面病害。以北京首都国际机场为例，1996 年东跑道改造时的调查结果表明，在 9552 块水泥混凝土板块中，出现破损和断裂的板块数为 1994 块，破坏面积为 8968m^2，其板块破损率和道面破损率分别达 17%和 3.9%。因此，若能在机场道面表面病害出现早期及时发现并对其进行修缮，则能有效地防止机场道面出现严重的损坏，从而保障航班安全起降，降低道面养护所需要的人力、物力等各项成本。

在《民用机场运行安全管理规定》和《民用机场飞行区场地维护手册》中均对机场道面病害类型及尺寸、深度和范围等制定了明确的检测要求。与公路道面相比，机场道面关注的裂缝、角隅断裂、接缝破碎等病害更加细小，背景更加复杂，机场检测要求更加严格。迄今为止，大部分机场仍采用人工检测方法，基于人工检测的机场道面病害检测方法存在以下几个缺陷：①人工检测工作强度高、耗时费力；②根据人的主观判断识别病害，缺乏完全一致的评判标准；③很难保证检测者能够覆盖整个机场道面，因此无法满足当今打造“智慧机场”的需求。随着计算机视觉技术的飞速发展，高效率、自动化的病害检测技术逐渐进入道面养护领域。工作人员使用自动化道面病害检测技术对病害进行精准、快速的检测，能够实时掌握机场道面的损坏程度，并对相关病害进行及时必要的维修，这有助于提高机场道面的养护效率。目前，基于计算机视觉的道面病害自动化检测已成为行业研究热点，主要可以分为基于传统图像处理的方法及基于机器学习、深度学习的识别方法，下面介绍道面病害的自动化检测方法。

1. 基于图像处理的病害识别方法

传统的图像处理方法主要是基于图像进行像素级分析处理[1]，先通过对道面病害图像各点的像素值进行运算，从而得到道面病害的分割图，然后通过连通域算法或者图像投影的方法进行道面病害的分类。在得到道面图像的分割图前还需要进行图像的预处理，包括图像的增强操作、滤波处理，得到背景为黑色、路面病害为其他颜色的分割图，进而对病害进行分类。该方法存在基于人的主观判断的假定问题，会使病害提取结果出现偏差，因此需要对人为预设的假定不断进行更正，才能获取精确的识别效果。基于图像处理的病害识别方法又可分为阈值分割法、边缘检测算法、基于多特征的识别算法。阈值分割法即采用固定的阈值进行道面病害图像的像素级分割，对道面病害图像的像素值重新进行赋值计算，将大于阈值的像素值设置为255(0)，小于阈值的像素值设置为0(255)，这样就可以有效地区分道面病害及背景。阈值分割主要分为基于空域的分割方法和基于频域的分割方法。道面裂缝使路面形成不连续状态，道面裂缝在空间上呈现“亮-暗-亮”的马鞍形，因此在裂缝边缘存在梯度变化，可以通过边缘检测算子来寻找道面裂缝边缘，从而提取出道面裂缝区域。基于多特征的识别算法将裂缝的灰度差异、出现概率及边缘特性作为低层显著特征，并基于像素的灰度、纹理、连续性、剖面形状等多个特征，计算该道面图像中的像素是否含有路面裂缝，完成基于病害多特征维度的识别提取。

2. 基于机器学习的病害识别方法

随着机器学习的发展，模型能够学习图像和数据的信息，进行自主回归分析，机器学习算法适用于小样本、非线性的分类任务，精度优于传统的图像处理技术[2]。以神经网络模型为基础的机器学习方法，不需要对道面病害图像进行预处理，网络模型能够自主完成对道面病害图像的特征学习，通过学习大量的道面病害数据，能够对新输入的道面病害图像进行分类。道面病害识别的机器学习算法包括基于支持向量机(support vector machine，SVM)、随机森林、人工神经网络(artificial neural network，ANN)、反向传播(back propagation，BP)神经网络、决策树、聚类算法、张量投票法等。这些基于机器学习的算法能够很好地区分路面裂缝及路面背景，但是不能很好地完成路面裂缝的细分，因为不同裂缝之间的灰度值可能相同，因此仅依靠灰度特征不能解决路面裂缝的高精度分类。这些算法的缺点为需要人工预设输入的图像特征值，因此需要进行大量的回归分析，确定最大的响应值。

3. 基于深度学习的病害识别方法

计算机视觉的三大任务为图像分类、目标检测及语义分割。随着深度学习技术的发展，近年来研究人员使用神经网络模型，能够直接依靠输入的原图像完成端到端的目标识别，不需要人工干预分割过程，因此该方法被广泛应用于路面裂缝检测。深度学习方法用于路面裂缝的识别主要经历了三个阶段：第一阶段主要采用卷积神经网络(CNN)滑动窗口技术，实现了裂缝的分类；第二阶段开发定位框技术，实现了路面裂缝的定位；第三阶段采用像素级语义分割技术，探索路面裂缝精准形态的提取方法。这些方法近年来均被应用于路面病害的识别提取工作，前述的方法基本能够完成路面病害的分类，但是无法做到在分类的基础上使用网络模型进行路面病害的特性分析，如裂缝的长度、宽度的提取，因此在此基础上出现了融合模型，通过整合 Faster R-CNN、CNN 和形态学的集成方法进行路面裂缝的分类、定位和测量。但目前自动化识别算法的通用性较差，不能实现不同路面状况下的迁移识别，且自动化识别参数较多，权重文件较大，不适宜离线部署。

综上所述，针对机场道面背景的复杂性及检测需求的紧迫性，设计高效实用的机场道面自动化病害检测算法具有重要的研究意义与工程实用价值，将人工智能赋能智慧机场的建设，推动深度学习实现智能化道面管养也是未来的发展趋势。

4.2　基于目标检测模型的路面病害区域级识别

为实现机场道面表面病害的识别，需要研究合适的基于卷积神经网络的目标检测算法，完成路面病害自动化识别提取。卷积神经网络结构影响路面病害特征的提取性能，因此可以研究不同卷积神经网络模型的路面病害识别效果。本节主要介绍 Faster R-CNN、YOLO v3 和 YOLO v4 三种网络结构组成及选取的优化结构组合方式。

4.2.1　Faster R-CNN

Faster R-CNN[3]在 2015 年创新性地提出区域建议网络(RPN)，利用锚框机制实现端到端的目标检测。将生成建议框网络嵌入卷积神经网络，极大地提高了检测速度，最终将检测速度提高到 17Hz，并且在 PASCAL VOC 数据集上实现 70.4%的准确率[4]。这种基于锚框的目标检测算法只需要进行目标分类和位置的微调即可，不需要预测出每个点的坐标值，即可加快模型收敛和提高预测准确率。Faster

R-CNN 是由 Fast R-CNN 和 RPN 两部分结构组成的，如图 4.1 所示。

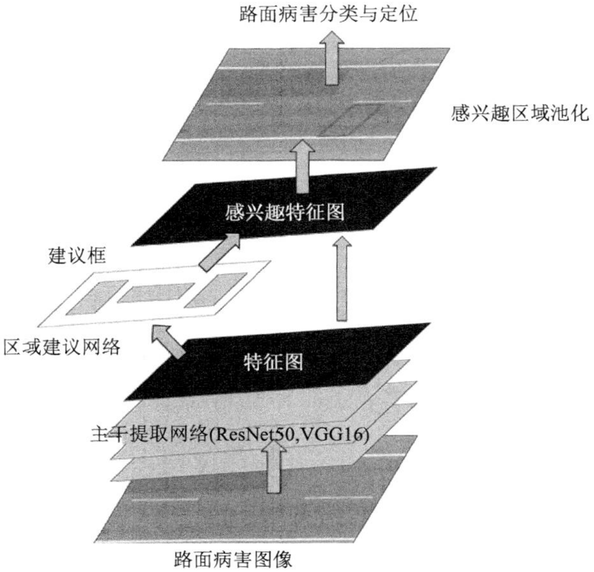

图 4.1　Faster R-CNN 结构示意图

Faster R-CNN 的主干提取网络为 VGG16，选取前 13 层进行图像特征提取，获得公用特征图。特征图会被送入 RPN，通过该网络生成建议框。建议框结合特征图共同输入感兴趣区域池化层，最后经过全连接层进行分类和回归，得到带有矩形框和分类结果的预测图。

1. RPN 结构

图 4.2 为 RPN 结构示意图[5]，需要对某一区域是否存在物体进行初步筛选。RPN 通过锚框回归及分类得到建议框，生成多个区域建议框。通过 Softmax 函数确定正负样本，再利用回归器修正锚框获得精确的建议框，得到 RPN 的建议框。

生成建议框的步骤为：首先在特征图上利用滑动窗口(3×3 大小的卷积核)生成锚框，该步骤完成目标特征整合，使用补零操作保持特征图的输出尺寸不变。每一个滑动窗口的中心点处生成 k 个不同大小和不同高宽比的锚框。为了完成建议框的生成，每个滑动窗口中心点处生成 $2k$ 个参数用于二分类，区分前景(含有目标的区域)和背景；每个滑动窗口中心点处生成 $4k$ 个参数用于回归，包含建议框的中点位置及宽、高信息。

锚框是一种固定尺寸的矩形框。在此结构中，采用三种大小及三种纵横比生成，因此滑动窗口的中心点对应 9 个锚框，确保可以覆盖各种大小和尺度的路面

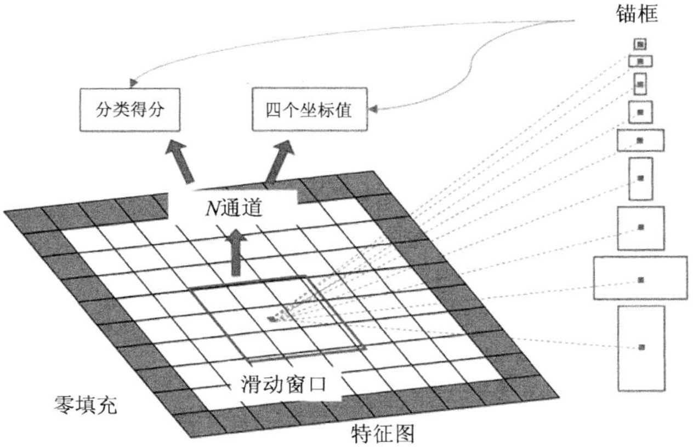

图 4.2　RPN 结构示意图

病害。RPN 的锚框的长宽比为 1∶1、1∶2 和 2∶1，大小为 64、128 和 256。RPN 需要根据锚框和人工标注的生成框回归得到建议框，完成目标的初步定位。因此，锚框根据人工标注框来计算偏移值进行位置修订，从而初选建议框。

2. RPN 偏移值计算

预测框的计算如图 4.3 所示，锚框的中点坐标为(x_a, y_a)，宽和高分别为 w_a、h_a。真实框的中点坐标为$(x^*$、$y^*)$，宽和高分别为 w^*、 h^*。建议框的中点坐标为(x, y)，宽和高分别为 w 和 h。

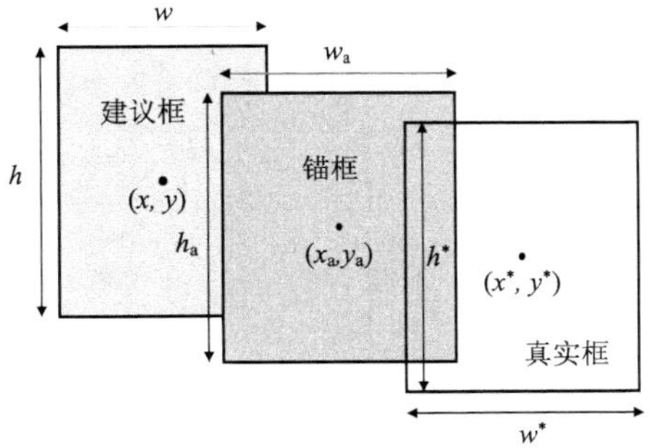

图 4.3　预测框回归计算

首先通过真实框和锚框确定偏移真值，按照式(4.1)进行计算：

$$
\begin{aligned}
&t_x^* = \left(x^* - x_a\right) / w_a, \quad t_y^* = \left(y^* - y_a\right) / h_a \\
&t_w^* = \log\left(w^* / w_a\right), \quad t_h^* = \log\left(h^* / h_a\right)
\end{aligned}
\tag{4.1}
$$

式中，t_x^*、t_y^*、t_w^*、t_h^*分别为真实框的中点坐标与锚框之间的回归偏移量。

直接预测检测框的宽和高会导致训练时不稳定的梯度问题，在进行追踪时，对目标的中心位置偏移采用归一化处理，检测框的宽高偏离采用对数处理，限制偏移量的范围，便于检测框的下一位置预测。然后通过式(4.2)计算预测框和锚框之间的偏移预测值：

$$
\begin{aligned}
t_x &= (x - x_\mathrm{a}) / w_\mathrm{a},\quad t_y = (y - y_\mathrm{a}) / h_\mathrm{a} \\
t_w &= \log(w / w_\mathrm{a}),\quad t_h = \log(h / h_\mathrm{a})
\end{aligned}
\tag{4.2}
$$

在得到上述偏移真值和偏移预测值后可进行损失计算，用于误差反向传播，完成预测框的位置修正任务。

3. RPN 训练

1）样本选取

RPN 通过反向传播及随机梯度下降优化方法完成端到端的训练。RPN 中特征图上每一个特征点都会生成 9 个锚框，一幅 $N \times N$ 大小的特征图会生成 $N \times N \times 9$ 个锚框，从而需要选取其中部分进行训练。每幅图像中随机选取 256 个锚框进行训练，包含 128 个正样本和 128 个负样本，当正样本不足时通过负样本补充，通过平衡样本量可以降低误判的概率。通过交并比(intersection over union，IoU)取值区分正样本和负样本，将 IoU≥0.5 或者具有最大 IoU 值的锚框作为正样本；将 IoU＜0.5 的锚框作为负样本。图 4.4 为 RPN 计算锚框与真实框的 IoU 过程。

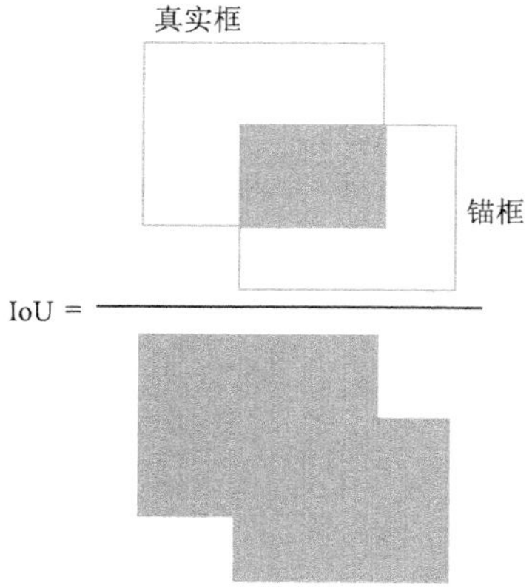

图 4.4　IoU 计算

2）损失函数

损失函数由分类损失和回归损失两部分组成，由式(4.3)计算：

$$
L(\{p_i\},\{t_i\}) = \frac{1}{N_\mathrm{cls}} \sum_i L_\mathrm{cls}(p_i, p_i^*) + \lambda \frac{1}{N_\mathrm{reg}} \sum_i p_i^* L_\mathrm{reg}(t_i, t_i^*)
\tag{4.3}
$$

式中，N_{cls}=256；N_{reg}=2400；λ=10（通过经验确定）。$\sum_i L_{\text{cls}}\left(p_i, p_i^*\right)$代表了 256 个锚框的分类损失，由于只需要判断是否存在目标，因此仅需要分为前景和背景两类，通过 Softmax 函数计算分类概率，采用交叉熵损失计算分类损失：

$$L_{\text{cls}}\left(p_i, p_i^*\right) = -\log[p_i^* p_i + (1-p_i^*)(1-p_i)] \tag{4.4}$$

$\frac{1}{N_{\text{reg}}}\sum_i p_i^* L_{\text{reg}}\left(t_i, t_i^*\right)$为回归损失，因为只需要对正样本进行回归，负样本不参与回归训练，所以前面有一个 p_i^*，当为正样本时，p_i^*=1，负样本时 p_i^*=0。

$$L_{\text{reg}}\left(t_i, t_i^*\right) = \sum_{i\in\{x,y,w,h\}} \text{smooth}_{L_1}\left(t_i - t_i^*\right) \tag{4.5}$$

$$\text{smooth}_{L_1}(x) = \begin{cases} 0.5x^2, & |x|<1 \\ |x|-0.5, & \text{其他} \end{cases} \tag{4.6}$$

式中，smooth_{L_1}包含一阶函数和二阶函数，是由于当预测值和真值之间相差过大时，采用二阶函数导数较大，不容易收敛，容易发散。

4. Fast R-CNN 训练

1）样本选取

感兴趣区域池化层输出的特征图与人工标注真实框的 IoU≥0.5 为正样本，IoU＜0.5 为负样本。训练时每次输入两张图片，共选取 128 个建议框，保证正负样本比值为 1∶3。

2）损失函数

与 RPN 结构类似，Fast R-CNN 的损失也由分类损失和回归损失两部分组成：

$$L\left(p,u,t^u,v\right) = L_{\text{cls}}(p,u) + \lambda[u \geqslant 1]L_{\text{reg}}\left(t^u, v\right) \tag{4.7}$$

式中，p 为 Fast R-CNN 利用 Softmax 函数对每种病害的预测概率（包含背景）；u 为人工标注标签，此处 u=0, 1, 2, 3, 4, 5, 6, 分别代表背景、横向裂缝、纵向裂缝、龟裂、斜向裂缝、修补、坑槽；t^u 为预测框相对于正样本的回归偏移值；v 为人工标注真实框与正样本之间的回归偏移值；$L_{\text{cls}}(p,u) = -\log p_u$ 为分类损失函数；λ 为超参数，用于平衡分类损失和回归损失的权重，在这里取值为 1；当 u≥1 时，[u≥1]=1，反之为 0；$L_{\text{reg}}\left(t^u, v\right)$和 RPN 的回归损失相同。

5. Faster R-CNN 训练

Fast R-CNN 和 RPN 共享卷积层，通过两者联合训练实现基于 Faster R-CNN 的目标检测模型，步骤如下。

(1)加载预训练权重(ImageNet 的预训练模型)单独训练 RPN。此次筛选出可能包含路面病害的感兴趣区域(region of interest, RoI)。RPN 模型只能判断是否存在病害，不能进行病害类型的区分。

(2)采用步骤(1)得到的 RoI 训练 Fast R-CNN。同样采用加载预训练权重单独训练 Fast R-CNN 网络，进行路面病害的分类和回归训练。

(3)利用步骤(2)训练的 Fast R-CNN 权重初始化 RPN，固定共享卷积层。微调 RPN 特有结构层的权重，此时 RPN 和 Fast R-CNN 具有共享卷积层。

(4)利用步骤(3)得到 RoI 微调 Fast R-CNN 特有结构层的权重，固定共享特征层，从而使 Fast R-CNN 和 RPN 都具有共享特征层，形成统一的目标识别网络。

6. Faster R-CNN 结构及参数设计

本书用于表面病害的 Faster R-CNN 模型具体结构如图 4.5 所示，主要包括主干特征提取网络(Backbone)、特征加强网络(Neck)及预测结构(Head)。

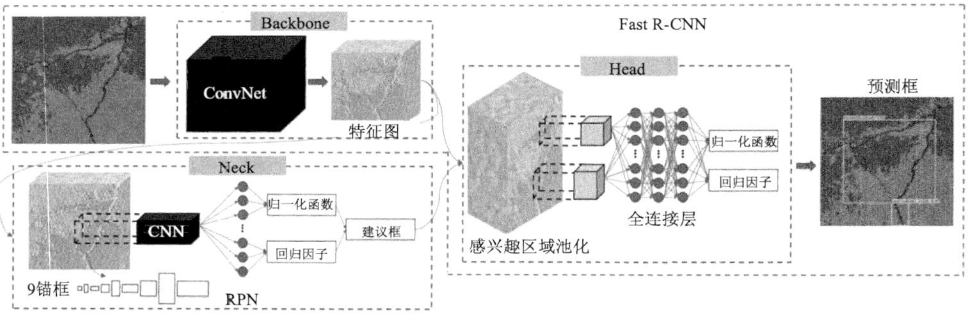

图 4.5　本书 Faster R-CNN 结构示意图

主干特征提取网络选取 VGG16 及 ResNet50 进行对比，其中 RPN 使用 VGG16 或者 ResNet50 提取的最后一个特征层作为输入，进而通过 512 个 3×3 大小的滑动卷积核进行建议框的生成，使用 Softmax 函数判断锚框内是否包含目标，通过回归器进行位置修正。然后将 RPN 生成的建议框和主干特征提取网络的特征层一同输入 RoI 池化，完成路面病害感兴趣区域的提取。最后送入全连接层，获取最终的路面病害定位及分类结果。

基于 VGG16 的 Faster R-CNN 具体结构参数如图 4.6 所示。输入为 512×512×3 的三通道路面病害图像，通过多次的卷积特征提取得到 32×32×512 的路面病害特征图，最后得到路面病害的分类及定位框，还需要解码到原图中得到最终的路面病害分类结果。按照 1∶1、1∶2 及 2∶1 的长宽比例，选取的最终锚框尺寸为[64,

64]、[64, 128]、[128, 64]、[128, 128]、[128, 256]、[256, 128]、[256, 256]、[256, 512]、[512, 256]。

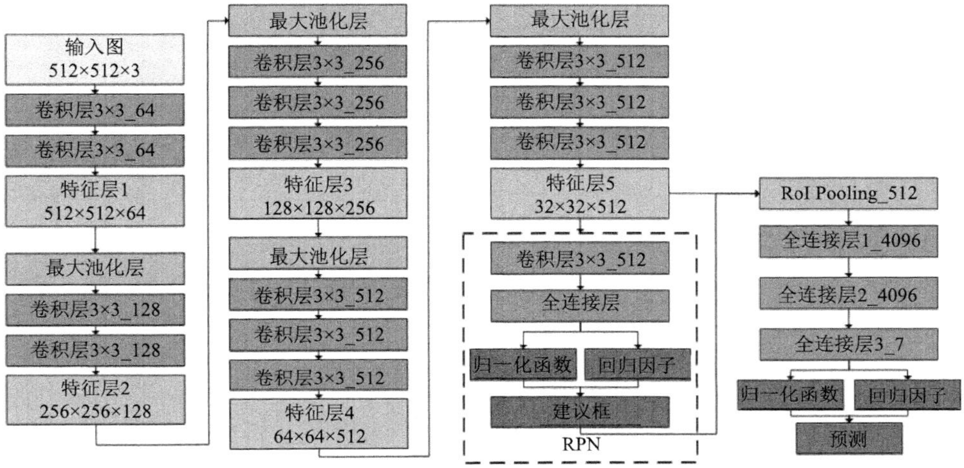

图 4.6 Faster R-CNN（VGG16）结构参数图

4.2.2 YOLO v3 模型

YOLO v3 也分别由 Backbone（DarkNet53）、Neck（FPN）和 Head 组成。采用多尺度进行预测（类似于特征金字塔网络（feature pyramid network，FPN））；使用 Logistic 函数时，可以采用多个独立的逻辑分类器对同一个边界框进行多个类别的预测；采用跳跃连接、残差模块、多尺度检测、上采样及特征融合等模块。

1. DarkNet53

DarkNet53 是 DarkNet19 的改进版，其为了提高特征提取能力，增加了卷积层深度。为防止网络深度增加带来的梯度消失现象，采用残差结构进行连接，如图 4.7 所示。

图 4.7 中曲线箭头代表 shortcut path（跳跃连接路径）。除此之外，此结构与普通的 CNN 结构并无区别。随着网络越来越深，学习特征的难度也就越来越大。但是通过 shortcut path，学习过程就从直接学习特征变成在之前学习的特征的基础上添加某些特征来获得更好的特征。一个复杂的特征 $H(x)$，没有通过 shortcut path 时，采用卷积层分层学习。添加 shortcut 后，搭建模型 $H(x)=F(x)+X$，其中 X 是 shortcut 开始时的特征，$F(x)$对 X 进行填补与增加成为残差。因此，学习的目标就从学习完整的信息变成学习残差，这样学习优质特征的难度就大大减小。采用跳跃连接的原因如下所述。

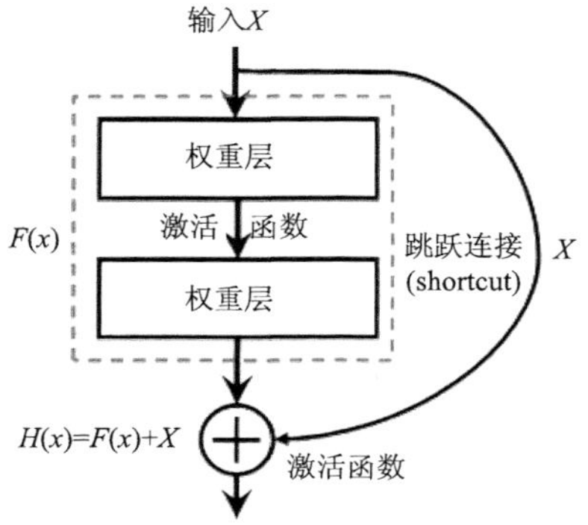

图 4.7　残差结构

(1) 引入跳跃连接使网络能够灵活训练。在输入特征图之后，可以选择进行卷积特征提取与非线性变换或者采用恒等映射进入下一层或者结合两者，这样得到的效果保证输出至少不会比输入差，进而将两个模块的结果相加得到输出，最后的输出为 $H(X)$，则需要学习的参数为 $H(X)-X$，利用这种学习方法可以防止误差反向传播中出现梯度消失的现象。深度学习计算如下：

$$f' = f_{卷积}\left(x,w_f\right),\ g' = g_{激活}\left(f'\right),\ y' = k_{分类}\left(g'\right),\ \cos t\text{=criterion}\left(y,y'\right) \tag{4.8}$$

利用误差的链式反向传播进行参数更新，$\cos t$ 对 f 求导得

$$\frac{\mathrm{d}(\cos t)}{y'}\times\frac{\mathrm{d}\left(y'\right)}{\mathrm{d}\left(g'\right)}\times\frac{\mathrm{d}\left(g'\right)}{\mathrm{d}\left(f'\right)}\times\frac{\mathrm{d}\left(f'\right)}{\mathrm{d}\left(w_f\right)} \tag{4.9}$$

可知在整个过程中，如果有一项的导数为 0，则出现梯度消失现象，模型参数无法更新。但是通过引入残差结构，在进行梯度更新时引入一个恒等值 1，避免梯度消失，计算如式(4.10)所示。即使初始导数 $\frac{\mathrm{d}f}{\mathrm{d}x}$ 很小(或者为 0)，也能保证误差有效反向传递。

$$\frac{\mathrm{d}h(x)}{\mathrm{d}x}=\frac{\mathrm{d}(f(x)+x)}{\mathrm{d}x}=\frac{\mathrm{d}f}{\mathrm{d}x}+1 \tag{4.10}$$

(2) 可以进行特征融合。浅层具有高分辨率及位置信息，语义信息较低，因此能够给出准确的位置，但是容易误判。深层具有高语义信息，但是分辨率低，难以获取准确的位置。因此，通过浅层和深层的跳跃连接可实现不同分辨率的融合，提高模型的识别精度。

2. 特征金字塔结构

Neck 为模型的特征增强模块，主干特征提取网络 Backbone 已提取到一部分

浅层特征，对 Backbone 提取到的浅层特征进行增强，从而使模型学到更具有针对性的目标特征。YOLO v3 采用特征金字塔网络[6]进行特征增强，深层特征层适合检测大目标物体，浅层特征层适合检测小目标物体，但是浅层的语义信息不足，容易错分。因此，将浅层的位置信息与深层的语义信息相结合能够很好地进行目标检测。

如图 4.8(a)所示，输入为单一维度的图像，然后对部分尺度的特征进行预测。最后输出时对不同尺度的输出结果进行简单叠加，输出预测结果。该方法的缺点是每一尺度只能利用前一层的特征信息，无法利用深层的语义信息，并且一般仅用后几层的特征信息，更浅层的信息无法被利用，不利于小目标物体的检测。因此，图 4.8(b)中的特征金字塔结构能够充分利用上下层的信息。通过下采样获取特征图之后，为了充分利用高层的语义信息，通过上采样方式恢复图像分辨率，然后融合高阶和低阶特征，为病害检测提供丰富的位置和语义信息，提高检测精度。

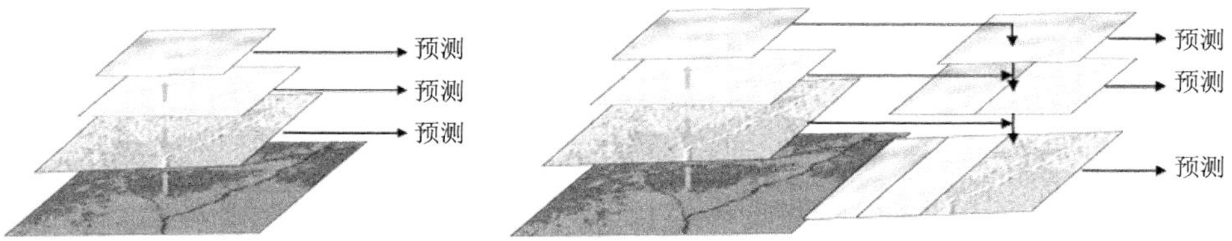

(a) 分层特征　　(b) 特征金字塔结构

图 4.8　FPN 分层特征

3. YOLO v3 Head

采用三种尺度进行目标物体检测，可以实现不同大小物体的识别。三种尺度下模型感受野的大小如图 4.9 所示。其中，图 4.9(a)检测小尺度目标，图 4.9(b)检测中尺度目标，图 4.9(c)检测大尺度目标。

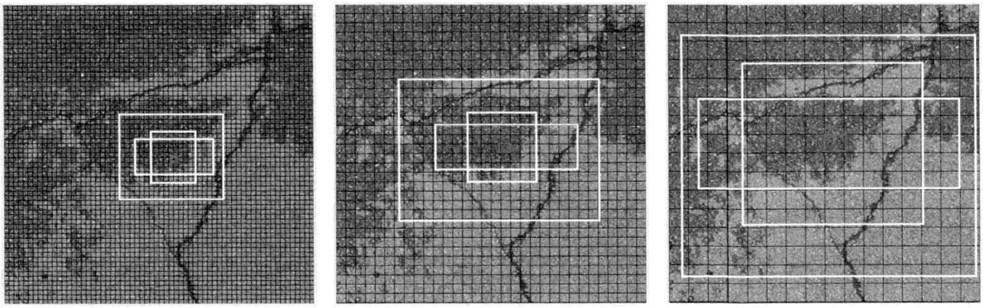

(a) 64×64　　(b) 32×32　　(c) 16×16

图 4.9　三种尺度下路面病害识别

4. 解码部分

YOLO v3 的解码过程分为两步：①根据预测的偏移值计算预测框的中心点坐标；②通过预测的 h、w 计算预测框的宽和高，从而得到整个预测框的位置，回归调整如图 4.10 所示。

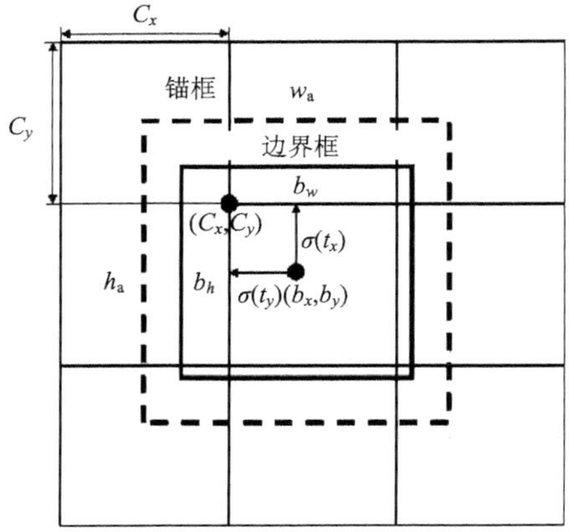

图 4.10　预测框回归计算

$$
\begin{aligned}
b_x &= \sigma\left(t_x\right) + C_x \\
b_y &= \sigma\left(t_y\right) + C_y \\
b_w &= w_a e^{t_w} \\
b_h &= h_a e^{t_h}
\end{aligned}
\tag{4.11}
$$

式中，b_x、b_y、b_w、b_h 分别为预测框的中心坐标和宽高；t_x、t_y、t_w、t_h 为根据锚框预测的 4 个偏移值；σ 为 Sigmoid 函数，作用是将坐标偏移值约束在(0, 1)区间内，使预测框的中心点坐标落在当前网格内，保证一个区域只预测中心点在该区域内的物体，加快模型收敛；C_x、C_y 为网格左上角的坐标；w_a、h_a 为锚框的宽和高。

预测相对于每个网格左上角的偏移值，从而使预测框的中心点落在该网格内，加快预测偏移值的训练。

5. 得分筛选与非极大值抑制

一个尺度下的一个网格可以得到 3 个预测框，因此一张 $N\times N$ 大小的特征图可以得到 $N\times N\times3\times3$ 个预测框，需要对获取的预测框进行筛选。选出大于一定阈值的结果，然后对这些框进行重合度计算，重合度大于一定值进行剔除，留下最大的框。首先进行得分筛选，设定 IoU 阈值，将大于阈值的预测框保留；然后按照得分由高到低进行排序，将其他框与得分最高框进行重合度计算，此即非极大值抑制(non-maximum suppression，NMS)操作，对重合度过大的框进行删除，处理前后如图 4.11 所示。

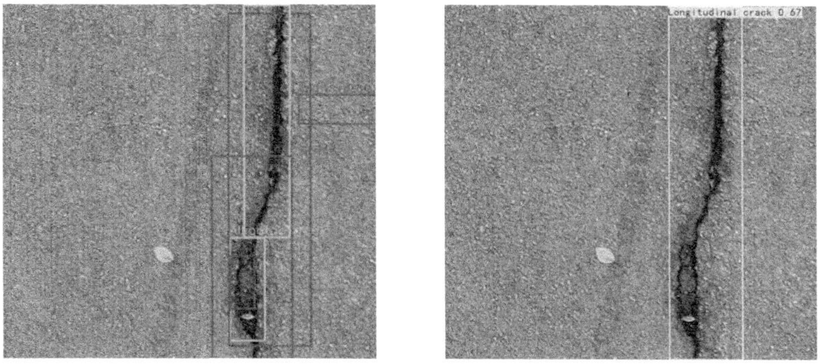

(a) 处理前　　(b) 处理后

图 4.11　非极大值抑制处理

6. 训练方式

正负样本是按照以下规则决定的：

(1) 如果一个预测框与所有的真实框的最大 IoU<0.5，那么这个预测框就是负样本。

(2) 如果 ground truth 的中心点落在一个区域中，该区域就负责检测该物体。将与该物体有最大 IoU 的预测框作为正样本(注意这里没有用到阈值，即使该最大 IoU<0.5 也不会影响该预测框为正样本)。

第一阶段预训练 DarkNet53，第二阶段训练整个检测网络，然后使用预训练的权重初始化检测网络的部分权重。

7. YOLO v3 结构及参数设计

本书的 YOLO v3 结构如图 4.12 所示。仍然采用主干特征提取网络(Backbone)、特征加强网络(Neck)及预测结构(Head)的组合模型方式。输入的尺寸统一为 512×512×3，通过 DarkNet53 的 5 个残差卷积块得到大小为 16×16×1024 的浓缩特征层。为充分利用高阶语义及低阶位置信息，在主干特征提取网络和特征加强网络之间进行通道融合，分别得到不同尺度的融合信息，最后通过多尺度的分级预测得到路面病害分类结果[1]。

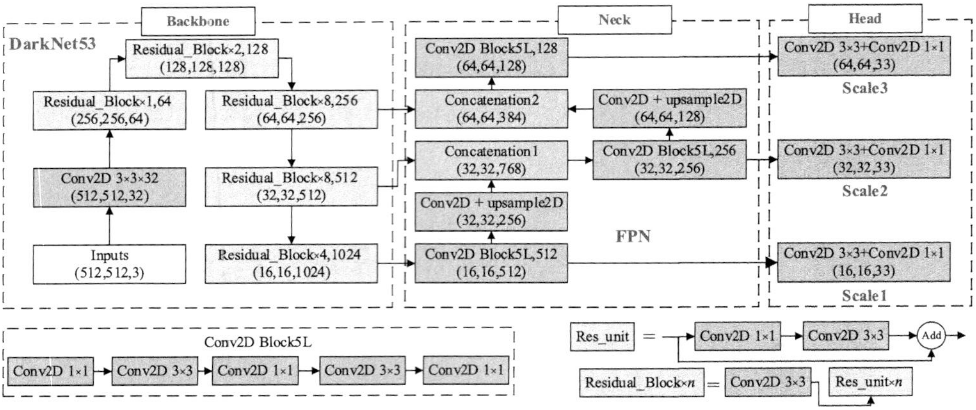

图 4.12　本书 YOLO v3 结构图

如图 4.12 中 Head 所示，最终得到的三个尺度特征层的大小分别为 16×16×33、32×32×33、64×64×33。上述特征层大小可以改写为[16, 16, 3, 11]、[32, 32, 3, 11]、[64, 64, 3, 11]，其中 11=4+1+6，分别代表锚框的调整参数(t_x, t_y, t_w, t_h)、置信度及 6 类路面表面病害的分类结果，如图 4.13 所示。

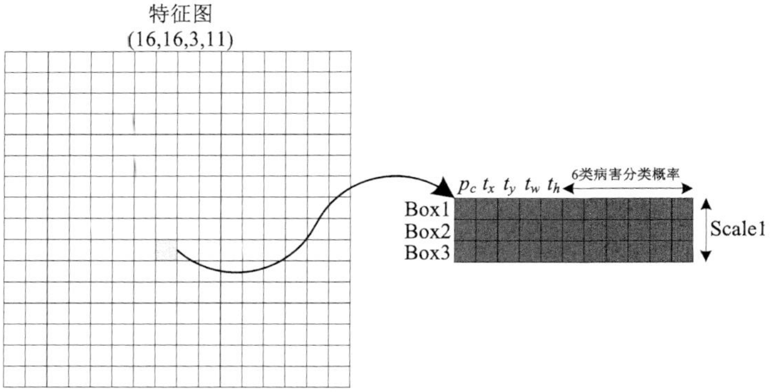

图 4.13　特征图编码示意图

4.2.3　YOLO v4 模型

1. 主体结构

相比于 YOLO v3, YOLO v4 在结构上没有太大的改变。YOLO v4[2]算法将融合的方法由 Add(特征融合)改为 Concatenation(通道融合)，最后仍然采用三个尺度的输出。YOLO v4 主要改进如下：

(1)主干特征提取网络由 DarkNet53 改为 CSPDarkNet53。

如图 4.14 所示，CSPDarkNet53 在 DarkNet53 的基础上增加了残差边。采用 CSPNet 的多通道叠加，去除计算冗余信息，提高模型训练速度。

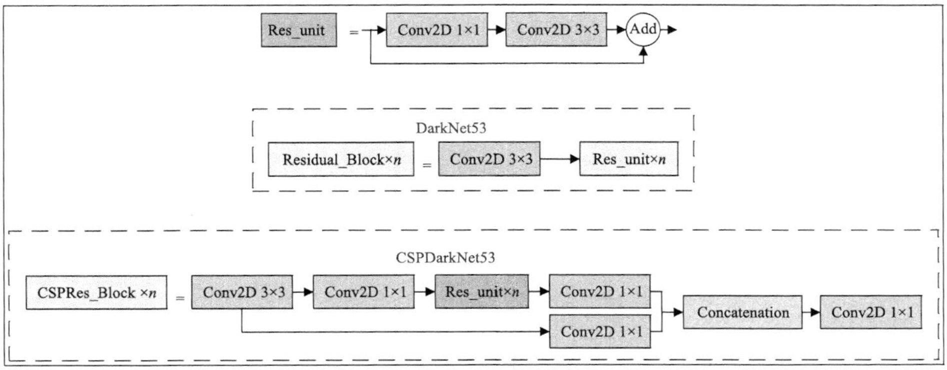

图 4.14　特征提取残差结构

如图 4.15 所示，输入特征层被分为两部分，一部分进行卷积等操作得到特征图；另一部分则与输出特征图进行通道叠加。设置分块的优点是：增加梯度路径，通过分块归并策略，可以使梯度路径的数量增加一倍，提升梯度传播效率；平衡计算，参与稠密层操作的基础层通道仅占原始数据的 1/2，可以有效提升模型的计算速度。

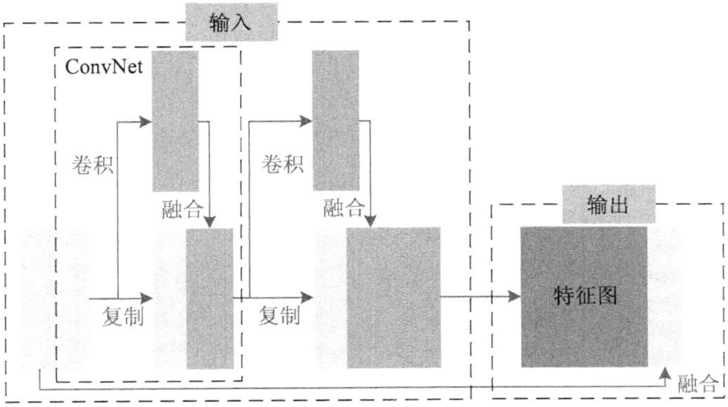

图 4.15　CSPNet

(2) 使用空间金字塔池化(spatial pyramid pooling，SPP)和 PANet 结构作为加强特征提取网络。

原始空间金字塔池化是为了解决输入图像不同尺度的问题。由于全连接层需要固定大小的输入才能进行矩阵运算，但是输入的数据来源不同，尺寸大小也不同，需进行裁剪或者缩放，此时会产生图像信息缺失或者图像失真的现象，因此在最后一个卷积层和全连接层之间加入 SPP 模块，保证任意尺度的输入都被转换为固定尺寸的输出，确保模型正常训练。YOLO v4 在特征提取部分采用 SPP 模块，如图 4.16 所示，主要是利用多尺度池化增加模型感受野，形成具有多维特征的特征层。

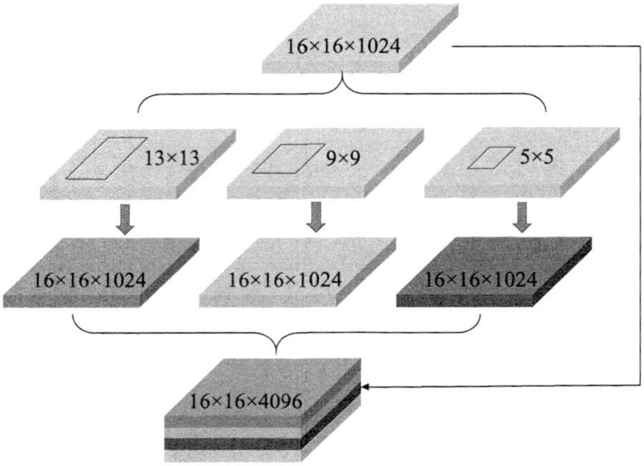

图 4.16　空间金字塔池化模块

PANet 采用 Add 操作进行特征融合，只进行张量相加，不扩充维度，如图 4.17(a)所示；而 YOLO v4 借助 PANet 的思想，如图 4.17(b)所示，采用通道融合(Concatenation)，进行张量拼接，扩充维度。可多次利用语义信息与位置信息，反复加强信息融合。

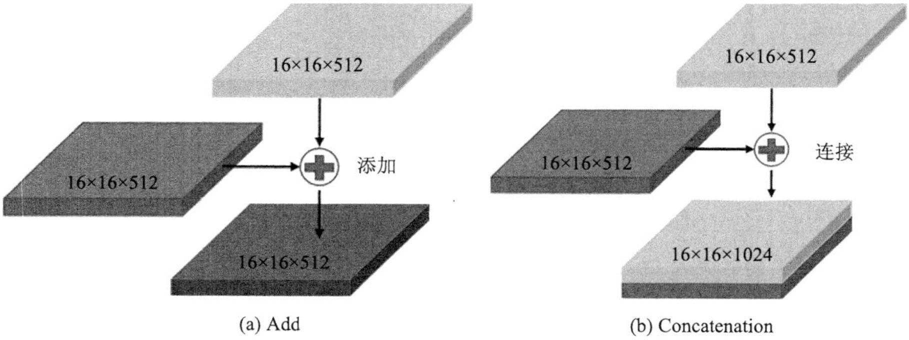

图 4.17　特征融合的两种方式

(3) 将 Mosaic 数据增强用于模型训练。

本书 Mosaic 数据增强参考 CutMix 数据增强[3]，把 4 张图拼成一张图来训练，相当于增加了模型训练批处理量，降低训练批次，可在单 GPU 上进行训练，降低模型训练设备要求。随机使用 4 张图片，随机缩放，再随机分布进行拼接，大大丰富了检测数据集，特别是随机缩放增加了很多小目标，可以提高小目标物体的识别精度，使网络的鲁棒性更好。图 4.18(a)为常用的训练方式，输入单张的图像用于模型训练，无法批量处理图像，即 4 张图需要输入 4 次。图 4.18(b)将 4 张图像随机组合在一起，形成一张图像，缩小了目标尺度，降低了训练批处理数量，提高了模型训练速度。

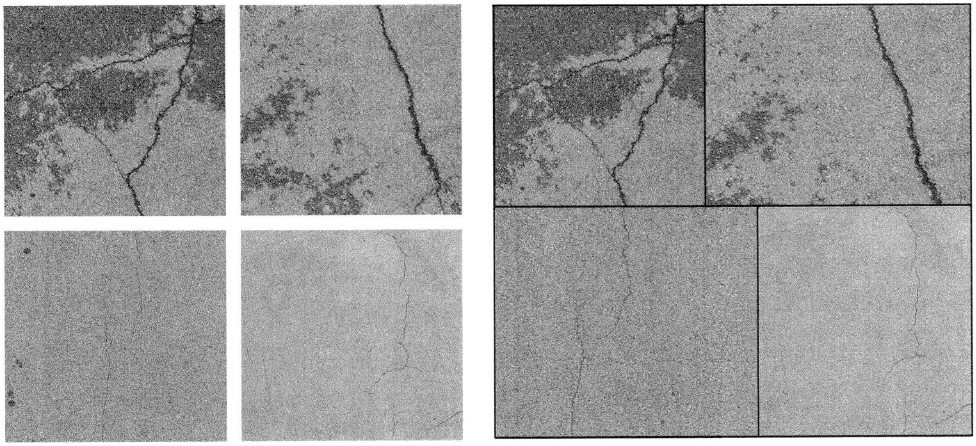

(a) 单独训练　　(b) 拼接训练

图 4.18　数据增强

(4)使用 Dropblock 正则化防止过拟合。

YOLO v4 中使用的 Dropblock 实际上与常见网络中的 Dropout 功能类似，也是一种缓解过拟合的正则化方式。传统的 Dropout 通过随机删除神经元的数量，使网络变得更简单，可以防止模型过拟合。但卷积层仍然可以从相邻的激活单元学习到相同的信息。因此，在全连接层上效果很好的 Dropout 在卷积层上效果并不好。因此，随机选取区域进行失活，如图 4.19 所示，将 Dropblock 应用到每一个特征图，采用可变的归零比率进行随机失活，在训练时以一个小的比率开始，随着训练过程线性地增加这个比率，达到加快网络训练的目的。

(5)采用 CIoU 计算回归损失。

YOLO v4 采用 CIoU 进行损失计算：

$$L_{\mathrm{CIoU}} = 1 - \mathrm{CIoU} = 1 - \left[\mathrm{IoU} - \frac{D^2{}_{对角线}}{D^2{}_{中点}} - \frac{v^2}{(1-\mathrm{IoU})+v} \right] \tag{4.12}$$

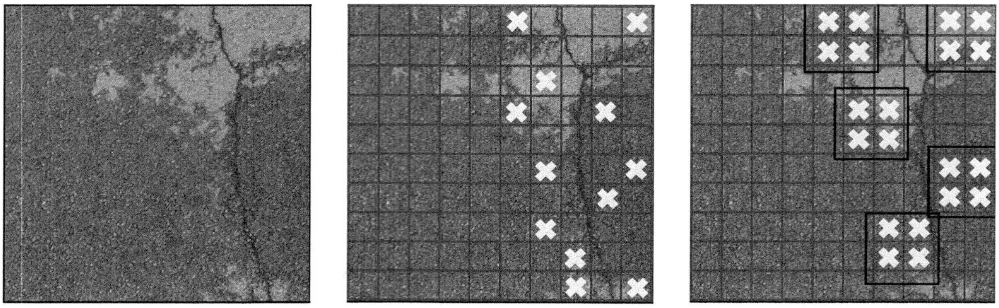

图 4.19　Dropblock 随机失活方式

$$v = \frac{4}{\pi^2}\left(\arctan\frac{w_{\mathrm{GT}}}{h_{\mathrm{GT}}} - \arctan\frac{w_{\mathrm{Pr}}}{h_{\mathrm{Pr}}}\right)^2 \tag{4.13}$$

采用 CIoU 计算损失函数是因为最后计算平均精度均值(MAP)需要采用 IoU 这一指标，所以为了对应指标，需要进行相应的改进。

YOLO v4 仅在回归计算时采用 L_{CIoU}，分类和置信度的损失函数与 YOLO v3 相同，因此训练过程也与 YOLO v3 相同。

2. YOLO v4 结构及参数设计

本书的 YOLO v4 结构如图 4.20 所示，其结构与 YOLO v3 类似，但是在特征提取网络部分加入了 4 组不同大小的池化结构，用于扩充模型的感受野，使主干提取部分的特征层也能进行一部分的特征融合工作。采用 13×13、9×9、5×5、1×1 四个大小的池化核池化，并使用补零填充，因此池化后的输出大小仍然是 16×16，目的就是充分利用不同尺度的信息，同时提高大尺寸目标和小尺寸目标的检测准确率。

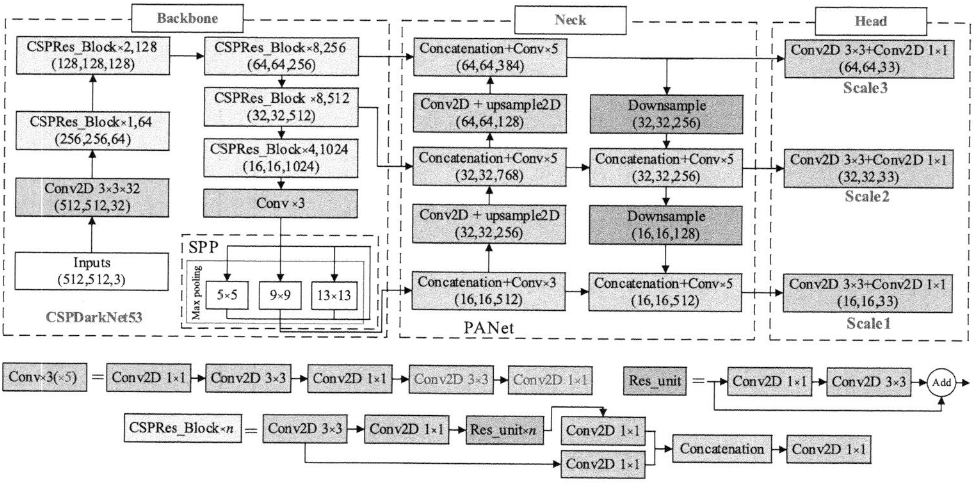

图 4.20　本书 YOLO v4 结构示意图

3. 锚框尺寸大小

YOLO v3 和 YOLO v4 均采用多尺度的预测方式，不同尺度的特征图需要匹配不同大小的锚框，因此锚框尺寸的大小会影响识别精度，进而本书研究不同尺度的锚框进行对比分析。采用大型数据集回归分析的锚框尺寸作为默认大小，并对比分析使用 k 均值聚类算法生成聚类锚框的识别精度，选出最优的锚框组合参数。

YOLO v3 和 YOLO v4 中的 Head 结构采用三种尺度的特征图进行预测，特征图对应的先验框大小如表 4.1 所示。

表 4.1　先验框在特征图上的分布

特征图大小	感受野	先验框
16×16	大	[116×90], [156×198], [373×326]
32×32	中	[30×61], [62×45], [59×119]
64×64	小	[10×13], [16×30], [33×23]

4. k 均值聚类锚框生成方法

在基于锚框的目标检测算法中，锚框一般都是通过人工设计的。例如，在 Faster R-CNN 中，设计了 9 个不同大小和宽高比的锚框。然而，通过人工设计的锚框存在一个弊端，即并不能保证它们一定能很好地适合数据集，若锚框的尺寸和目标的尺寸差异较大，则会影响模型的检测效果。因此，使用 k 均值聚类来代替人工设计，通过对训练集的锚框进行聚类，自动生成一组更加适合数据集的锚框，可以使网络的检测效果更好。

聚类算法是一种无监督学习方法，需要一定的评价标准来完成目标聚类，一般聚类算法采用欧几里得距离进行相似度判定，但是对于目标检测任务，采用矩形框需要用交并比来进行。因为只需要确定框的大小，不需要确定中点位置，因此，设真实框 BBox (Bounding Box) 的坐标为 (x_i, y_i, w_b, h_b)，锚框坐标为 (x_i, y_i, W_a, H_a)，此时两个框之间的交并比 IoU 按照式(4.14)计算：

$$\text{IoU(BBox, anchor)} = \frac{\min(w_b, W_a)\cdot\min(h_b, H_a)}{w_b h_b + W_a H_a - \min(w_b, W_a)\cdot\min(h_b, H_a)} \tag{4.14}$$

IoU 的取值范围在 0 和 1 之间，IoU 越接近于 1，说明聚类程度越好，此时度量距离公式为

$$D(\text{BBox, anchor}) = 1 - \text{IoU(BBox, anchor)} \tag{4.15}$$

具体步骤如下：

(1)获取真实框的坐标(x_i, y_i, w_b, h_b)。

(2)给定 k 个聚类框(W_a, H_a)，这里指的是锚框的宽和高。锚框的位置不确定，因此这里只有宽和高。

(3)计算每个真实框与每一个聚类框的距离，计算时每个聚类框的中心点都和真实框的中心点重合，计算 IoU[(x_i, y_i, w_b, h_b),(x_i, y_i, W_a, H_a)]。这样一个真实框就可以确定一个最好的聚类框。

(4)遍历完所有的真实框后，计算平均值聚类框用于更新聚类中心点。

重复步骤(3)和步骤(4)，直至聚类中心不再改变。聚类算法部分代码如下。

```
//IoU计算
def Cal_IoU(box,cluster):
x = np.minimum(cluster[:,0],box[0])
y = np.minimum(cluster[:,1],box[1])
intersection = x * y
area1 = box[0] * box[1]
area2 = cluster[:,0] * cluster[:,1]
IoU = intersection /(area1 + area2 -intersection)
Return IoU
//聚类中心计算
def kmeans(box,k):
row = box.shape[0]
distance = np.empty((row,k))
last_clu = np.zeros((row,))
np.random.seed()
cluster = box[np.random.choice(row,k,replace = False)]
while True:
for i in range(row):
distance[i] = 1 - cas_iou(box[i],cluster)
near = np.argmin(distance,axis=1)
if(last_clu == near).all():
break
for j in range(k):
cluster[j] = np.median(box[near == j],axis=0)
last_clu = near
return cluster
```

采用上述算法，计算出四组聚类框尺度结果，如表 4.2 所示。

表 4.2　*k* 均值聚类计算

IoU	不同尺度		
	尺度 1	尺度 2	尺度 3
0.6356	[23,65], [24,125], [35,209]	[57,399], [64,20], [103,101]	[140,29], [252,225], [301,49]
0.6401	[21,80], [29,169], [53,329]	[60,18], [69,70], [138,26]	[144,117], [283,265], [302,47]
0.6405	[21,78], [28,168], [53,325]	[63,20], [76,81], [143,29]	[157,130], [317,285], [329,48]
0.6328	[22,78], [29,170], [39,16]	[53,338], [77,21], [104,101]	[147,29], [250,225], [303,49]

选取其中 IoU 最大的一组结果作为 YOLO v3 和 YOLO v4 的锚框尺寸，此时的尺寸为[21,78], [28,168], [53,325]; [63,20], [76,81], [143,29]; [157,130], [317,285], [329,48]，用以对比默认锚框尺寸的识别结果。

4.3　基于语义分割模型的路面病害像素级识别

图像分类、目标检测和图像分割是基于深度学习的计算机视觉三大核心任务。三大任务之间存在一种递进层级关系，图像分类聚焦于整张图像，目标检测定位于图像具体区域，图像分割则是细化到每一个像素。基于深度学习的图像分割具体包括语义分割、实例分割和全景分割。语义分割的目的是给每个像素赋予一个语义标签，实例分割是在语义分割的基础上对相同的类别进行区分，全景分割则是在实例分割的基础上对图像背景进行分割，实现不同背景环境的精细化提取。语义分割是计算量较小、速度较快的轻量化模型，其在自动驾驶、场景解析、卫星遥感图像和医学影像等领域都有着广泛的应用前景[7]。为实现道面病害的量化计算，需进行道面病害的提取分割，实现像素级形态提取，为评价路面破损状况提供依据。

4.3.1　U-Net 模型

U-Net 是典型的编码-解码结构，其利用跨级跳跃连接(skip-connection)进行目标图像下采样和上采样级联，充分利用目标低阶位置信息和高阶语义信息[8]，其模型结构如图 4.21 所示。编码结构可以直接采用卷积加池化的组合操作进行路面病害的特征提取，目前很多优秀的分割网络如 VGG、ResNet、Inception 等都可以作为特征提取网络用于分割模型的编码结构。解码结构中目标对象的特征还原随着上采样方式的不同而变化，需要研究最优的上采样方式，有效地恢复目标对象分辨率。

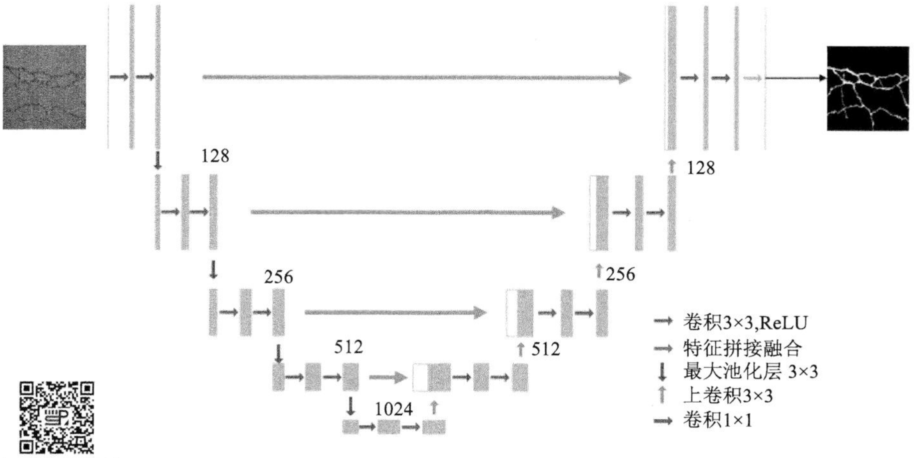

扫码查看彩图

图 4.21　U-Net 分割模型

语义分割需要将提取的高度浓缩的图像特征进行还原，通常采用反卷积（转置卷积）和双线性插值两种上采样方式。

1）反卷积变换

反卷积也称转置卷积，通过扩大特征图的维度，减少特征图通道数，恢复图像分辨率。假设输入图像矩阵为 $\boldsymbol{X}$，卷积核矩阵为 $\boldsymbol{C}$，卷积输出为 $\boldsymbol{Y}$，表达式如下：

$$\boldsymbol{Y}=\boldsymbol{C}\boldsymbol{X} \tag{4.16}$$

为了得到原始输入图像 $\boldsymbol{X}$，需进行卷积逆变换，即式(4.16)的两端同时乘以卷积核的转置矩阵，可得

$$\boldsymbol{C}^{\mathrm{T}}\boldsymbol{Y}=\boldsymbol{C}^{\mathrm{T}}\boldsymbol{C}\boldsymbol{X}=\boldsymbol{X} \tag{4.17}$$

根据式(4.17)进行卷积逆变换即反卷积操作即可得到输入图像矩阵。为充分展示卷积及反卷积原理，卷积过程可以转化为矩阵乘法进行计算，卷积核的稀疏矩阵如图4.22所示。对输入图像进行卷积即采用卷积核对图像像素进行累加求和，得到输出特征图。因此，可将累加求和计算转换为矩阵计算，将卷积核矩阵转换为图 4.22(a)中的卷积稀疏矩阵，与对应的输入矩阵做乘法运算得到输出值。为得到原输入值，需要对卷积稀疏矩阵进行转置，如图 4.22(b)所示。

反卷积计算结果并不能恢复原输入 $\boldsymbol{X}$ 的元素值，只能恢复原输入的矩阵大小，从而进行图像分辨率的恢复。在转置卷积恢复图像分辨率时，会出现棋盘格子状伪影，被命名为棋盘效应，如图 4.23 所示，有严重的网格化颗粒，失去原有的精细化分割。图 4.23 中路面裂缝均存在棋盘颗粒，不利于裂缝的几何形态提取，因此需要选取形态提取更平滑的上采样方式，用于路面病害信息的还原。

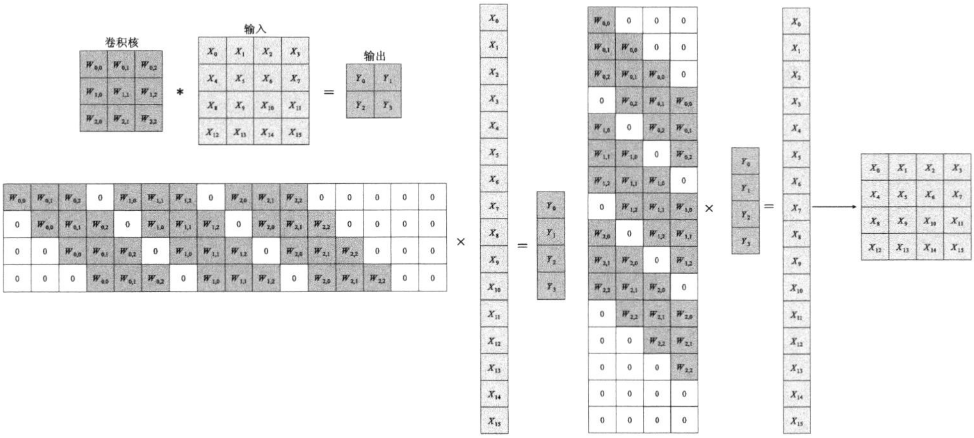

(a) 卷积操作　　(b) 反卷积操作

图 4.22　卷积和反卷积(转置卷积)图示

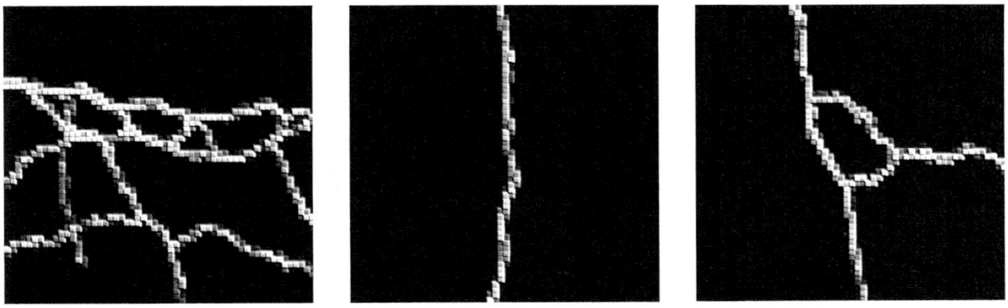

图 4.23　病害分割棋盘效应

因此，可以采用双线性插值的方法恢复图像尺寸。

2) 双线性插值

双线性插值也是一种常用的图像扩维方式，采用四个点进行插值计算。在图像尺度恢复中，双线性插值函数利用目标图像四个点的像素值来确定插入像素值，其本质是在 x 和 y 方向上分别进行两次线性插值，如图 4.24 所示。

如图 4.24 所示，首先通过插值函数式(4.18)、式(4.19)计算得到 $f(i_1)$ 和 $f(i_2)$，然后根据 $f(i_1)$ 和 $f(i_2)$ 以及式(4.20)的计算，得到最终插值点 $f(i)$。

$$f(i_1)=\frac{x_2-x}{x_2-x_1}f(Q_{11})+\frac{x-x_1}{x_2-x_1}f(Q_{21}) \tag{4.18}$$

$$f(i_2)=\frac{x_2-x}{x_2-x_1}f(Q_{12})+\frac{x-x_1}{x_2-x_1}f(Q_{22}) \tag{4.19}$$

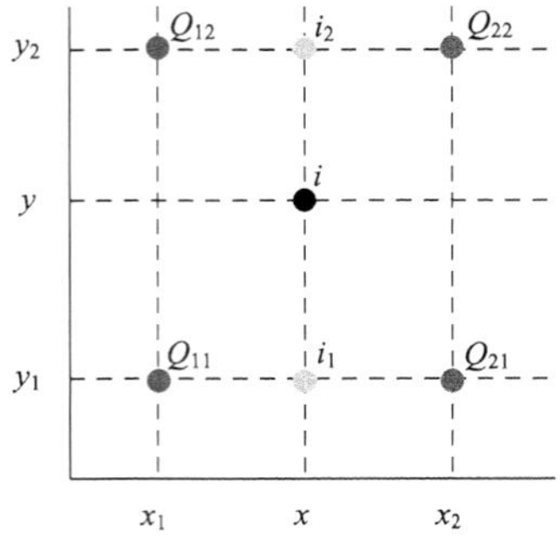

图 4.24　双线性插值

$$f(i)=\frac{y_2-y}{y_2-y_1}f\left(i_1\right)+\frac{y-y_1}{y_2-y_1}f\left(i_2\right) \tag{4.20}$$

双线性插值的计算如图 4.25 所示，不断扩充原输入矩阵的维度，保证输出值具有满足要求的分辨率。双线性插值不需要像反卷积方式那样进行参数设置，只需要利用已知点的像素信息即可推算未知点信息。双线性插值的优点是速度非常快，计算量小，不会出现反卷积上采样的棋盘效应，保证输出图像具有高分辨率，有利于目标形态提取。

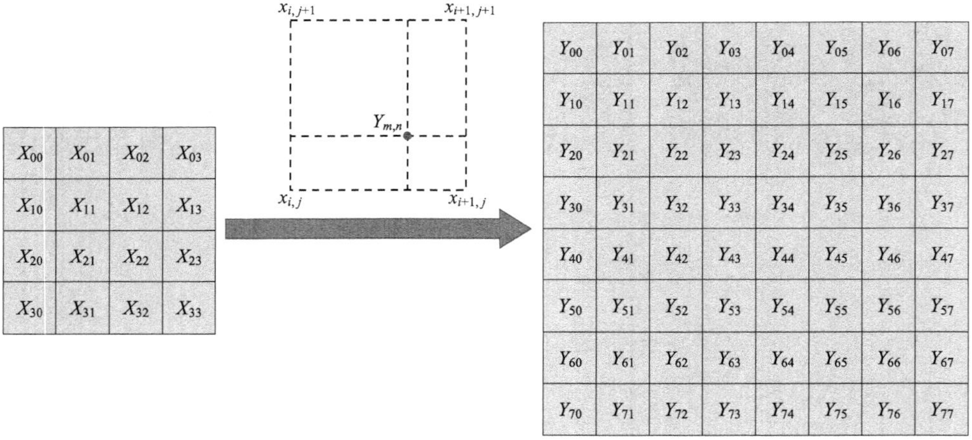

图 4.25　双线性插值上采样

4.3.2　SegNet 模型

SegNet 也是典型的编码-解码结构[7]，与 U-Net 结构相似，只是下采样和上采样之间的跳跃级联采用池化索引(pooling indices)进行，如图 4.26 所示。SegNet 和 U-Net 具有相同的编码-解码结构，但是它们的下采样及上采样的对应关系不同，因为 U-Net 进行了多级特征融合，而 SegNet 仅利用当时的最大池化索引值(max-pooling indices)来进行上采样。

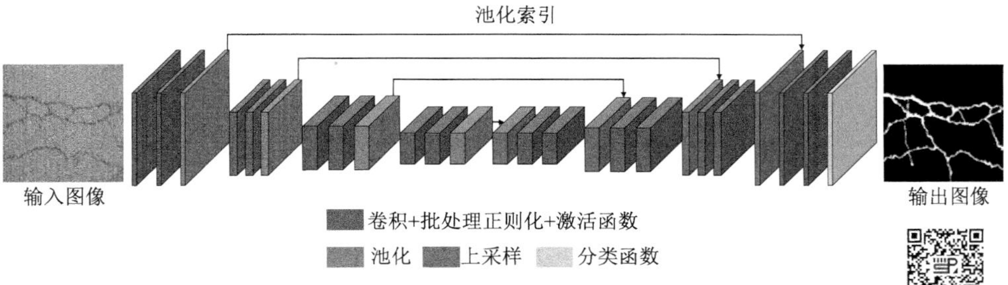

扫码查看彩图

图 4.26　SegNet 分割模型

SegNet 是一种快速、存储空间较小的适用于实时应用的深度网络模型。SegNet 使用记录最大池化层中最大响应特征位置的张量索引值进行上采样，然后使用卷积操作使上采样后的稀疏特征图密集化，这将减少直接产生密集特征图的空间消耗。编码结构需要在下采样之前保存各层特征图，但这会受到内存的限制，因此更为高效的做法是使用最大池化索引值存储各层下采样过程中各池化窗口最大特征值的位置，保存最重要的特征信息。上采样就是要恢复图像的分辨率，因此采用对应的下采样层最大值的索引，保证信息完整性。解码结构通过同层编码结构记录的最大池化索引值进行上采样，再由可训练的卷积层对稀疏的解码特征图进行密集化处理。最大值池化保存特征图的一部分值。但是如果想要没有损失实现保留特征图，就会占用很大的内存，因此仅保存最大值的索引地址，确保重要位置信息的还原，降低存储空间的消耗，提高模型训练速度。

在编码器执行卷积和最大池化。VGG16 有 13 个卷积层(不用全连接的层)。在进行 2×2 最大池化时，存储相应的最大池化索引(位置)。因为浅层的特征包含位置信息，所以采用其进行上采样能够很好地利用位置信息与语义信息。解码部分仍然使用双线性插值进行上采样。采用最大值索引进行上采样如图 4.27 所示。

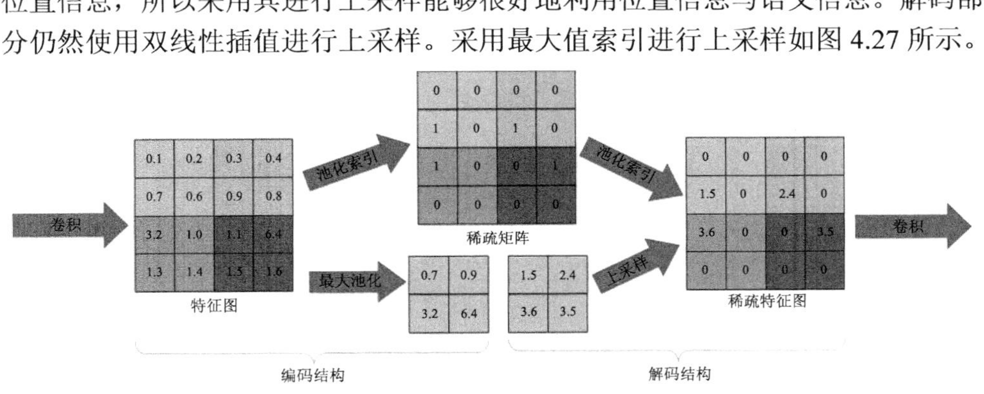

图 4.27　最大值索引上采样

如图 4.27 所示，在稀疏矩阵中以索引值 1 表示最大特征位置，存储最大索引值。在上采样时调用稀疏矩阵，相当于是把新得到的特征图的值按照最大索引值对应的位置进行恢复，其余位置用 0 填充，生成稀疏特征图。这些包含许多 0 的稀疏特征图不利于分割，因此在得到上采样的稀疏矩阵图后采用多个卷积层实现特征图密集化，丰富目标图像语义信息。

4.3.3 PSPNet 模型

PSPNet(Pyramid Scene Parsing Net)采用空间金字塔池化结构[8]，如图 4.28 所示，利用金字塔池化模块，能够在空间维度上获取丰富的上下文信息，以及不同尺度大小的物体特征信息。

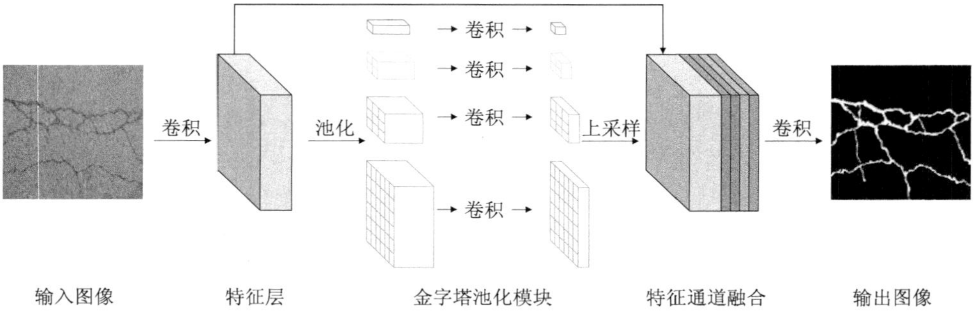

图 4.28　PSPNet 模型

当特征图通道为 N 时，经过金字塔池化分为如图 4.28 所示大小，具有 4 个维度的特征，分别为 $1\times1\times N$、$2\times2\times N$、$3\times3\times N$、$6\times6\times N$。然后通过卷积改变通道数，这里有 4 个金字塔层，意味着将原来的 N 个通道，通过 1×1 的卷积改为 $N/4$ 个通道。然后通过双线性插值进行上采样，从而进行图像尺寸恢复。最后通过卷积和判别函数得到分割结果。采用 ResNet50 进行目标图像的特征提取，对金字塔池化后的目标图像进行上采样恢复图像的大小，最后进行通道级联操作，完成信息融合，利用多特征信息，提高分割精度。

4.4　机场道面表面病害检测技术研究趋势

随着大数据存储与传输技术、数字图像技术、人工智能技术的发展，道面病害自动化采集技术已经趋于成熟，但是目前道面病害的自动化识别及评价技术难以达到实时处理分析的要求。识别算法在不同的道面结构及道面状况下的迁移能力较差，无法进行广泛推广，并且目前的检测设备成本较高，无法大规模应用，具体问题如下。

(1) 缺乏轻量化的多维、高频道面病害检测平台。目前道面病害检测采用人工目视结合多功能道路检测车的方式进行，但检测集成设备价格昂贵，如多功能道路自动化检测车，车上安装有三维扫描、激光探头、激光雷达、多轴传感器等价格高昂的元件。并且全幅道面病害数据需要分车道多次采集，无法实现便携化、轻量化、高频化的道面自动检测。

(2) 识别算法普适性低，迁移能力差。随着计算机技术的发展，基于计算机视觉的自动化检测方式被不断用于道面病害识别，但当前算法不能用于多种道面状况的病害识别，识别道面病害种类单一，模型泛化能力较差，且基于数据驱动的深度学习模型数据获取困难。

(3) 缺乏自动化的道面状况评价方法。道面技术状况评价应该包括道面病害的识别、定位、分割、提取、测量、统计、评价七个步骤，需要分步进行道面状况的评价。但是目前的研究只包含其中的部分内容，存在信息孤岛的困境，无法充分利用道面破损图像进行状况评价，难以提高道面病害自动化评价效率。

参 考 文 献

[1] Ju H Y, Ma T, Li W, et al. Pixelwise asphalt concrete pavement crack detection via deep learning-based semantic segmentation method. Structural Control and Health Monitoring, 2022, 29(8): e2974.

[2] 黄啊奇. 沥青路面裂缝检测方法研究与评价. 南京: 东南大学, 2021.

[3] Tong Z, Gao J, Sha A M, et al. Convolutional neural network for asphalt pavement surface texture analysis. Computer-Aided Civil and Infrastructure Engineering, 2018, 33(12): 1056-1072.

[4] 李保险. 基于路面三维图像的沥青路面裂缝自动识别算法. 成都: 西南交通大学, 2019.

[5] Wang K C P, Smadi O. Automated Imaging Technologies for Pavement Distress Surveys. Washington, D.C.: Transportation Research Board, 2011.

[6] Guan J C, Yang X, Ding L, et al. Automated pixel-level pavement distress detection based on stereo vision and deep learning. Automation in Construction, 2021, 129: 103788.

[7] Yang F, Zhang L, Yu S J, et al. Feature pyramid and hierarchical boosting network for pavement crack detection. IEEE Transactions on Intelligent Transportation Systems, 2020, 21(4): 1525-1535.

[8] Zou Q, Cao Y, Li Q Q, et al. CrackTree: Automatic crack detection from pavement images. Pattern Recognition Letters, 2012, 33(3): 227-238.

第 5 章　机场道面裂缝快速检测与高清辨识技术

通过优选与开发智能处理算法，对采集的道面图像进行初步识别与量化，内容包括判断图像中是否有裂缝、识别裂缝类型(横向裂缝、纵向裂缝、疲劳裂缝等)及裂缝的形态信息(长、宽与面积)。机场道面裂缝快速检测与高清辨识技术主要包括基于人工智能深度神经网络技术的机场道面病害图像增强、图像数据自动生成、像素级道面病害图像的分割、道面图像的定位检测及道面表面状况的评价技术。

根据《民用机场道面现场测试规程》(MH/T 5110—2015)，道面损坏状况应按以下步骤进行调查。

(1)现场确认道面调查单元，以及该单元的现场位置标识。

(2)确认调查单元后，徒步巡视调查单元内道面出现的各种损坏现象，水泥混凝土道面调查选定单元内的所有板块，沥青道面调查选定单元内的所有道面。

(3)发现病害后，参照单元现场位置标识，在规范格式的纸质记录表格上记录道面损坏的相对位置，水泥混凝土道面以相对于现场标识位置的板块行列编号记录，沥青道面记录损坏中心点距单元起始点的纵、横向距离。

(4)在规范格式的纸质记录表格上记录损坏类型、损坏程度和损坏量，水泥混凝土道面和沥青道面损坏类型、损坏程度和损坏量的记录要求分别参照《民用机场道面评价管理技术规范》(MH/T 5024)中的有关要求。

(5)现场巡视并完成记录后，确认下一个调查单元，直至完成计划中的所有调查单元。

(6)各个调查单元损坏调查的结果应按区域汇总，现场调查时宜根据需要拍摄照片备查。

(7)应根据《民用机场道面评价管理技术规范》(MH/T 5024)中道面 PCI 的计算方法计算各个道面单元的 PCI。

根据《民用机场道面评价管理技术规范》(MH/T 5024—2019)，道面徒步调查的具体要求如下。

(1)道面徒步调查应定期进行，应采用统一规范的格式进行记录，宜采用数字文档的形式保存。

(2)道面徒步调查应详细检查道面上出现的各种目视可见的病害，调查时应携带必要的量测器具。

(3)水泥混凝土道面需要记录的病害类型应包括以下几类。①裂缝类，纵向、横向和斜向裂缝，破板或交叉裂缝，角隅断裂；②接缝类，填缝料损坏、接缝破碎、板角剥落、胀裂；③竖向位移类，唧泥和板底脱空、沉陷或错台；④表层类病害，起皮、龟裂和细微裂纹，耐久性裂缝，收缩裂缝，坑洞；⑤修补类病害，小补丁、大补丁和开挖补块。

(4) 沥青道面需要记录的病害类型应包括以下几类。①裂缝类病害，纵向和横向裂缝、反射裂缝、滑移裂缝、龟裂、不规则裂缝；②表层类病害，松散和老化、喷气烧蚀、集料磨光、泛油、油料腐蚀；③竖向变形类病害，轮辙、沉陷、隆起、搓板、推挤；④修补类病害，补丁和开挖补块。

(5) 道面徒步调查时的病害应记录位置、类型、损坏程度、损坏量，宜拍摄现场病害照片。道面病害的类型鉴别、程度划分标准、损坏量记录等可参照附录 B 执行。

(6) 道面病害位置的快速定位宜采用便携式高精度 GPS，平面定位精度应不大于 100mm。

【条文说明】道面徒步调查过程中，破损记录的各项要求与道面损坏状况调查的要求一致。

(7) 道面徒步调查结果可作为道面损坏状况指数 PCI 和 SCI 计算的基础数据。

【条文说明】道面徒步调查主要是详细检查道面上出现的各类破损情况，和道面日常巡视相比，道面徒步调查时对破损情况的记录要求更高，即需要详细记录破损的类型、损坏程度、损坏量及损坏位置。通过道面损坏评定程序，可以计算出所调查区域的道面 PCI 和 SCI，评定道面的损坏等级。

5.1　道面病害图像增强方法

为了更好地进行道面病害识别模型的训练，避免过拟合训练，需要对已采集的道面图像数据进行增强，达到增加道面病害图像数量的目的，同时保证不同种类道面病害具有同等的训练样本，避免训练困难。主流的数据增强方法有三种，即基于几何变换的数据增强方法、基于生成对抗网络（generative adversarial network，GAN）的数据增强方法及基于深度卷积生成对抗网络（deep convolutional generative adversarial network, DCGAN）的数据增强方法，其中基于几何变换的数据增强方法为传统的数据增强方法，后两种方法为基于深度学习的模型生成方法[1]。

5.1.1　基于几何变换的数据增强方法

基于几何变换的数据增强方法在图像处理初期具有非常重要的地位，通过简单的操作对图像样本集进行扩充增广，在一定程度上提升了数字图像处理算法的性能，主要的图像增广技术包括旋转、镜像、缩放、裁剪和平移。

1. 旋转

基于几何变换的数据增强方法将图像中心作为旋转原点，按照设定好的角度对图像进行旋转，此时图像上的所有像素均旋转相同的角度。变换后的图像尺寸往往与原图像不一致，需要将显示区域之外的部分去掉，或者通过扩展显示区域将新图像进行完整显示。旋转过程用矩阵变换模式来表达，设点 $P_0(x_0, y_0)$ 逆时针旋转角度 α 后产生的新点为 $P(x, y)$，则旋转前后横轴、纵轴的坐标分别如式(5.1)和式(5.2)所示：

$$\begin{cases} x_0 = r\cos\alpha \\ y_0 = r\sin\alpha \end{cases} \tag{5.1}$$

$$\begin{cases} x = r\cos(\alpha+\theta) = r\cos\alpha\cos\theta - r\sin\alpha\sin\theta = x_0\cos\theta - y_0\sin\theta \\ y = r\sin(\alpha+\theta) = r\sin\alpha\cos\theta + r\cos\alpha\sin\theta = x_0\sin\theta + y_0\cos\theta \end{cases} \tag{5.2}$$

写成矩阵形式为

$$\begin{bmatrix} x \\ y \\ 1 \end{bmatrix} = \begin{bmatrix} \cos\theta & -\sin\theta & 0 \\ \sin\theta & \cos\theta & 0 \\ 0 & 0 & 1 \end{bmatrix} \tag{5.3}$$

2. 镜像

镜像是对图像进行水平或垂直翻转。其中，水平翻转将图像的左右部分以图像垂直中轴线为中心进行镜像变换。垂直镜像将图像的上下两部分以图像水平中轴线为中心进行镜像变换。在深度学习的训练过程中，通常使用图像镜像变换的图像增强方法以提高模型的泛化能力。镜像变换过程如图 5.1 所示。

(a) 原图　(b) 水平翻转　(c) 垂直翻转

图 5.1　图像镜像变换

3. 缩放

图像的缩放可以通过两种途径实现：一种是向内缩放，使对象缩小；另一种是向外缩放，使对象放大。以向外缩放为例，经过缩放操作的图像尺寸大于原始样本图像，再利用图像处理框架从缩放后的新图像中剪切出所需图像，其大小等于原始图像。向内缩放的图像尺寸小于原始样本图像，再从向内缩放后的新图像中剪切出所需的图像，其大小等于原始图像。设 (x_0, y_0) 是处理后的坐标，(x, y) 是缩放前的坐标，S_x、S_y 为对应的缩放因子，则图像缩放公式为

$$\begin{bmatrix} x_0 & y_0 & 1 \end{bmatrix} = \begin{bmatrix} x & y & 1 \end{bmatrix} \begin{bmatrix} S_x & 0 & 0 \\ 0 & S_y & 0 \\ 0 & 0 & 1 \end{bmatrix} \tag{5.4}$$

4. 裁剪

从原始图像样本中随机抽取一块区域，将该部分调整为原始图像大小，称为随机裁剪。数据增广中的裁剪与缩放有本质上的区别：裁剪是先剪裁再缩放，缩放是先缩放再剪裁，先后顺序不同，将对生成图像产生很大的影响。

5. 平移

平移即将图像沿 X 方向、Y 方向或者同时沿两个方向进行移动。经过平移操作，原始样本图像中的大多数信息仍出现在平移后的图像中。设 (x_0, y_0) 是缩放后的坐标，(x, y) 是缩放前的坐标，$\mathrm{d}x$、$\mathrm{d}y$ 为偏移量，则图像平移公式为

$$\begin{bmatrix} x_0 & y_0 & 1 \end{bmatrix} = \begin{bmatrix} x & y & 1 \end{bmatrix} \begin{bmatrix} 1 & 0 & 0 \\ 0 & 1 & 0 \\ \mathrm{d}x & \mathrm{d}y & 1 \end{bmatrix} \tag{5.5}$$

通过上述五种图像增广方法，虽然能对原始数据集进行一定程度的增广，但增广后的数据集样本数量有限且多样性较差，若用此数据集对道面裂缝检测、分类、分割等模型进行训练，可能使训练好的网络模型缺乏泛化性能，容易发生过拟合。

5.1.2　基于生成对抗网络的数据增强方法

生成对抗网络[2]于 2014 年被提出，其基本思想是在对抗中不断学习，通过生成网络和判别网络互相对抗又互相学习，最终达到平衡状态。生成模型 G 用于得到数据分布状况，生成判别模型 D 用于判别模型估计的概率样本(例如，来自样本数据还是来自生成器)。生成器和判别器均由多层感知器定义，整个系统可以通

过反向传播进行训练，使用随机梯度下降法(stochastic gradient descent，SGD)实现优化。相比于其他网络结构，生成对抗网络在模型训练过程中一次性生成，不需要用马尔可夫链的不断采样，避免大量配分函数计算，因此大大提高了应用效率。如果判别器训练良好，那么生成器可以完美地学习到训练样本的数据分布。图 5.2 为生成对抗网络结构示意图。

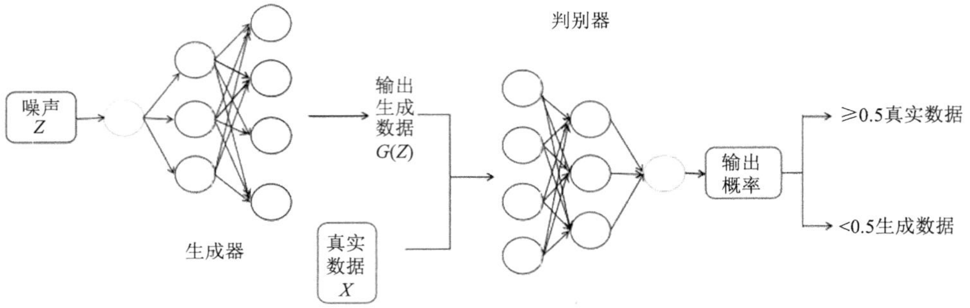

图 5.2　生成对抗网络结构示意图

5.1.3　生成模型和判别模型

生成模型采用反卷积结构，对输入的随机噪声数组进行学习训练，通过反复执行生成模型中的上采样功能完成图像数量扩张，使输入数组长度为 100 的一维随机噪声变成张量图像，实现图像数量增加。在此基础上，使用判别模型对生成模型得到的张量图像进行判别，通过判别模型中的下采样功能将高维度、大尺寸的输入张量逐步转换成低维度、小尺寸的输出张量，输出二分类结果，实现模型是否具有生成真实图像能力的判定。

生成对抗网络的原始生成模型中没有采用深度神经网络作为优化结果，所以存在训练不稳定、难以拟合的不足，因此需要使用深度神经网络作为其网络结构。生成模型常见的网络结构为反卷积(deconvolution)，又称转置卷积(transposed convolution)。在训练过程中生成模型的输入一般为随机噪声 Z，通过若干层转置卷积的计算，定向或非定向地输出与真实数据分布尽量一致的新数据 $G(Z)$，实现特征图尺寸的逐渐增大。

基于生成模型得到的图像结果，采用判别模型进行图像的判别。判别模型的网络结构类似于传统的循环卷积神经网络，主要通过多个卷积提取图像的特征，使隐含层的特征图尺寸逐渐减小。通过同时输入真实数据集和生成模型生成的新数据 $G(Z)$，得到输出概率并判断其输入是否来源于真实数据集：根据数学与工程经验，若概率大于等于 0.5，则可认定其输入来源于真实数据集；若概率小于

0.5，则说明其输入为生成模型新生成的数据。本书采用的判别模型目标优化函数 $V(D,G)$ 为

$$\min_{G}\max_{D} V(D,G)=E_{x\text{-}P_{\text{data}}(x)}[\log D(X)]+E_{Z\text{-}P_{\text{noise}}(Z)}[\log(1-D(G(Z)))] \tag{5.6}$$

式中，$E(\cdot)$ 表示分布函数的期望值；$P_{\text{data}}(x)$ 表示真实样本的分布；$P_{\text{noise}}(Z)$ 是定义在生成器输入的噪声分布，通过参数 θ_g 把 G 输入的噪声数据映射到高维度的数据空间，得到 $P_g=G(Z,\theta_g)$。

5.1.4　激活函数特性分析

激活函数的主要功能是加快模型训练速度和提升收敛速度，在生成模型和判别模型中均需要使用。其拟合能力优于传统机器学习，主要原因在于传统机器学习多采用线性模型，导致描述能力不强，而激活函数采用非线性模型，提高了神经网络的表达能力。在数学领域，线性函数的复杂性有限，难以对复杂映射进行学习，因此激活函数是提升神经网络学习能力的重要途径。

激活函数的主要目的是将神经网络中一个节点的输入信号通过激活函数非线性转换成另一个输出信号。生成对抗网络包含多层神经网络，通常将激活函数布置在前一层网络的输出和后一层网络的输入之间，对输入进行非线性转换。具体操作过程中，将输入数据 x 与所对应的权重 w 的乘积进行求和，并通过激活函数 $\Phi(x)$ 进行非线性转换，再将得到的值作为下一层网络的输入，具体流程如图 5.3 所示。

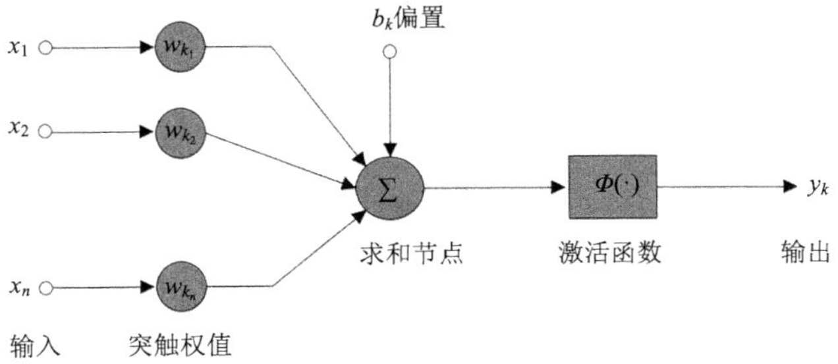

图 5.3　神经网络激活函数

目前可用于激活的函数主要包括 Sigmoid 函数、ReLU 函数和 LeakyReLU 函数[3]。

1. Sigmoid 函数

Sigmoid 函数是常见的非线性激活函数，采用非线性方法对输入数据进行归一化，将全体实数映射到(0,1)区间上。Sigmoid 函数通常用在二分类和回归预测

模型的输出中，其数学表达式为

$$f(x)=\frac{1}{1+e^{-x}} \tag{5.7}$$

图 5.4 为 Sigmoid 函数的分布图。Sigmoid 函数的优点在于将所有的输入数据映射到(0,1)范围，有效地表达了神经元的激活与未激活状态，在二分类问题中应用广泛。Sigmoid 函数的主要不足在于容易饱和，当输入非常大或非常小时，函数曲线会慢慢趋于平坦，即梯度向零靠近。但是在网络学习的反向传播过程中，需要使用 Sigmoid 函数的导数进行权重更新，若导数都接近于零，则会导致权重无法更新，使模型无法用递归的方法学习到输入的样本数据，这种现象称为梯度弥散。同时，Sigmoid 函数计算量大，需要进行指数运算，对计算机的性能要求比较高。

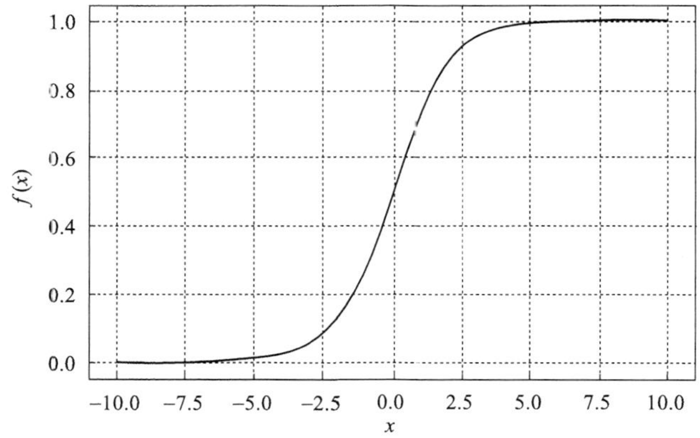

图 5.4　Sigmoid 函数图像

2. ReLU 函数

ReLU 函数是目前主流的激活函数，其数学表达式为

$$f(x)=\max(0,x) \tag{5.8}$$

图 5.5 为 ReLU 函数图像。由图可知，当输入通过 ReLU 函数后，若输入小于零，则输出为零；若输入大于零，则输出为输入本身。ReLU 函数的优点为正方向上梯度不变，不会发生梯度弥散。与 Sigmoid 等函数需要计算指数不同，ReLU 函数正方向上是线性函数，仅需一个阈值即可进行激活。ReLU 函数的不足之处在于输入为负值时会导致输出均为零，使后面的网络输入全部为零，造成网络的大面积坏死。

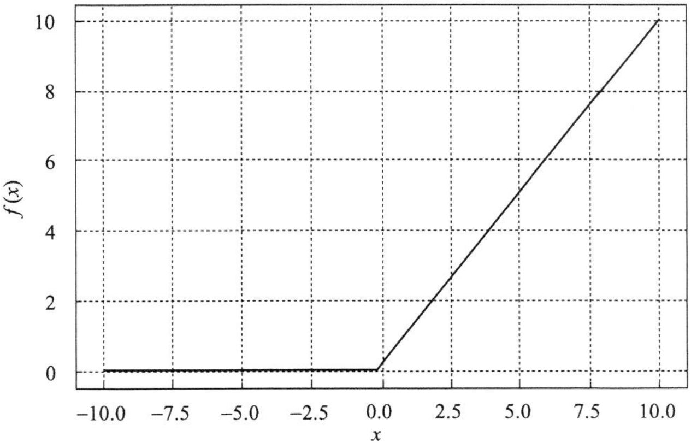

图 5.5　ReLU 函数图像

3. LeakyReLU 函数

LeakyReLU 函数以 ReLU 函数为基础。与 ReLU 函数相比，LeakyReLU 函数在输入为负值时仍然会有一个很小的且不为零的数值输出，其函数关系如图 5.6 所示，数学表达式为

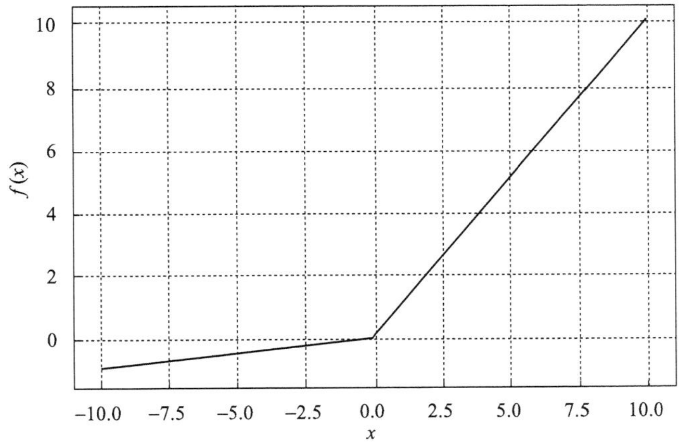

图 5.6　LeakyReLU 函数图像

$$f(x)=\begin{cases} x, & x>0 \\ \dfrac{x}{a}, & x\leqslant 0 \end{cases} \tag{5.9}$$

以上三种激活函数各自有其对应的应用场景。在深度卷积生成对抗网络中，生成器除了最后一层不使用 ReLU 函数，其余各层均需使用 ReLU 函数。而在判

别器中，除了最后一层使用 Sigmoid 函数用于输出一个二分类的结果，其余各层都使用 LeakyReLU 函数。对上述三种激活函数的汇总如下：

(1) Sigmoid 函数目前使用较少，主要用于输出层是一个二分类的问题。

(2) ReLU 函数是 Python 等软件中的默认激活函数，通常在不确定用哪个激活函数的情况下，可以选择使用该函数。

(3) LeakyReLU 函数解决了 ReLU 函数进入负区间后神经元不学习的技术难题，使用效果比 ReLU 函数更好。ReLU 函数有大量的代码供调用，因此其使用范围比 LeakyReLU 函数更广。但从长远来看，LeakyReLU 函数由于其固有的技术优势，将会得到越来越多的应用。

5.2 基于深度卷积生成对抗网络的道面裂缝图像生成

传统生成对抗网络(GAN)模型训练非常困难，训练过程很不稳定，容易出现生成模型坍塌现象，生成模型只能生成数量非常少的几种类型的数据，因此需要对原 GAN 模型进行改进，从而稳定模型的训练过程。

研究人员在原始生成对抗网络的基础上，又提出了各种改进的生成对抗网络模型，比较有代表性的是深度卷积生成对抗网络(DCGAN)。它的主要改进是针对模型网络结构，直接引入了卷积神经网络，把生成网络结构和判别网络结构都换成了卷积神经网络。相比于传统方法一次只能生成一种裂缝形式的不足，DCGAN 可以同时生成不同种类的裂缝且收敛速度快。DCGAN 可以同时生成不同种类裂缝的原因是在计算过程中采用了多种激活函数，避免了单一激活函数的欠拟合现象引起的生成样本种类少、特征少等问题。DCGAN 收敛速度快是因为在计算过程中引入了批标准化方法，在模型训练阶段计算各个批次样本数据的均值和方差，然后可将该批次的样本数据映射到正态分布区域，随着训练批次的增加，不断调整均值及方差，从而缩短训练时间并加快模型收敛。

DCGAN 的具体步骤包括网络模型结构设计、损失函数选取、对抗网络模型评价指标生成、训练结果分析、结果生成。其中，网络模型结构设计进行生成器与判别器的结构组合及参数配置，然后通过选取相应的损失函数来满足训练稳定性的要求，实现多类型病害的生成。为了评价生成图像的质量，选取结构相似度和峰值信噪比两个指标进行量化分析，使生成的道面图像能够用于病害的识别及分类。最后分析训练过程中的训练损失情况并确定训练结束条件，完成深度生成对抗网络模型的训练。

5.2.1 DCGAN 模型结构设计

DCGAN[4]是继 GAN 之后比较好的改进，主要是在网络结构上的修改。它所采用的卷积神经网络分别对生成网络和判别网络进行建模，生成网络和判别网络均采用 4 层的网络结构。深度卷积生成对抗网络的网络结构已被广泛使用，很好地提升了训练的稳定性及生成图像的质量。

1. DCGAN 生成器网络结构

DCGAN 采用的生成器网络共有 5 层，其中卷积层为 4 层，全连接层为 1 层，生成器网络结构如图 5.7 所示。

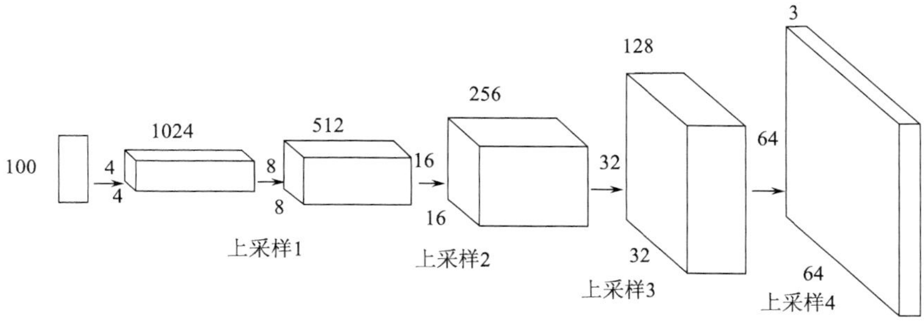

图 5.7　DCGAN 生成器网络结构

如图 5.7 所示，将一个 100 维且服从(0, 1)均匀分布的随机变量作为生成器的输入。首先该图像通过 1 个全连接层得到 4×4×1024 图像，再经过 4 层 5×5 卷积核的转置卷积层，目的是不断扩大图像，最后得到生成器输出的裂缝图像。在整个生成器网络结构中，除了最后一层使用 tanh 激活函数，其他层都使用了 ReLU 函数，生成器网络各层的详细信息如表 5.1 所示。

表 5.1　生成器网络各层详细信息

序号	类型	卷积核尺寸	步长	输出通道数	激活函数
1	全连接层	—	—	1024	ReLU
2	转置卷积	5×5	2	512	ReLU
3	转置卷积	5×5	2	256	ReLU
4	转置卷积	5×5	2	128	ReLU
5	转置卷积	5×5	2	3	tanh

2. DCGAN 判别器网络结构

判别器的输入为所生成的裂缝图像和真实裂缝图像，输出是一个判断真伪的概率值，即根据这个值可以判别出输入图像的真伪。所采用的判别器网络共有 5

层，其中卷积层为 4 层，全连接层为 1 层，判别器网络结构如图 5.8 所示。

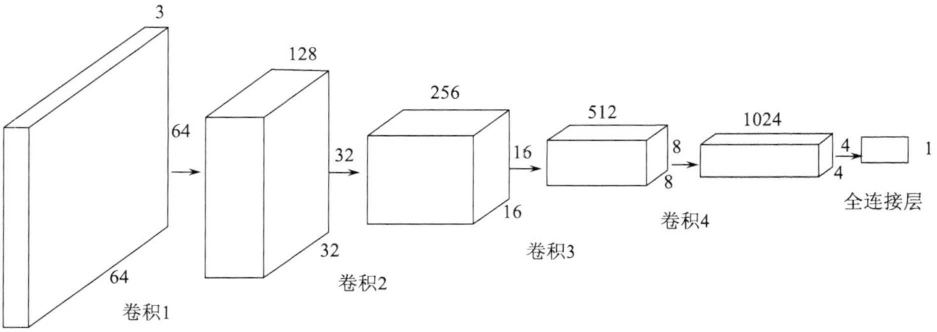

图 5.8　DCGAN 判别器网络结构

如图 5.8 所示，判别器的输入是 64×64×3 的图像。首先该图像通过 4 次连续的下采样，步长为 2，卷积核的尺寸为 5×5，可以逐渐缩小图像，最后经过全连接层得到一个代表输入图像真伪的概率。在整个判别器网络结构中，除了最后一层使用 Sigmoid 激活函数，其他层都采用了 LeakyReLU 函数，具体各层的信息如表 5.2 所示。

表 5.2　判别器网络各层详细信息

序号	类型	卷积核尺寸	步长	输出通道数	激活函数
1	卷积层 Conv1	5×5	2	128	LeakyReLU
2	卷积层 Conv2	5×5	2	256	LeakyReLU
3	卷积层 Conv3	5×5	2	512	LeakyReLU
4	卷积层 Conv4	5×5	2	1024	LeakyReLU
5	全连接层	—	—	1	Sigmoid

DCGAN 模型对原始 GAN 模型的改进有：

(1) DCGAN 的生成器和判别器都舍弃了 CNN 池化层，判别器保留了 CNN 的整体架构，生成器则是将卷积层替换成了反卷积层。

(2) 将批标准化(batch normalization, BN)层应用在判别器和生成器的每一层之后，解决了初始化导致的训练效果差的问题，并且提升了模型训练的速度和稳定性。

(3) 利用 1×1 卷积层替换了所有的全连接层。

(4) 在生成器的最后一层使用 tanh 函数，其他层均采取 ReLU 函数。

(5) 在判别器的最后一层使用 Sigmoid 函数，其他层均采取 LeakyReLU 函数。

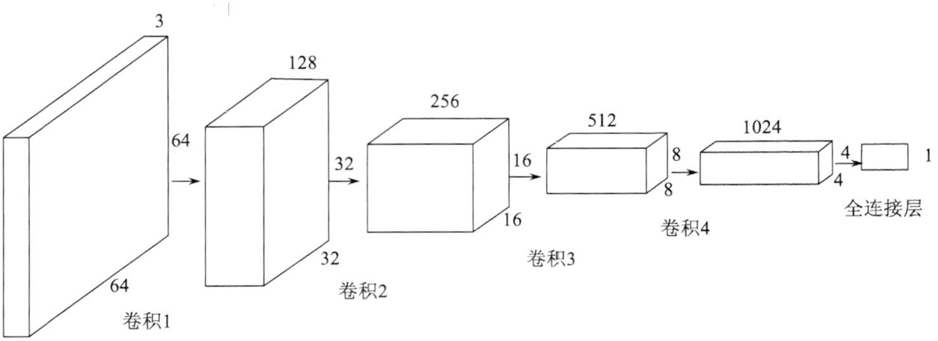

5.2.2　损失函数的选择

1. 判别器的损失函数

判别器的优化目标是尽可能准确地识别出所输入的样本是来自生成器的合成样本还是来自训练集的真实样本，其本质上是一个二分类模型。2014 年首次提出的生成对抗网络中，判别器所采用的损失函数就是在二分类模型中应用广泛的交叉熵损失函数：

$$J(D) = -\frac{1}{2}E_{x\text{-}P_{\text{data}}}\left[\log D(x)\right] - \frac{1}{2}E_{z\text{-}P_z}\log\left[1 - D(G(z))\right] \tag{5.10}$$

式中，D 为判别器的可微函数；G 为生成器的可微函数；E 为数学期望值；x 为真实样本；P_{data} 为真实数据分布；$D(x)$ 为判别器预测 x 为真实样本的概率；z 为随机向量；P_z 为生成数据分布；$G(z)$ 为生成器用随机向量生成的样本；$D(G(z))$ 为判别器预测 $G(z)$ 为真实样本的概率。

在为生成对抗网络设计的所有不同博弈模型中，判别器均采用式(5.10)中的损失函数，不同之处只有生成器的损失函数。

2. 生成器的损失函数

1) 零和博弈

生成器与判别器进行零和博弈，博弈双方的收益和损失相加总和永远为“零”，因此将生成器的损失函数定义为负的判别器的损失函数：

$$J(G) = -J(D) = \frac{1}{2}E_{z\text{-}P_z}\log\left[1 - D(G(z))\right] \tag{5.11}$$

式中，各变量含义与式(5.10)相同。式(5.11)只有一项的原因是式(5.10)中的第一项对生成器来说是常数，优化不起作用。然而，在实际训练中采用式(5.11)进行优化时发现效果并不好，因为在训练的初始阶段，生成器生成的合成样本与真实样本之间的差异一般会很大，此时判别器能很轻松地分辨两种样本，使 $D(G(z))$ 一直趋近于 0，容易产生梯度消失，导致生成器无法得到有效的学习。

2) 启发式非饱和博弈

为了解决上述梯度消失的问题，定义新的生成器的损失函数如下：

$$J(G) = -\frac{1}{2}E_{z\text{-}P_z}\log D(G(z)) \tag{5.12}$$

式中，各变量含义与式(5.10)相同。

此时，当判别器以较高的置信度拒绝了由生成器产生的合成样本，即 $D(G(z))$ 趋近于 0 时，可以保证即使生成器在博弈中处于劣势，仍能够得到较大梯度和充分的学习，弥补了零和博弈中的不足。

DCGAN 模型训练方式如图 5.9 所示。首先，对判别器进行训练并固定生成器的参数。将生成器用 m 个随机向量 z 生成的 m 个合成样本 $G(z)$ 作为负样本集，定义标签为 0，并从训练集中取出 m 个真实样本 x 作为正样本集，定义标签为 1，将正样本集和负样本集输入判别器中进行训练。对于判别器，这是一个有监督的二分类问题，输出的 $D(x)$ 和 $D(G(z))$ 是在[0,1]上的值，表示判别器判断输入样本是真实样本的概率，根据损失函数 $J(D)$ 来计算其误差，并通过将误差进行反向传播来更新判别器的参数。

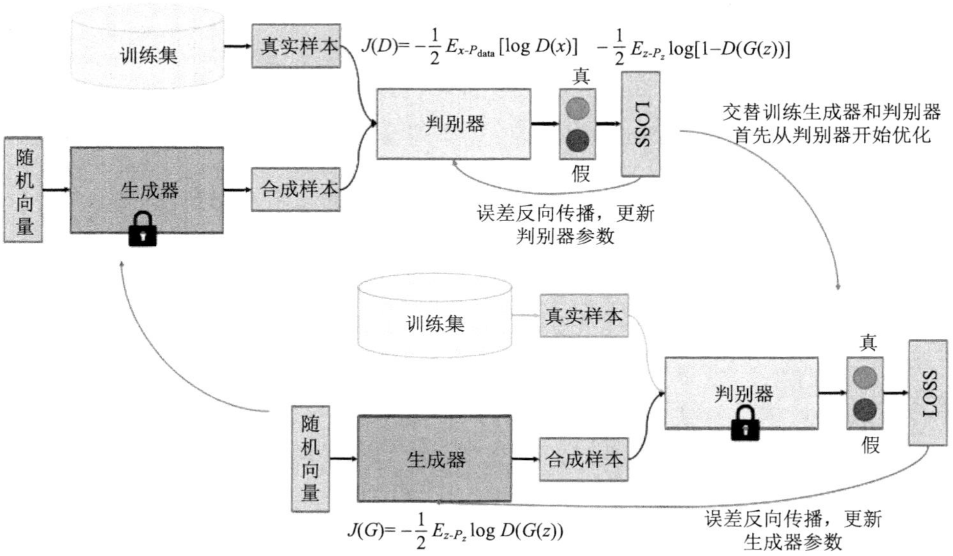

图 5.9　DCGAN 模型训练方式

然后，对生成器进行训练并固定判别器的参数。生成器的训练目标是生成能被判别器分类为真实的样本，而生成器生成的样本真实程度只能通过判别器判断，因此在训练生成器时需联合判别器达到训练目的。将生成器用另外 m 个随机向量 z 生成的 m 个合成样本 $G(z)$ 作为样本集，定义标签为 1，即认为这些合成样本在生成器训练时是真实样本，将其输入判别器中进行训练。当合成样本不够真实，判别器输出的 $D(G(z))$ 趋近于 0，标签趋近于 1 时，通过损失函数 $J(G)$ 计算出的误差就会很大，这就迫使生成器对参数进行很大的调整；反之，当合成样本足够真实，判别器输出的 $D(G(z))$ 趋近于 1，且标签为 1 时，通过损失函数 $J(G)$ 计算出的误差就会很小，这就完成了合成样本向真实样本逐渐逼近的过程，起到迷惑判别器的目的。在训练生成器时，需注意不要让判别器进行参数更新，只让判别器将误差传到生成器，通过误差反向传播来更新生成器的参数。

在 DCGAN 中，网络性能的好坏与超参数的设置有很大关系，因此超参数也成为除网络结构之外的较重要部分。DCGAN 中有许多超参数，常用的超参数包括卷积核大小、卷积核数量、归一化方式、激活函数、学习速率、补零层大小、批处理大小、循环次数及损失函数等。这些超参数的值及组合标准以尽可能降低模型损失函数的值为方向。损失函数值越小，代表网络输出的预测值和理论值之间的差别越小，生成的图像质量越高。下面采用交叉熵(也称为对数损失函数)来计算损失值。

5.2.3　生成对抗网络模型评价指标

生成对抗网络自提出以来迅速成为众多学者研究的热点，对其生成图像质量的评价方法也多种多样，但仍然缺乏客观统一的评价指标，有的评价标准还不能有效评价生成图像质量的好坏，有许多指标在数值上虽然高，但生成效果难以保障。总而言之，GAN 的评价目前依然是一个比较开放的问题，下面对几种常见的评价指标进行简单的介绍。

1. *初始评分*

初始评分(inception score, IS)评价指标数学表达式如式(5.13)所示：

$$\mathrm{IS}(P_{\mathrm{g}}) = \mathrm{e}^{E_x \sim P_{\mathrm{g}}[\mathrm{KL}(\mathrm{PM}(y|x) | \mathrm{PM}(y))]} \tag{5.13}$$

对于训练良好的 GAN 模型，PM$(y|x)$趋近于脉冲分布，PM(y)趋近于均匀分布。KL 散度越大，Inception Score 得分也就越高。实际试验表明，Inception Score 与人的主观判断几乎一致。Inception Score 评价指标可以在一定程度上衡量生成样本的多样性和准确性，但无法检测过拟合，因此不建议在与 ImageNet 数据集差别大的数据上使用。

2. *图像相似度*

图像相似度采用了一个特征函数，将原来的分布映射成高斯随机变量，然后计算两个高斯分布之间的 Fréchet 距离(Fréchet inception distance, FID)，具体的数学表达式如式(5.14)所示：

$$\mathrm{FID}(P_{\mathrm{r}}, P_{\mathrm{g}}) = \left\| \mu_{\mathrm{r}} - \mu_{\mathrm{g}} \right\| + \mathrm{tr}(C_{\mathrm{r}} + C_{\mathrm{g}} - 2(C_{\mathrm{r}} C_{\mathrm{g}})^{1/2}) \tag{5.14}$$

由式(5.14)可知，FID 越小，表示生成器生成的图像与输入的样本图像越相似，即说明生成的图像质量越好。

5.2.4 网络模型试验环境搭建

随着深度学习的快速发展，不同种类的深度学习框架不断被提出，典型的深度学习框架包括 PyTorch、TensorFlow、PaddlePaddle、Keras、Caffe、Theano、MXNet 等。其中，PyTorch、TensorFlow 和 PaddlePaddle 保持了较快的发展速度。

TensorFlow 在 2015 年年底发布后就因其速度快、扩展性好等优点迅速成为主流的计算框架，目前主要应用于深度学习领域。与其他几种深度学习框架相比，TensorFlow 具备更好的灵活性和可延展性，且支持异构设备分布式计算。因此，结合研究内容与需要，选用 TensorFlow 框架作为生成对抗网络模型训练的首选框架，具体的配置情况如表 5.3 所示。

表 5.3 试验工作站配置详情

设备名称	版本
PC 操作系统	Windows 10(64 位)
处理器	Intel Core i7-8700 CPU@3.20GHz
GPU	1080Ti
CUDA	Cuda_9.0.176_windows
TensorFlow	1.8.0
Python	3.0
Anaconda	Anaconda 3

通过对预处理之后的裂缝图像采取手动选取分割裂缝图像的方式，得到分辨率为 256 像素×256 像素的 1159 张横缝和 1159 张纵缝，对裂缝图像生成模型进行了训练。表 5.4 为本书所采用的深度卷积生成对抗网络的参数设置。在该参数设置下本试验总共训练了 500 轮次，共迭代了 13000 次，其中每个批次的大小均为 64。

表 5.4 DCGAN 参数设置

类型	卷积核数量	卷积核尺寸	步长	激活函数	学习率
生成器	1024	—	—	ReLU	0.0002
	512	5×5	2	ReLU	0.0002
	256	5×5	2	ReLU	0.0002
	128	5×5	2	ReLU	0.0002
	3	5×5	2	tanh	0.0002
判别器	128	5×5	2	LeakyReLU	0.0002

续表

类型	卷积核数量	卷积核尺寸	步长	激活函数	学习率
判别器	256	5×5	2	LeakyReLU	0.0002
	512	5×5	2	LeakyReLU	0.0002
	1024	5×5	2	LeakyReLU	0.0002
	1	5×5	—	Sigmoid	0.0002

5.2.5　训练结果分析

通过分析 DCGAN 模型中判别器的损失函数 $J(D)$ 和生成器的损失函数 $J(G)$ 的数值随迭代次数增加的变化趋势，可知在训练的初期，随着迭代次数的增加，判别器的损失函数值整体上呈现出下降的趋势，生成器的损失函数值整体上呈现出上升的趋势，判别器和生成器相互对抗呈现出图中交替振荡的状态，最终在迭代约 4000 次后，两者都稳定在某一数值附近波动，得到了稳定且收敛的模型。DCGAN 模型在 1、100、200、300、400、500 轮次产生的裂缝图像分别如表 5.5 所示。

表 5.5　DCGAN 训练过程图

轮次	生成效果
1	
50	
100	
150	

续表

轮次	生成效果
200	
250	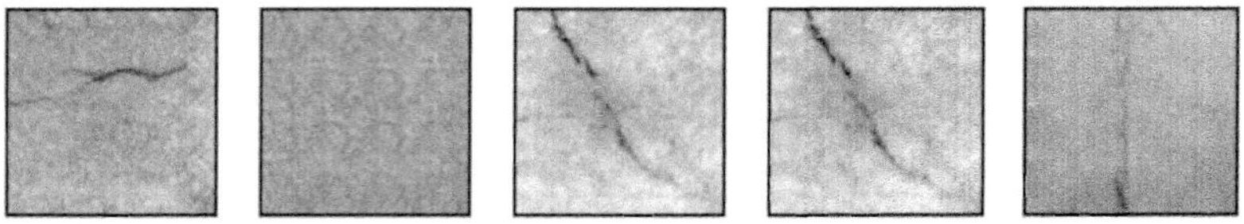
300	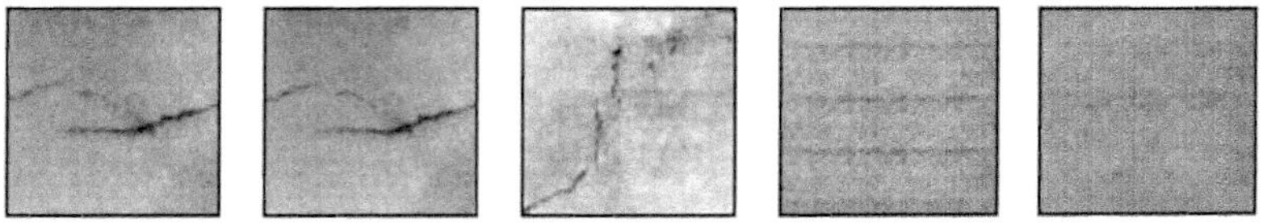
350	
400	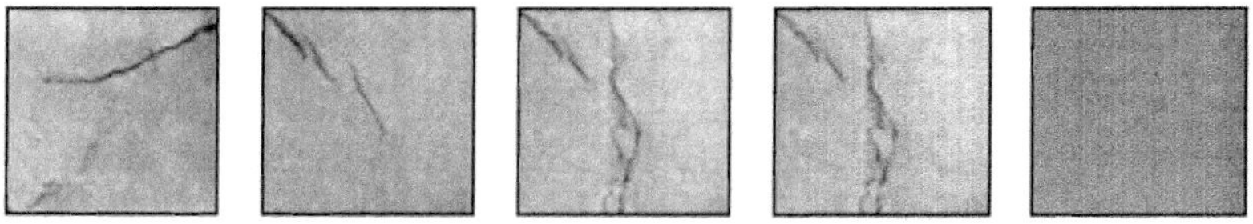
450	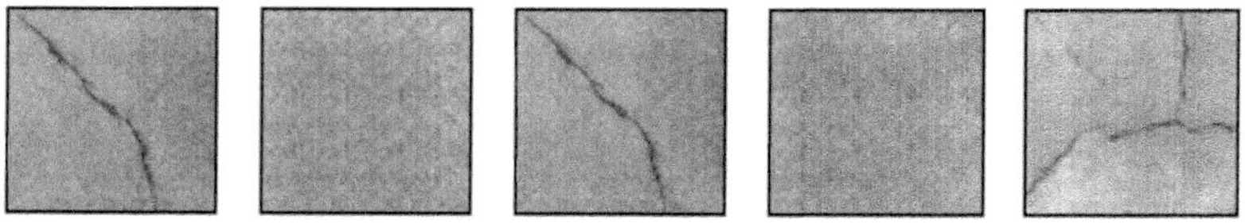
500	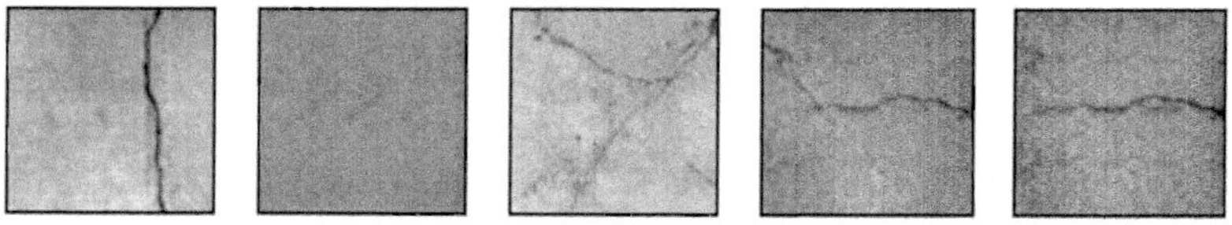

对表 5.5 生成的裂缝图像效果图分析可以看出，模型在 100 轮次时生成的裂缝图像网格化严重且严重失真；模型在 200 轮次时生成的裂缝图像网格化已经得到了很好改善，生成的图像已经逐渐开始接近裂缝图像的背景；模型在 300 轮次时生成的裂缝图像中的裂缝轮廓已经开始显现，但图像整体还不清晰；模型在 400 轮次时生成的裂缝图像中仅背景还有一点模糊，裂缝轮廓已经非常接近真实裂缝的轮廓；模型在 500 轮次时生成的裂缝图像已经达到了该模型最好的生成效果。

上述试验结果的对比与分析表明，随着网络模型训练迭代轮次的增加，DCGAN 产生的道面裂缝图像效果越来越好，在训练 300 轮次时，DCGAN 生成的图像开始具有道面裂缝图像的简单轮廓，在训练 500 轮次后，可以看到生成的图像已经非常接近真实道面裂缝图像。图 5.10 为 DCGAN 生成的道面裂缝数据集，可以直接用于道面裂缝的检测及扩充数据集。

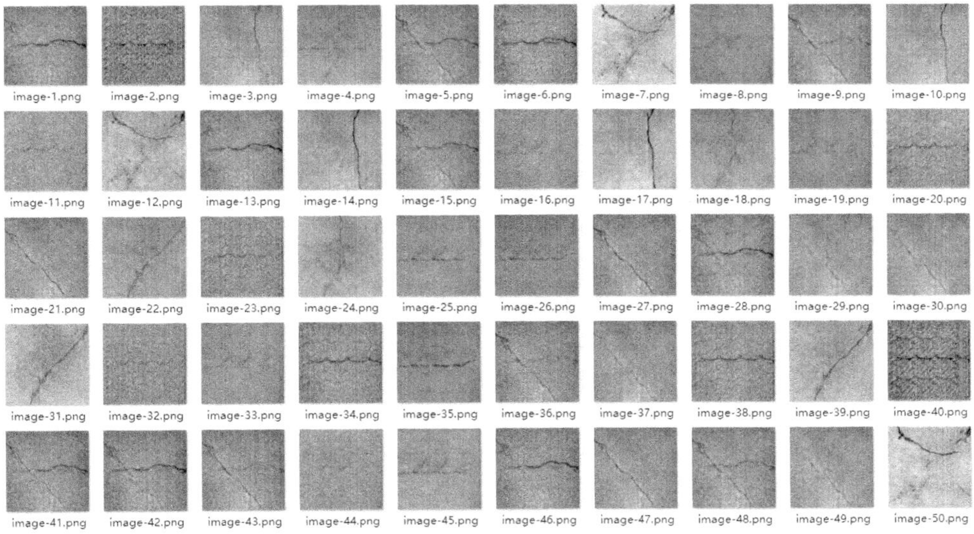

图 5.10　DCGAN 生成道面裂缝数据集

5.3　道面病害分割模型

通过 DCGAN 模型生成大量高质量裂缝样本之后，需要通过图像语义分割技术将裂缝从道面背景中分割出来，以便后续计算裂缝的长度、宽度及面积等几何参数。实际道面裂缝检测过程中会遇到各种复杂的道路场景，而传统的图像分割算法如阈值分割法和边缘检测法等并不适用于复杂背景下的裂缝检测和分割任务。因此，在深度学习的基础上提出一种基于 DeepLab V3+[5]的裂缝图像语义分割算法，在深入分析原始 DeepLab V3+模型结构的基础上，对其 DCNN 模块和解码结构进行了改进，对比分析了在不同优化器和初始学习率下改进后 DeepLab V3+模型的训练效果。实验结果表明，与其他深度学习语义分割模型如 FCN、SegNet、U-Net 及原始 DeepLab V3+模型相比[6-9]，所提出的语义分割算法更适用于复杂背景下的道面裂缝检测和分割，具体内容包括模型构建与改进、道面像素级分割数据集的构建、训练模型参数的设置、训练评价指标及语义分割模型训练。

5.3.1　模型构建与改进

DeepLab V3+模型是谷歌 DeepLab 系列中的版本，根据前述分析可以得到其网络结构如图 5.11 所示。DeepLab V3+模型的整体结构分为上、下两个部分，上面部分是获取图像多尺度特征信息的编码结构，下面部分是优化目标边界信息的解码结构，两者组合在一起达到提高目标分割精度的效果。

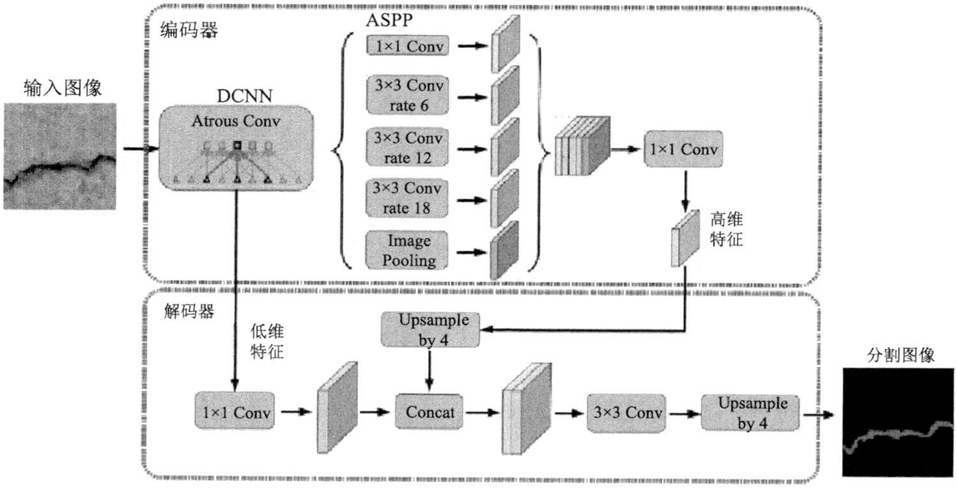

图 5.11　DeepLab V3+网络结构

(1)编码结构由 DCNN 模块和 ASPP 模块组成。其中，DeepLab V3+模型中的 DCNN 模块采用 GoogLeNet 系列中的 Xception 网络，并对其进行相应调整，用调整后的 Xception 网络进行图像的特征提取。之后将提取到的特征输入 ASPP 模块中。该 ASPP 模块采用三个 rate 值，分别为 6、12、18，利用卷积核大小为 3×3 的空洞卷积层来捕获不同尺度的特征信息，利用一个卷积核大小为 1×1 的普通卷积层来获取原始尺度的特征，利用一个平均池化层来提取带有全局信息的特征，并在每层后面添加一个批标准化层对数据进行规整。最后将 ASPP 模块输出的各个不同尺度的特征信息连接起来，并通过一个卷积核大小为 1×1 的卷积层进行特征融合，得到编码结构输出的高维特征图。

(2) DeepLab V3+模型的解码结构有两个输入，一个是 DCNN 模块输出的低维特征图，另一个是编码结构输出的高维特征图。DCNN 模块输出的低维特征图具有较多的通道数，如果直接将两者连接起来，就会造成计算复杂度上升，训练时间和内存消耗增大，且带有较少信息的低维特征图的通道数一旦多于含有丰富语义信息的高维特征图，就会降低模型分割的精度。因此，在解码结构的两个输入连接之前，需要先将低维特征图通过一个卷积核大小为 1×1 的卷积层来降低其通道数，即进行特征融合，同时对高维特征图进行 4 倍双线性插值上采样以使其分辨率大小与低维特征图相同。低维特征图和高维特征图连接之后，再通过卷积核大小为 3×3 的卷积层重新提取特征，以获得更精细的分割结果。最后经过 4 倍双线性插值上采样使输出图像恢复到输入时图像的分辨率大小，得到模型对图像目标的最终分割结果。

5.3.2　数据集构建

图像语义分割是利用图像的语义信息，直接对每个像素进行分类，并不存在检测具体的目标，而是只关心原始像素，属于精细级的图像处理任务，因此需要大量的训练数据集来保证其精度。在这部分利用训练好的 DCGAN 模型中的生成器，通过输入随机向量来生成一部分裂缝子块图像，并加入真实裂缝图像样本，共组成 2000 张分辨率为 256 像素×256 像素的道面裂缝子块图像，以此作为本章图像语义分割的原始数据集，并通过 Python 图像处理和计算机视觉模块中的 LabelMe 工具包进行像素标注工作，图像被标注为裂缝和道面背景两种标签，如图 5.12 所示。

5.3.3　参数设置

语义分割模型训练的过程，本质上是一个寻优的过程，即找到一组合适的参数，使其能够更好地对输入图像进行预测，而优化器就是用来对参数进行更新优化的，目前常用的优化器有 Momentum、RMSProp 和 Adam 三种[10]。下面先简要介绍这三种优化器的优化原理，再重点分析不同的优化器对语义模型训练的影响。

1) Momentum 优化器

传统的梯度下降优化方法采用简单的参数更新规则：将当前参数直接减去学习率与当前梯度的乘积，只有当前梯度参与了计算，而没有考虑到历史梯度，这样会导致更新方向不稳定，进而降低训练收敛的速度。Momentum 优化法在传统的梯度下降优化法中加入了动量参数，并在进行参数更新时引入历史梯度，其具体的计算如下：

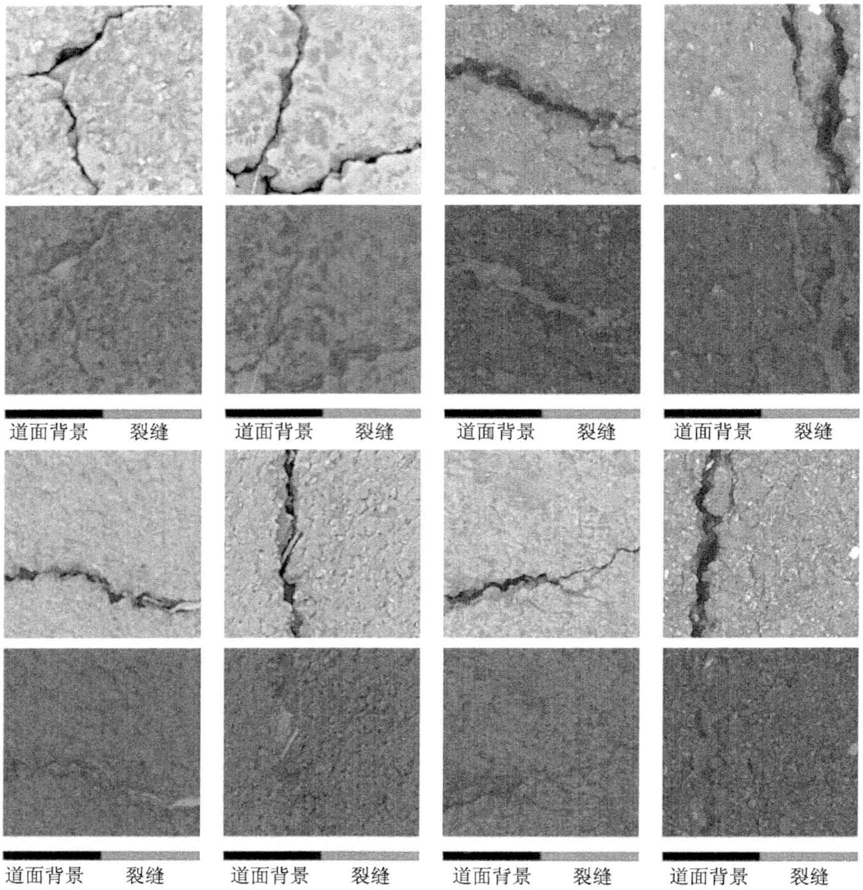

图 5.12　道面裂缝人工标注

$$\theta_{t+1} = \theta_t - \alpha g_t + \gamma(\theta_t - \theta_{t-1}) \tag{5.15}$$

式中，θ_{t+1} 为更新后的参数；θ_t 为当前参数；α 为学习率；g_t 为梯度估计；γ 为动量参数，通常取 0.9；θ_{t-1} 为历史参数，其中包含了历史梯度。

在 Momentum 优化法中，当梯度发生了大幅改变时，历史梯度可以对其进行修正，从而防止大幅振荡现象的产生；而当梯度的改变相对较小时，在历史梯度的影响下，依然可以较快地进行模型参数的更新。

2) RMSProp 优化器

RMSProp 优化法是对 AdaGrad 优化法的一种改进，AdaGrad 优化法可以对学习率进行自适应更新，其具体公式如下所示：

$$\theta_{t+1} = \theta_t - \frac{\alpha}{\varepsilon + \sqrt{v_t}} g_t \tag{5.16}$$

$$v_t = v_{t-1} + g_t^2 \tag{5.17}$$

式中，ε 为特别小的常数，用来防止分母为零，一般取值为 10^{-5}；v_t 为历史平方梯度的和，其初始值为零；θ_{t+1}、θ_t、α、g_t 与式(5.15)的含义相同。

3) Adam 优化器

Adam 也是一种自适应学习率的算法，其具体计算如下所示：

$$\theta_{t+1} = \theta_t - \frac{\alpha}{\varepsilon + \sqrt{\hat{v}_t}} \hat{m}_t \tag{5.18}$$

$$\hat{m}_t = \frac{m_t}{1 - \beta_1^t} \tag{5.19}$$

$$\hat{v}_t = \frac{v_t}{1 - \beta_2^t} \tag{5.20}$$

$$m_t = \beta_1 m_{t-1} + (1 - \beta_1) g_t \tag{5.21}$$

$$v_t = \beta_2 v_{t-1} + (1 - \beta_2) g_t^2 \tag{5.22}$$

式中，$\hat{m}_t$ 为 m_t 的偏差校正估计值；$\hat{v}_t$ 为 v_t 的偏差校正估计值；m_t 为历史梯度的指数衰减平均值，即梯度的一阶矩估计；v_t 为历史平方梯度的指数衰减平均值，即梯度的二阶矩估计；β_1 为梯度的指数衰减速率，在 Adam 优化器中通常取 0.9；β_2 为平方梯度的指数衰减速率，在 Adam 优化器中通常取 0.999；θ_{t+1}、θ_t、α、g_t 与式(5.15)的含义相同。

4) 综合对比分析

对比采用 Momentum 优化器、RMSProp 优化器和 Adam 优化器在训练过程中生成的监督曲线图发现，在初始学习率和其他超参数均相同的情况下，Momentum 优化器在验证集上得到的准确度是相对最高的，而 RMSProp 优化器的训练效果是最差的，且会出现大幅振荡的情况，因此在后续的对比分析中将不再考虑 RMSProp 优化器，重点对比 Momentum 优化器和 Adam 优化器，以进一步对优化器进行择优。

5.3.4　评价指标

主要采用平均交并比(mean intersection over union, MIoU)和平均像素精度(mean pixel accuracy, MPA)这两个评价指标对语义分割模型进行评估，其具体的含义和计算公式如下所述。

1. 平均交并比(MIoU)

MIoU 是语义分割模型中最常用也是最重要的评价指标之一，它是在 IoU 指标的基础上发展而来的。IoU 指标计算的是两个集合的交集与并集之比，在语义分割模型中其计算的是手工标注标签与模型预测结果之间的交并比，MIoU 指标则是对每个类别分别计算 IoU，然后取平均值，其计算公式如式(5.23)所示。MIoU 指标的数值越大，代表模型的预测效果越好。

$$\text{MIoU} = \frac{1}{k+1}\sum_{i=0}^{k}\frac{P_{ii}}{\sum_{j=0}^{k}P_{ij} + \sum_{j=0}^{k}P_{ji} - P_{ii}} \tag{5.23}$$

式中，k 为要进行分类的类别数；k+1 为加上背景之后的总类别数；P_{ii} 为被标记为 i 类，同时模型预测也为 i 类的像素数量；P_{ij} 为被标记为 i 类，但模型预测为 j 类的像素数量；P_{ji} 为被标记为 j 类，但模型预测为 i 类的像素数量。

2. 平均像素精度(MPA)

MPA 是语义分割模型中相对比较简单直观的一种评价指标，它是对像素精度(pixel accuracy, PA)指标的一种改进。PA 指标通过计算模型预测正确的像素数量占总像素数量的比值来进行语义分割模型的评估，MPA 则是先计算每个类别中被正确预测的像素数量与该类别总像素数量的比值，然后对所有类别求平均，其计算公式如式(5.24)所示。同样，MPA 指标的数值越大，代表模型的预测效果越好。

$$\text{MPA} = \frac{1}{k+1}\sum_{i=0}^{k}\frac{P_{ii}}{\sum_{j=0}^{k}P_{ij}} \tag{5.24}$$

式中，k、k+1、P_{ii}、P_{ij} 与式(5.23)含义相同。

5.3.5 裂缝图像语义分割训练

采用包含 5740 张道面裂缝子块图像的训练集对不同 DCNN 模块的 DeepLab V3+语义分割模型进行训练，同时保证每次训练均采用 Adam 优化器，初始学习率为 0.0001，每批次输入图片数量为 2，训练轮次为 40，L_2 正则化(权重衰减)的因子为 0.005。在训练超参数均相同的前提下，采用制作的测试集分别对训练好的模型进行测试，以 MPA 和 MIoU 作为评价指标，得到的测试结果如表 5.6 所示。

表 5.6 中 5 种 DeepLab V3+模型的解码结构中都是只有一层浅层语义信息层，且用于降低低维特征图通道数的卷积核个数为 48，与原始 DeepLab V3+模型的结构相同，这样可以更好地看出不同的 DCNN 模块对裂缝子块图像语义分割的影响。

表 5.6　不同 DCNN 模块的比较

DCNN 模块	输出步长	MPA/%	MIoU/%
Xception	16	88.16	65.51
ResNet 18	16	82.33	54.08
ResNet 50	16	86.30	59.79
ResNet 101	16	91.75	72.77
ResNet 101	32	85.61	57.79

首先对比表 5.6 中输出步长为 16 的 Xception、ResNet 18、ResNet 50 及 ResNet 101 网络架构，这些网络架构都是用空洞卷积层来代替普通卷积层，使 DCNN 模块最后输出的特征图大小是输入图像的 1/16，可以发现层数较少的 ResNet 18 网络架构是这四种 DCNN 模块中表现最差的，其次是 ResNet 50 网络架构，而本书提出的改进后的 ResNet 101 网络架构获得了相对最优的 MPA 和 MIoU，与原始 DeepLab V3+模型所采用的 Xception 网络架构相比，其 MPA 提高了 3.59 个百分点，MIoU 提高了 7.26 个百分点，证明本书采用的 ResNet 101 网络架构具备一定的优越性。

然后对比表 5.6 中 ResNet 101 网络架构的输出步长为 16 和输出步长为 32 这两种情形，其中输出步长为 32 即不对 ResNet 101 结构中的 Conv5_*x* 做任何更改，可以发现当输出步长为 32 时，ResNet 101 网络架构的测试结果要远远低于输出步长为 16 时的结果，其 MPA 降低了 6.14 个百分点，MIoU 降低了 14.98 个百分点，这反映了本书提出的将 ResNet 101 网络结构中 Conv5_*x* 的三个卷积核大小为 3×3 的普通卷积层替换为空洞卷积层的做法更适用于道面裂缝子块图像的语义分割任务。

5.3.6　解码结构对图像语义分割的影响

对解码结构进行对比实验，分析浅层语义信息在与深层语义信息合并之前所应该采用的卷积核个数。本书设计的解码结构中有两层浅层语义信息层，对应 ResNet 101 网络结构中的 Conv2_*x* 和 Conv1，因此会有两个变量存在，一个变量用于降低 Conv2_*x* 输出的低维特征图通道数的卷积核个数，另一个变量用于降低 Conv1 输出的低维特征图通道数的卷积核个数。

针对以上变量设计了一系列的交叉实验：用训练集对 DCNN 模块为改进后的 ResNet 101 网络架构的 DeepLab V3+模型（其解码结构中用于降低通道数的卷积核个数的组合不同）进行训练，然后将训练好的模型在包含 1230 张裂缝子块图像的测试集上进行测试，以 MPA 和 MIoU 作为评判标准，得到的结果如表 5.7 所示。

其中，模型在多次训练过程中均采用 Adam 作为优化器，设置初始学习率为 0.0001，每批次输入图片数量为 2，训练轮次为 40，L_2 正则化(权重衰减)的因子为 0.005。

表 5.7　不同卷积核个数组合的比较

卷积核个数组合	MPA/%	MIoU/%
—	91.75	72.77
(32, 32)	94.92	79.41
(48, 48)	96.91	83.57
(64, 64)	94.16	78.11

由表 5.7 可以看出，本书设计的解码结构能够有效提升算法的精度，并且不同的卷积核个数组合对精度的影响也不同。本次实验比较耗时，因此只选取了三组卷积核个数组合进行实验。其中，卷积核个数组合为(48, 48)的解码结构获得了最高的 MPA 和 MIoU，与原始的只有一层浅层语义信息层的解码结构相比，其 MPA 提高了 5.16 个百分点，MIoU 提高了 10.80 个百分点，证明改进后的解码结构的有效性。因此，将改进后的 DeepLab V3+模型中用于降低 Conv2_x 和 Conv1 输出的低维特征图通道数的卷积核个数均设置为 48，以此获得较好的预测结果。

在 DeepLab V3+模型进行语义分割训练之前，要先确定好模型的超参数，即可以调节的参数，其中最重要的就是优化器和初始学习率的设置。若优化器和初始学习率设置得比较理想，则可以提高模型的准确率，否则可能会导致模型不收敛，出现训练失败的情况。需选择效果最好的优化器和初始学习率对改进后的 DeepLab V3+模型进行训练。

需要特别说明的是，道面裂缝子块图像中裂缝的像素数量一般不超过总像素数量的 20%，因此会出现道面背景的像素个数和裂缝的像素个数严重不平衡的现象。若处理不当，则会导致训练结果偏向于含有更多像素数量的类别，对训练过程产生不利影响。因此，为了获得预期的训练效果，首先对数据集中已标注的道面裂缝子块图像进行统计，得出道面背景像素数量占总像素数量的比例为 0.88，而裂缝像素数量占总像素数量的比例为 0.12，然后用比例中值 0.5 除以这两个数，可得到道面背景像素和裂缝像素对应的权重分别为 0.57 和 4.17，最后以此来更新像素分类层的权重。

语义分割模型的结果对比：将 DeepLab V3+模型与 FCN、SegNet、U-Net 语义分割模型进行对比实验，以 MPA 和 MIoU 作为主要评价指标，同时对比这四种语义分割模型在复杂道面背景下的分割效果图，对它们的鲁棒性进行分析。在对比分析之前，先简要介绍 FCN、SegNet 及 U-Net 模型的分割原理。

FCN 的分割原理是先将一幅图像输入卷积神经网络，经过多次卷积及池化过程后得到一系列的特征图，然后利用反卷积层对最后一个卷积层得到的特征图进行上采样，使上采样后的特征图与原图像的大小保持一致，从而实现对特征图上的每个像素值进行预测的同时保留其在原图像中的空间位置信息，最后对上采样后的特征图进行逐像素分类，并逐个像素计算其 Softmax 分类损失，如图 5.13 所示。

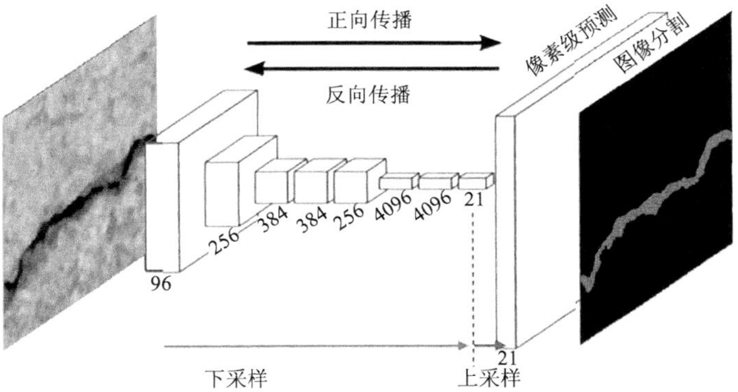

图 5.13　FCN 模型的结构

SegNet 模型与 FCN 模型的分割原理十分相似，如图 5.14 所示。其编码结构主要由 VGG16 网络架构的前 13 个卷积层和 5 个池化层组成，解码结构同样也由 13 个卷积层和 5 个上采样层组成，最后一个解码结构输出的高维特征图被输入到可训练的 Softmax 分类器中，用于对每个独立的像素进行分类。特别地，SegNet 模型采用了池化索引来保存图像的轮廓信息，减少了参数数量。

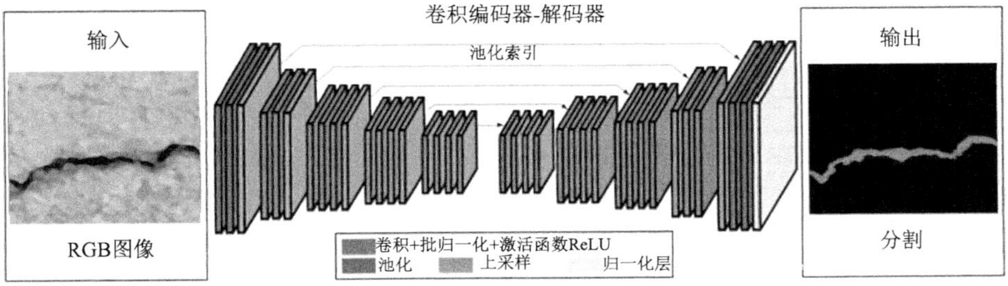

扫码查看彩图

图 5.14　SegNet 模型的结构

U-Net 是一种对称的语义分割模型，该模型主要由一个收缩路径和一个与其对称的扩张路径组成。如图 5.15 所示，左半部分的收缩路径通过卷积、ReLU 和最大池化进行下采样，以获得图像的深层次特征信息；右半部分的扩张路径则通过转置卷积进行上采样，以便精确定位图像的分割边界，其中每上采样一次，就和收缩路径中对应的通道数相同的特征图进行融合，并在融合之前将复制过来的特征图进行裁剪，使两者的分辨率大小相同；最后，将上采样最后一层得到的特征图通过 Softmax 函数转换为概率图，即得到了图像的分割效果图。

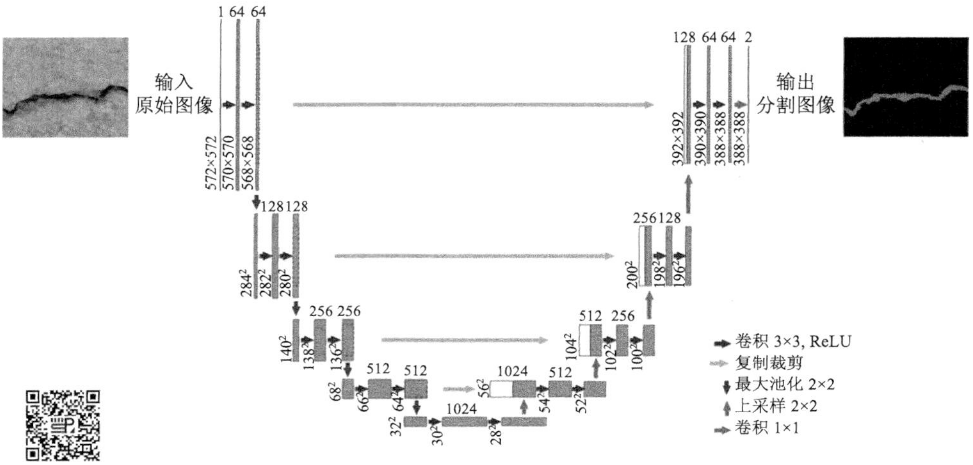

扫码查看彩图

图 5.15　U-Net 模型的结构

在本次实验中，这四种语义分割模型均采用制作的训练集和测试集进行训练和测试，同时在训练过程中采用 Adam 优化器进行参数更新，设置初始学习率为 0.0001，每批次输入图片数量为 2，训练轮次为 40，L_2 正则化(权重衰减)的因子为 0.005。在保证前述训练超参数都相同的前提下，计算测试集的 MPA 和 MIoU，得到这四种模型的评价结果如表 5.8 所示。

表 5.8　不同语义分割模型的评价指标对比

语义分割模型	MPA/%	MIoU/%
FCN	79.52	50.13
U-Net	84.61	57.78
SegNet	80.21	60.56
DeepLab V3+	86.05	64.23

由表 5.8 可以看出，采用池化索引进行上采样的 FCN 模型所得到的评价结果是最低的。由于 FCN 模型对各个像素进行分类时没有考虑像素与像素之间的关系，忽略了在通常的基于像素分类的图像分割方法中所使用的空间规整步骤，缺

乏空间一致性，所以其最终的评价指标值仍未能达到满意的结果。SegNet 模型在对低分辨率的特征图进行反池化操作时，容易忽略邻近的信息，导致最后输出的分割结果图不够准确，其 MPA 仅为 80.21%，而 MIoU 刚刚达到 60.56%。接下来是结构对称的 U-Net 模型，最初提出的 U-Net 模型主要是用来对医学图像进行分割，而本书尝试将其应用在道面裂缝子块图像的语义分割中，经过训练后其在测试集上的 MPA 达到了 84.61%，MIoU 达到了 57.78%，但仍然低于改进后 DeepLab V3+模型的测试结果，这是因为 U-Net 模型在卷积过程中会损失一部分的特征。

最后，本书提出的改进后的 DeepLab V3+模型在其网络结构较深的 DCNN 模块和具有两层浅层语义信息层的解码结构的影响下，获得了相对最优的评价结果，MPA 达到了 86.05%，同时 MIoU 为 64.23%，证明本书的语义分割模型比其他的语义分割模型更适合应用在道面裂缝图像的分割中。

为了更直观地展现出这四种语义分割模型的区别，不同模型的语义分割效果如图 5.16 所示。

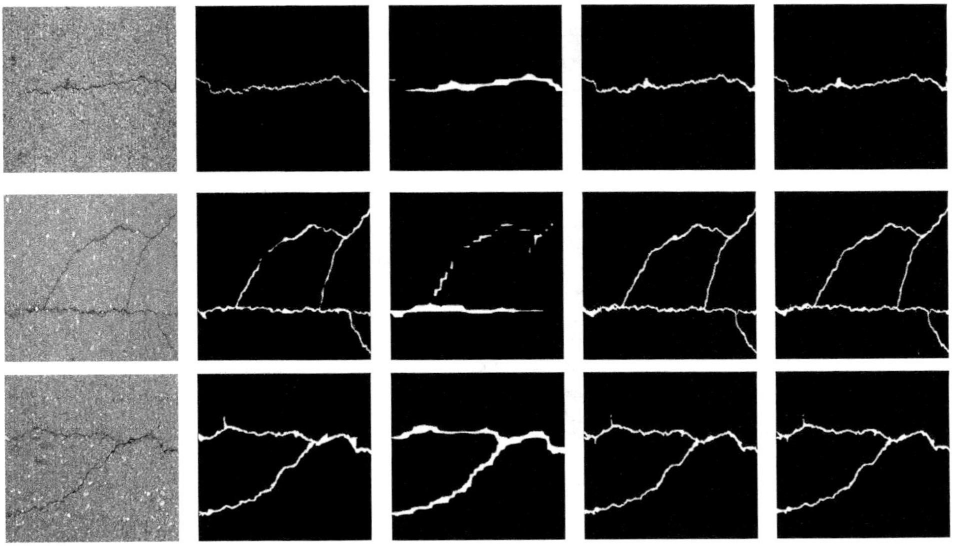

图 5.16　不同模型分割效果

由于 DeepLab V3+模型分割性能最优，并且为了展示模型的泛化能力，将自建数据集及公开数据集的分割结果展示如下，图 5.17 为公开数据集的分割结果，图 5.18 为自建数据集的分割结果。

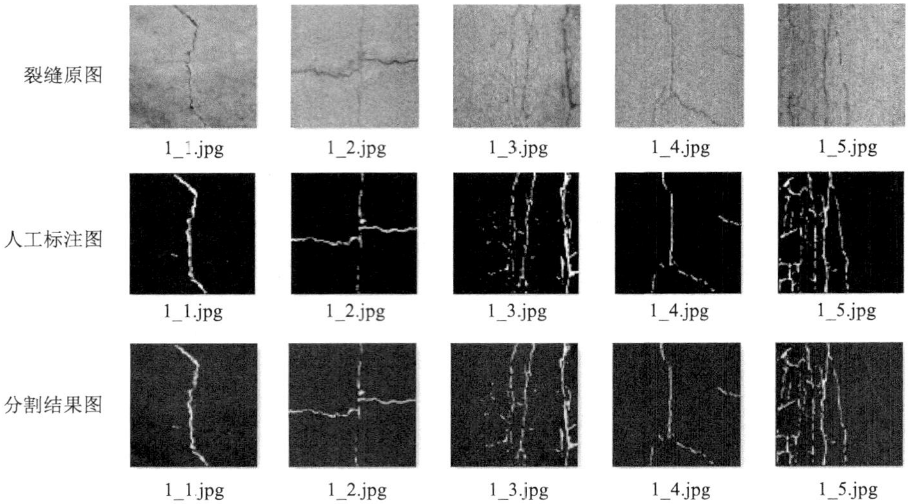

图 5.17　公开数据集分割结果

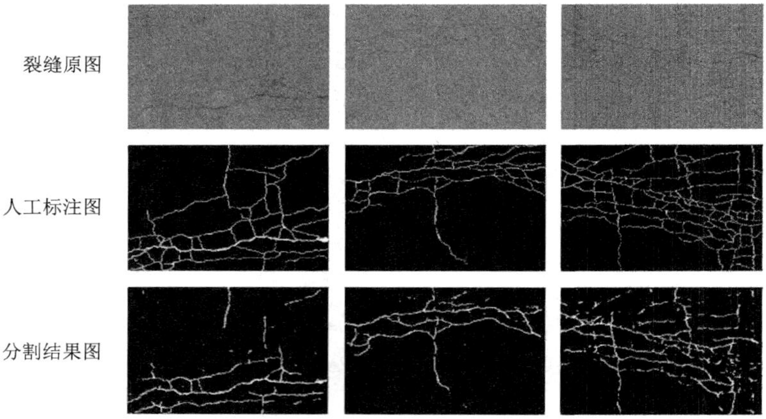

图 5.18　自建数据集分割结果

5.4　基于 Faster R-CNN 的裂缝目标检测和特征提取

机场道面病害数据集有限，因此不能很好地进行道面病害识别模型的训练，容易发生过拟合的训练现象，导致识别检测的精度降低。为了增加道面病害数据集，需要对有限的病害图像进行增强，达到道面病害图像数量增加的目的，同时保证不同种类的道面病害具有同等的训练样本，避免训练困难。

采用 DeepLab V3+模型将裂缝从道面背景中分割出来，接下来需要对分割出

来的裂缝进行特征提取，即计算裂缝的长度、宽度及面积等几何参数。在计算之前，需要先确定裂缝的类型，因为不同类型的裂缝所需要计算的参数有所不同，并且我国的道面养护规范针对不同类型的裂缝病害制定了不同的养护措施。因此，本节首先基于深度学习中的 Faster R-CNN 模型，通过迁移学习对道面裂缝图像进行目标检测，并在检测前对 Faster R-CNN 模型中的网络架构和锚点参数组合进行一定的优化，将分割后的裂缝分为横向裂缝、纵向裂缝及网状裂缝三大类，之后根据裂缝的不同类型分别提取参数信息，从而获取道面的裂缝病害情况，方便后续对道面进行养护。

5.4.1　Faster R-CNN 结构

1) Faster R-CNN 模型训练步骤

Faster R-CNN 由 Fast R-CNN 和 RPN 组成，其中 RPN 用于感兴趣区域提取，Fast R-CNN 依据感兴趣区域进行病害的识别和定位。Fast R-CNN 和 RPN 的前 6 层结构相同，即两个模型产生的特征图是通用的。因此，通过 Fast R-CNN 和 RPN 共享部分结构对模型进行进一步优化，以期减少重复运算，提高模型的训练和测试效率。为实现共享卷积层和池化层，Faster R-CNN 模型的训练步骤如下：

(1) 随机对 RPN 各个结构层的权值和偏值进行赋值。

(2) 依据最小批量梯度下降法训练 RPN，直至 RPN 模型识别无病害道面、裂缝、坑槽。

(3) 将训练完成的 RPN 前 6 层的权值和偏值赋予 Fast R-CNN。

(4) 使用 RPN 产生的感兴趣区域训练 Fast R-CNN，直至 Fast R-CNN 可以定位感兴趣区域中的裂缝、坑槽。

2) Faster R-CNN 模型训练策略

前面介绍了 RPN 模块和 Fast R-CNN 模块，接下来对整个 Faster R-CNN 模型的训练策略进行介绍。采用四步训练算法，通过交替优化来学习网络的共享特征，其具体步骤如下：

(1) 对 RPN 模块进行初步训练，该网络使用 ImageNet 的预训练模型(ResNet 101)来初始化权值，并通过端对端的训练对权值进行微调。此步骤的训练目标是产生可能包含道面裂缝病害的感兴趣区域，包括横向裂缝、纵向裂缝和网状裂缝。需要注意的是，此时 RPN 模块仅能判断感兴趣区域中是否存在裂缝病害，并不能区分裂缝的类型。

(2) 用步骤(1)得到的感兴趣区域对 Fast R-CNN 模块进行训练，同样采用 ImageNet 的预训练模型(ResNet 101)初始化 Fast R-CNN 的权值，通过端对端的训练对权值进行微调。此步骤的训练目标是判断感兴趣区域中无裂缝病害、存在横向裂缝、存在纵向裂缝及存在网状裂缝的可能性，同时对各个裂缝类型的感兴趣区域边界框进行回归调整。此时 RPN 模块和 Fast R-CNN 模块之间并没有共享卷积层，两者是独立训练的。

(3)用步骤(2)微调后的 Fast R-CNN 模块的权值重新初始化 RPN 模块，固定共享卷积层(把共享卷积层的学习率设置为0，不进行权值更新)，仅微调RPN模块特有的网络层的权值，此时 RPN 和 Fast R-CNN 模块就共享了前面的卷积层。

(4)依然固定共享卷积层，利用步骤(3)得到的感兴趣区域再次对 Fast R-CNN 模块进行训练，仅微调 Fast R-CNN 模块特有的网络层的权值。这样两个模块就都共享了卷积层，并形成了统一的网络。

Faster R-CNN 模型的训练流程如图 5.19 所示。

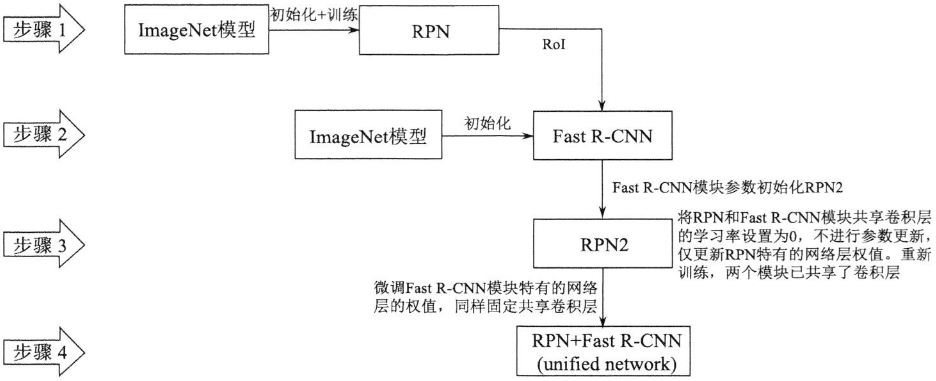

图 5.19　Faster R-CNN 模型的训练流程

5.4.2　目标检测数据集的制作

采用在 ImageNet 上已经预训练的 ResNet 101[11]网络对 Faster R-CNN 模型进行训练，这属于迁移学习的一种。迁移学习可以考虑只迁移前几层具有很好泛化能力的权重，把一个已完成的任务迁移到不同领域之间具有相似性的任务上，使神经网络在训练时提高收敛速度，同时抑制过拟合现象，快速完成该领域所需求的图像处理任务。在训练数据获取难度较大或数据集内图像数量较少的情况下，迁移学习能够取得较高的准确率。

基于上述理论，在制作 Faster R-CNN 模型的数据集时，用 DeepLab V3+模型对拍摄分辨率为 4032 像素×3024 像素的道面裂缝图像进行语义分割，将分割后的图像作为原始数据集。为了进一步提高模型训练的速度，将原始数据集统一调整为 512 像素×512 像素(与语义分割任务相比，在目标检测任务中选择相对较大尺寸的原因是，如果图像尺寸较小，会增大人工标注为不同类型裂缝的难度，并且裂缝目标作为一个整体要大于其中的像素)，并通过 Python 图像处理和计算机视觉模块中的 LabelImg 工具包进行边界框的标注工作。在标注时创建 3 个标签，分别为图 5.20(a)中的横向裂缝、图 5.20(b)的纵向裂缝和图 5.20(c)中的网状裂缝。

为了生成测试数据集，从总数据集中随机选取裂缝图像，保证测试数据集至少包含总数据集中 30%的图像，同时包含每种裂缝类型中约 30%的样本，即测试数据集中的横向裂缝∶纵向裂缝∶网状裂缝数量约等于 1∶1∶1。剩余的未被测试数据集选中的图像则用来生成训练数据集。表 5.9 展现了本书中使用的训练数据集和测试数据集的详细比例。

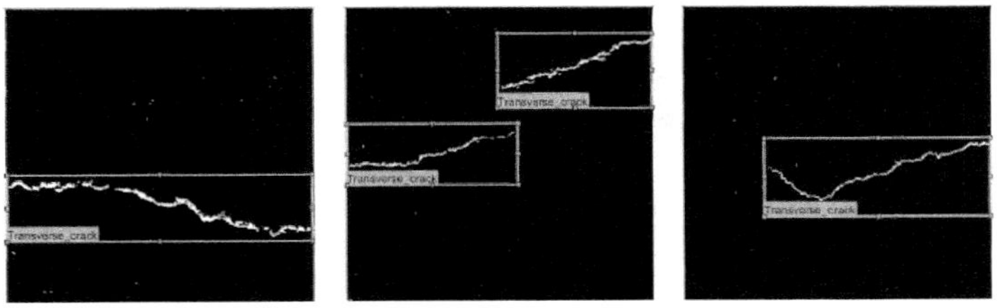

(a) 横向裂缝

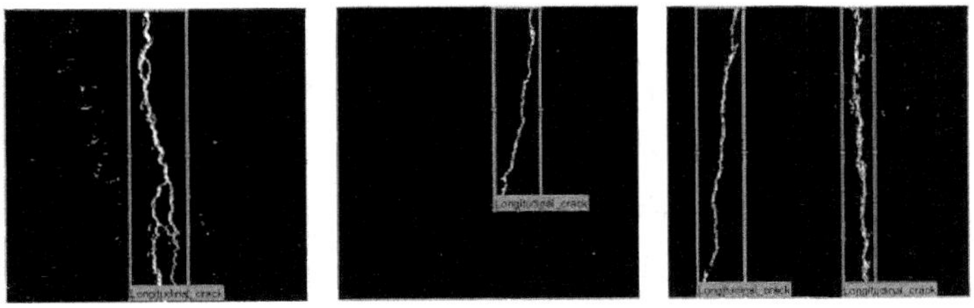

(b) 纵向裂缝

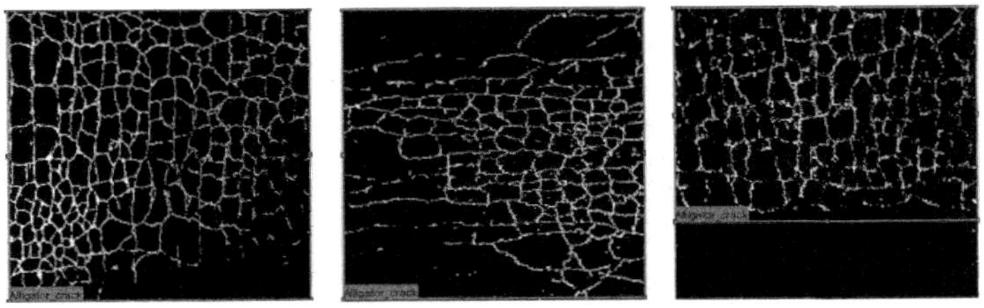

(c) 网状裂缝

图 5.20　道面监测数据标注

表 5.9　裂缝目标检测的数据集构成

裂缝类型	训练数据集		测试数据集	
	裂缝数量	图像数量	裂缝数量	图像数量
横向裂缝	424	245	155	92
纵向裂缝	352	212	169	93
网状裂缝	306	289	141	134

5.4.3　评价指标

在图像分类的预测评价中，常用到的参数有准确率(precision)和召回率(recall)。其中，准确率是指模型预测为正类且真实类别也为正类的样本数量与模型预测为正类的样本数量的比值，衡量的是一个分类器预测出来的正类的确是正类的概率，其计算公式参考式(3.6)。但仅凭借准确率还不能衡量分类器的好坏程度，例如，50 个正样本和 50 个负样本，分类器把 49 个正样本和 50 个负样本都预测为负样本，剩下的一个正样本预测为正样本，这样得出来的准确率也是 100%，所以还需要用召回率指标进行补充。召回率是指模型预测为正类且真实类别也是正类的样本数量与真实类别是正类的样本数量的比值，衡量的是一个分类器能把所有的正类都找出来的能力，其计算公式参考式(3.7)。

5.4.4　试验分析

本书对配置好的 Faster R-CNN 进行两种方式的检测识别，一种是利用原图进行定位框的检测识别，另外一种是采用前述语义分割之后的分割图进行识别检测，检测结果如图 5.21 和图 5.22 所示。

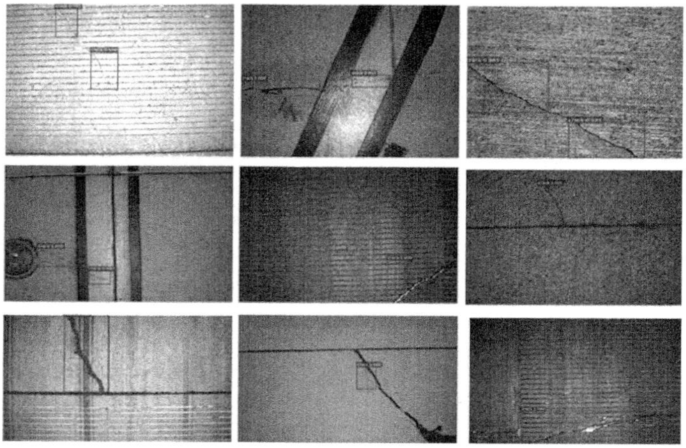

图 5.21　道面原图检测结果

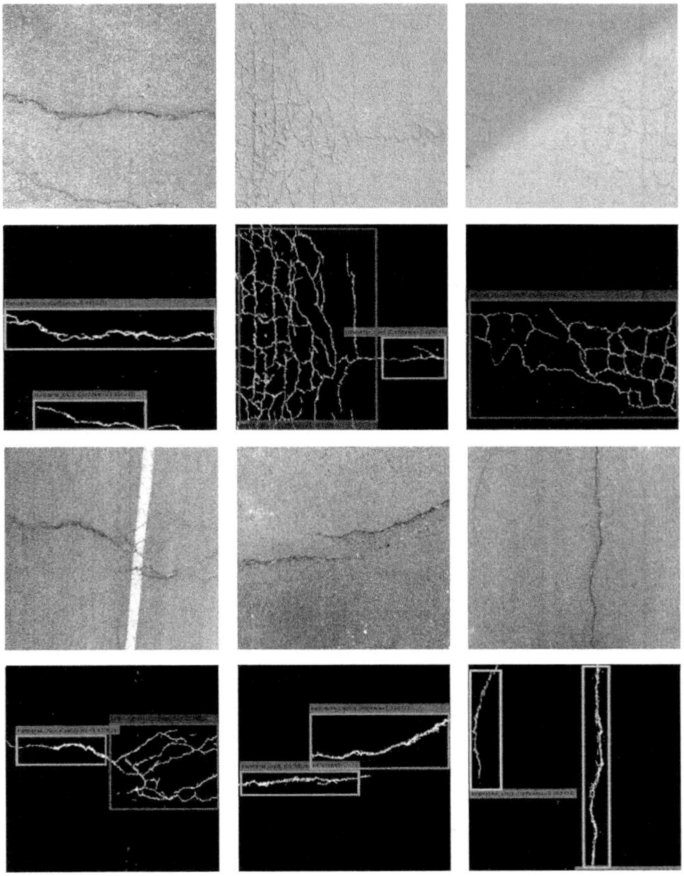

图 5.22　道面分割图检测结果

对之前 10 种锚框的预测结果如表 5.10 所示。该识别结果是基于分割图进行的识别检测，方便最后得到相应病害的长度、宽度等特征信息。

表 5.10　不同锚框组合下 Faster R-CNN 的病害识别准确率

编号	横向裂缝		纵向裂缝		网状裂缝		坑槽	
	准确率	召回率	准确率	召回率	准确率	召回率	准确率	召回率
1	0.8874	0.7951	0.7955	0.8021	0.6897	0.7022	0.8659	0.8452
2	0.8270	0.7655	0.7466	0.7985	0.6545	0.7253	0.8752	0.8632
3	0.8433	0.7465	0.7695	0.7632	0.6823	0.7546	0.8566	0.8365
4	0.8265	0.7486	0.7425	0.7568	0.6977	0.7589	0.8456	0.8666
5	0.7988	0.7352	0.7565	0.7852	0.6321	0.7253	0.8365	0.8765
6	0.7752	0.7023	0.7889	0.7863	0.6888	0.7236	0.8236	0.8765

续表

编号	横向裂缝		纵向裂缝		网状裂缝		坑槽	
	准确率	召回率	准确率	召回率	准确率	召回率	准确率	召回率
7	0.7634	0.7251	0.7658	0.7032	0.6754	0.7758	0.8893	0.8751
8	0.7542	0.7021	0.7455	0.7236	0.6852	0.7769	0.8639	0.8062
9	0.7899	0.7696	0.7855	0.7563	0.6832	0.7785	0.8452	0.8365
10	0.8265	0.8012	0.7533	0.7774	0.6543	0.7721	0.8052	0.8012

由表 5.10 可以看出，锚框组合 1 的检测结果最好，因此[16, 32, 64]配合 0.6、1.0 及 2.0 的高宽比适合于道面病害的检测。

5.5 道面状况评价

在完成道面裂缝的分割及识别定位之后，需要对道面表面的裂缝进行几何特性的计算，从而实现道面的破损评定分级计算，为道面养护提供依据。目前关于自动化测量道面裂缝长度、宽度及面积的识别研究还较少，因此本节重点对几何形态的自动化测量进行研究，并将图像测量结果与实测结果进行对比，验证自动化测量方法的准确性。

5.5.1 道面裂缝检测结果的几何特征提取

通过前面提出的基于 Faster R-CNN 模型的道面裂缝自动检测技术[12]，可以实现对裂缝的快速定位并准确判断裂缝的类型。接下来为了量化裂缝的特征，需要对裂缝的长度、宽度、面积和块度等几何信息进行提取。在这之前，需要先按照几何关系将目标检测中生成的压缩为分辨率 512 像素×512 像素的边界框坐标还原到分辨率为 4032 像素×3024 像素的原始图像上。在目标检测中设定当检测结果的边界框与人工标注边界框的 IoU 超过 50%时，即判定它们是同一个物体，因此目标检测后得到的边界框可能无法包含全部的裂缝目标。为了保证后续裂缝几何特征信息提取的完整性，需要对边界框的坐标进行扩增。

如图 5.23 所示，采用 Python 中的坐标系设置原则，将整幅原始图像的左上角设为坐标原点，垂直方向为 x 轴，水平方向为 y 轴(后续计算也采用该原则)。边界框的原始左上角坐标设为(x_1，y_1)，原始右下角坐标设为(x_2，y_2)，然后将边界框的横坐标和纵坐标分别向外扩增原始边界框的单位长宽(此处的边界框都是指按照几何关系还原后的边界框)，可以得到扩增后边界框的左上角坐标为($\max\{2x_1-x_2, 0\}$，$\max\{2y_1-y_2, 0\}$)，右下角坐标为($\min\{2x_2-x_1, 3024\}$，$\min\{2y_2-y_1, 4032\}$)。

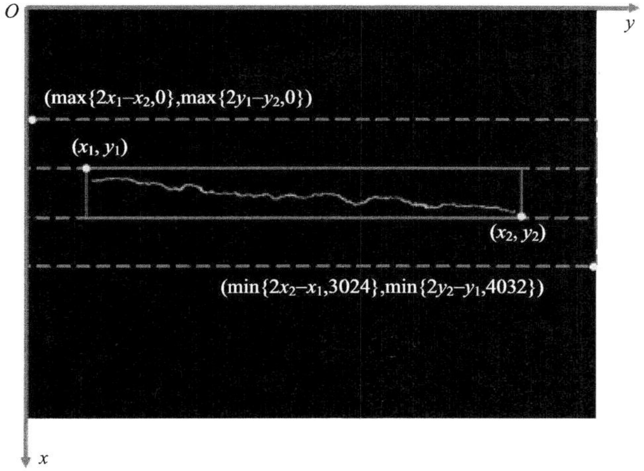

图 5.23　边界框扩增示意图

接下来将扩增后边界框内的裂缝目标裁剪出来，计算其相应的几何特征。横向裂缝和纵向裂缝这类线性裂缝的计算方法与网状裂缝有很大的不同，因此分成两类分别进行介绍。

5.5.2　线性裂缝的长宽计算

线性裂缝需要计算长度和宽度这两个几何特征。以横向裂缝为例，图 5.24 中裂缝的两个边缘分别用曲线 $U(x)$ 和 $V(x)$ 来表示，可以得到其中点连线的方程为 $(U(x)+V(x))/2$，该中线的长度代表了裂缝的长度。同时，还可以得到这两条曲线在竖直方向的距离为 $H(x)=U(x)-V(x)$，而中点曲线与水平方向的倾角为 $\theta(x)=(U(x)+V(x))/2$，故 $U(x)$ 和 $V(x)$ 这两条曲线之间的宽度 $W(x)$ 可以用式(5.25)进行计算：

$$W(x)=H(x)\times\cos\theta(x) \tag{5.25}$$

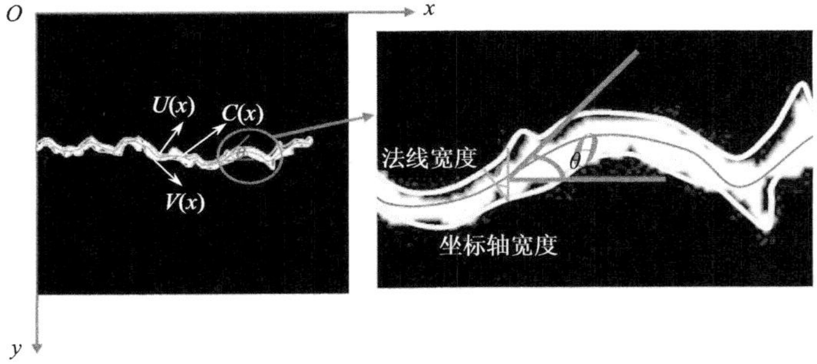

图 5.24　横向裂缝几何特征计算示意图

基于上述原理，可以得到语义分割后横向裂缝长度和宽度计算的详细步骤如下。

(1) 扫描裁剪后的横向裂缝目标图像，记录第 j 列分割出来的裂缝像素总个数 $P(j)$ 及每个裂缝像素点的坐标 $(X(k,j),j)$，$k=1, 2, \cdots, P(j)$。

(2) 计算第 j 列所有裂缝像素点的纵坐标平均值 $M(j)$：

$$M(j)=\frac{\sum_{k=1}^{P(j)}X(k,j)}{P(j)} \tag{5.26}$$

裂缝的中心线可近似为各列坐标 $(M(j), j)$ 的连线，并可以得到第 j 列中心线与水平方向的倾角 $\theta(j)$：

$$\theta(j)=\arctan\left[\frac{M(j+r)-M(j-r)}{2\times r}\right] \tag{5.27}$$

考虑到裂缝沿其长度方向一般呈锯齿状，而不是平滑的曲线，因此在计算时通常取 3 个 r 值，分别为 $r=1$，2，3，即计算该中心点左右三列的倾角，最后取算术平均值作为该处的倾角，从而保证第 j 列中心点处的倾角计算更趋稳定。边缘像素的倾角则近似为其相邻点的水平倾角。

(3) 计算每列的裂缝宽度 $W(j)$：

$$W(j)=\eta\times P(j)\times\cos(\theta(j)) \tag{5.28}$$

式中，η 为像素分辨率，即每个像素边长所对应的实际长度。

在计算像素分辨率时，通过在道路表面放置纯色标定块，根据 RGB 图像中红色 (R)、绿色 (G) 和蓝色 (B) 三个分量像素值的范围对整幅图像进行扫描后，统计标定块的像素总数 w，在已知标定块的实际面积 $S(\text{mm}^2)$ 的情况下，用 $(S/w)/2$ 来计算像素分辨率，最终得到的 η 为 0.5(mm/像素)。

(4) 计算裂缝的平均宽度 $\overline{W}$ 和最大宽度 $W_{\max}$。

平均宽度 $\overline{W}$ 的计算公式为

$$\overline{W}=\frac{\sum_{j=1}^{n}W(j)}{n} \tag{5.29}$$

式中，n 为横向裂缝图像中的总列数。

最大宽度 $W_{\max}$ 的计算公式为

$$W_{\max}=\max\left\{W_{\text{法线}}(j)\right\},\quad j=1,2,\cdots,512 \tag{5.30}$$

(5) 计算裂缝的长度 L：

$$L=\frac{\eta^2\times\sum_{j=1}^{n}P(j)}{\overline{W}}=\frac{\eta\times n\times\sum_{j=1}^{n}P(j)}{\sum_{j=1}^{n}P(j)\times\cos(\theta(j))} \tag{5.31}$$

5.5.3　网状裂缝的面积和块度计算

在对网状裂缝进行维修养护时，通常是以其最小外接矩形的面积为基准，如图 5.25 所示。若要计算其最小外接矩形的面积，则需要先知道整个网状区域的长度和宽度，即需要求得网状裂缝横坐标和纵坐标的最小值与最大值。根据前面基于 Faster R-CNN 模型的目标检测结果，可以得到网状裂缝的边界框坐标，通过该坐标即可直接得知 $x_{\min}$、$x_{\max}$、$y_{\min}$ 和 $y_{\max}$，进而可以求出最小外接矩形的长度为 $y_{\max}-y_{\min}$，宽度为 $x_{\max}-x_{\min}$，而面积 S 可通过计算式(5.32)得到：

$$S = y_{\max} \times (x_{\max} \times \eta^2) \tag{5.32}$$

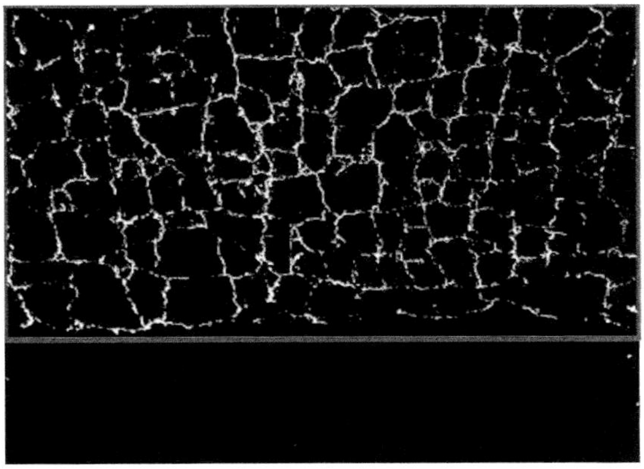

图 5.25　网状裂缝的最小外接矩形

网状裂缝中通常包含多个碎块，每个碎块都具有相应的块度属性。块度也是我国规范中评定网状裂缝的标准之一，因此除了要计算网状裂缝的面积，还需要对其块度进行求解。块度通常用网状裂缝中碎块的最大长度来表示，具体求解步骤如下。

(1) 对裁剪后的网状裂缝图像进行细化，得到裂缝的骨架。

(2) 对细化后的网状裂缝图像进行逐行扫描，统计第 i 行裂缝的像素总个数 $P(i)$，同时记录该行裂缝中每一个像素点的坐标 $(I, Z(I,k))$，$k=1, 2, \cdots, P(i)$，将第 i 行裂缝区间内相邻像素点的纵坐标两两相减，得到对应的坐标差值 $L=(Z_{12}, Z_{23}, \cdots, Z_{(k-1)k})$。

(3) 再次对细化后的网状裂缝图像进行逐列扫描，统计第 j 列裂缝的像素总个数 $P(j)$，记录该列裂缝中每一个像素点的坐标 $(H(k, j), j)$，$k=1, 2, \cdots, P(j)$，将第 j 列裂缝区间内相邻像素点的横坐标两两相减，得到对应的坐标差值 $W_j=(H_{12}, H_{23}, \cdots, H_{(k-1)k})$。

(4) 取 L_j 和 W_j 中最大值的实际长度作为网状裂缝的块度 K，即

$$K = \left[\max(\max(L_i), \max(W_j))\right] \times \eta \tag{5.33}$$

5.5.4 实测分析

选取检测车拍摄的道面裂缝图像进行实验，拍摄的部分图像如图 5.26 所示。这些图像的分辨率为 3008 像素×2048 像素，对应的实际道面为 2.9m×2m，单位像素对应的实际宽度约为 0.977mm。

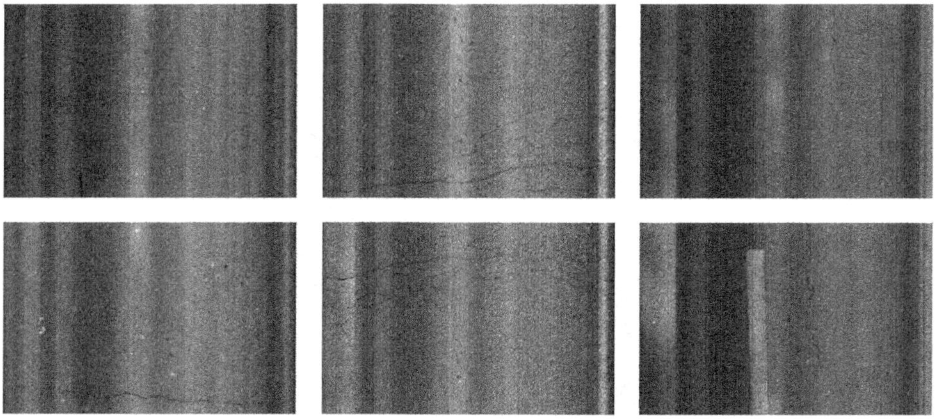

图 5.26　检测车拍摄的部分道面裂缝图像

上述召回率指标仅可以作为判断道面裂缝类型准确性的评价指标。为了进一步评估本书所提出算法的实际应用效果，还要对提取到的裂缝几何特征进行定量分析，将裂缝原图放大后，利用测量工具结合像素分辨率测量出其真实的几何参数。表 5.11～表 5.13 分别展示了横向裂缝、纵向裂缝及网状裂缝用本书算法提取出的几何特征与真实结果之间的对比。其中，线性裂缝的平均宽度用 $\bar{W}$ 来表示，最大宽度用 $W_{\max}$ 表示，长度用 L 来表示，单位均为毫米(mm)；网状裂缝的面积用 S 来表示，单位为平方米(m^2)，块度用 H 来表示，单位为毫米(mm)；误差均值为各指标的相对误差取绝对值后的平均值。

表 5.11　横向裂缝几何特性分析表

参数	图像编号					
	H1	H2	H3	H4	H5	H6
$\bar{W}$ 真实值/mm	1.70	2.35	2.61	4.84	3.47	3.30
$\bar{W}$ 检测值/mm	1.85	2.52	2.78	4.98	3.65	3.48

续表

参数	图像编号					
	H1	H2	H3	H4	H5	H6
$\bar{W}$ 相对误差/%	8.82	7.23	6.51	2.89	5.19	5.45
W_{max} 真实值/mm	5.31	3.88	4.69	10.93	6.04	5.72
W_{max} 检测值/mm	5.75	4.19	5.00	11.30	6.33	6.05
W_{max} 相对误差/%	8.29	7.99	6.61	3.39	4.80	5.77
L 真实值/mm	1921.35	1743.78	1851.39	1971.94	1388.25	1570.99
L 检测值/mm	1982.24	1788.21	1789.45	1998.62	1310.27	1624.19
L 相对误差/%	3.17	2.55	–3.35	1.35	–5.62	3.39

表 5.12　纵向裂缝几何特性分析表

参数	图像编号					
	Z1	Z2	Z3	Z4	Z5	Z6
$\bar{W}$ 真实值/mm	3.57	2.91	2.38	1.65	3.29	4.38
$\bar{W}$ 检测值/mm	3.70	3.15	2.51	1.83	3.41	4.49
$\bar{W}$ 相对误差/%	3.64	8.25	5.46	10.91	3.65	2.51
W_{max} 真实值/mm	5.33	5.04	4.81	3.84	6.72	8.11
W_{max} 检测值/mm	5.61	5.35	5.13	4.19	7.06	8.47
W_{max} 相对误差/%	5.25	6.15	6.65	9.11	5.06	4.44
L 真实值/mm	1021.45	897.32	1489.11	1256.29	1455.93	1471.58
L 检测值/mm	983.56	935.63	1439.85	1214.37	1497.12	1498.76
L 相对误差/%	–3.17	4.27	–3.31	–3.34	2.83	1.85

表 5.13　网状裂缝几何特性分析表

参数	图像编号					
	W1	W2	W3	W4	W5	W6
S 真实值/m^2	1.53	2.96	2.52	1.89	2.27	1.16
S 检测值/m^2	1.47	2.88	2.43	1.95	2.19	1.12
S 相对误差/%	–3.92	–2.70	–3.57	3.17	–3.52	–3.45
H 真实值/m^2	289.57	322.41	269.04	256.36	359.17	306.62
H 检测值/m^2	309.86	351.11	284.35	269.79	338.86	322.13
H 相对误差/%	7.01	8.90	5.69	5.24	–5.65	5.06

通过对表 5.11～表 5.13 的分析，可以得出以下几点结论：

(1) 计算得出的线性裂缝的平均宽度和最大宽度基本上都比人工提取的数值要大，使得两者的相对误差为正值。这是因为图像语义分割数据集所标定的像素较宽，同时在检测时可能会分割出裂缝附近存在的细小裂纹，当细小裂纹、噪声点与裂缝相连接时，会导致裂缝的宽度变大。但该算法应用在实验路段中其线性裂缝平均宽度和最大宽度的误差均值都在 5.8%～6.5%。换言之，计算精度可以达到 94%左右，可以满足实际应用的需求。

(2)在线性裂缝的长度特征提取方面，本书所提出的算法在裂缝长度特征提取的表现要明显好于平均宽度和最大宽度提取的表现，其对实验路段的误差均值低于 3.6%，比平均宽度和最大宽度的精度高出 2.5 个百分点左右。这是因为图像语义分割数据集所标注的准确度虽然会影响裂缝的宽度，但并不会改变裂缝的形状和整体走向，因此在计算时对长度的影响并不大。

(3)对于网状裂缝的特征提取，可以看出利用本书所提出的算法检测到的网状裂缝面积大多数小于真实面积，块度则通常大于真实块度。这是因为网状裂缝的周边会存在一些比较轻微的碎块，这些区域的灰度值和背景值相差非常小，本书所提出的算法并不能将其完全检测出来。这会导致网状裂缝的外部边缘和内部边缘遭到一定程度的丢失，结合前述计算原理，可知面积会因此变小，块度会因此变大。而由于城市道路的网状裂缝大多数是特征比较明显的，所以对实验路段检测得到的面积误差均值总体在 4%左右，而块度的误差均值总体低于 6%，也是可以满足实际应用需求的。

5.5.5　机场道面表观损坏状况评价

在完成道面裂缝的测量之后，测量所得病害结果可以为道面状况评价提供依据。目前主要采用打分制来完成道面病害的评价，采用道面状况指数进行分级判定。

道面状况指数(PCI)涵盖了机场道面所有的损坏类型，根据机场实际情况总结出的损坏类型折减曲线与综合修正曲线可以较好地反映道面损坏对其使用性能的影响，因此目前该指标为国际民用航空组织(International Civil Aviation Organization, ICAO)所认可，并且被国际上大多数机场采用[13]。

道面损坏状况评价涉及跑道、滑行道、滑行道桥、机坪等航空器通行区域的铺筑面，包括刚性道面和柔性道面。建议以道面状况指数(PCI)作为道面表观损坏状况的评价指标，以断板率(SRR，适用于刚性道面)和开裂率(CR，适用于柔性道面)作为辅助评价指标[14]。

5.5.6　刚性道面状况指数及计算

刚性道面状况指数主要通过道面病害调查、损坏密度计算、病害最大折减值计算、道面单元最大扣分值计算及相应区域 PCI 计算等步骤完成水泥道面等刚性道面的状况评定。

1) 道面病害调查

参照规范对道面病害进行判别，其中严重程度分为低、中、高三个等级，记录病害的影响面积。

2) 计算损坏密度 D_{ij}

$$D_{ij}=\frac{a_{ij}}{A}\times 100 \tag{5.34}$$

式中，D_{ij} 为第 i 类损害的第 j 种损坏程度的损坏密度(100%)；A 为道面单元总面积，m^2；a_{ij} 为单元中出现第 i 类损害的第 j 种损坏程度的当量损坏总面积。

对面积类病害，病害面积即为实际损坏面积；对长度类病害，病害面积即为实际损坏长度乘以影响系数，影响系数一般取 0.2。

3) 确定损坏最大折减值(MaxCDV)

将规定区域中道面出现的所有损坏类型的折减扣分值由大到小排序，形成一维数组 {DV_i(i=1,2,⋯,n)}，折减扣分值 DV_{ij} 为损坏折减曲线上损坏密度 60%时对应的折减值，不同损坏类型的损坏折减曲线详见《民用机场道面评价管理技术规范》(MH/T 5024—2019)。

若 {DV_i(i=1,2,⋯,n)} 中 DV_i>5 的损坏数量不大于 1，则 $\text{MaxCDV}=\sum DV_i$；否则，损坏最大折减值(MaxCDV)按照以下步骤计算。

(1) 由式(5.35)确定可用于计算 MaxCDV 的损坏类型数量 m：

$$m=1+(9/95)(100-\text{HDV}) \tag{5.35}$$

式中，m 为可用于计算 MaxCDV 的损坏类型数量，结果保留两位小数；HDV 为 {DV_i(i=1,2,⋯,n)} 中最大的折减扣分值。

(2) 选取 m=m(整数部分)+1，将 {DV_i(i=1,2,⋯,n)} 中前 m 个 DV_i 形成用于计算 MaxCDV 的一维数组 {DV_i(i=1,2,⋯,n)}，其中，最小折减扣分值由式(5.36)修正：

$$\overline{\text{DV}_m}=m\text{的小数部分}\times \text{DV}_m \tag{5.36}$$

(3) 对 {DV_i(i=1,2,⋯,n)} 中 $DV_i\geqslant 5$ 的折减扣分值进行逐项修正，直至 {DV_i(i=1,2,⋯,n)} 中大于 5 的 DV_i 数量不大于 1。修正过程如下：

①确定 {DV_i(i=1,2,⋯,n)} 中 DV_i>5 的折减扣分值数量 q。

②根据 {DV_i(i=1,2,⋯,n)} 计算扣分总和 $\text{MaxCDV}_0=\sum DV_i$。

③由折减扣分值数量 q 和 MaxCDV_0，根据 PCI 计算折减值综合修正曲线确定折减修正值 CDV_i。

④将 {DV_i(i=1,2,⋯,n)} 中被修正的 DV_i 取值为 5，重复步骤①～步骤③。

(4) 由步骤(3)综合修正后得到 {CDV_i(i=1,2,⋯,q)}，取 MaxCDV=Max(CDV_i)。

规定区域内道面 PCI 按式(5.37)计算:

$$PCI = 100 - MaxCDV \tag{5.37}$$

参考文献

[1] Oliveira H, Correia P L. CrackIT—An image processing toolbox for crack detection and characterization//IEEE International Conference on Image Processing(ICIP), Paris, 2014: 798-802.

[2] Shi Y, Cui L M, Qi Z Q, et al. Automatic road crack detection using random structured forests. IEEE Transactions on Intelligent Transportation Systems, 2016, 17(12): 3434-3445.

[3] Eisenbach M, Stricker R, Seichter D, et al. How to get pavement distress detection ready for deep learning? A systematic approach//2017 International Joint Conference on Neural Networks(IJCNN), Anchorage, 2017: 2039-2047.

[4] Yang X C, Li H, Yu Y T, et al. Automatic pixel-level crack detection and measurement using fully convolutional network. Computer-Aided Civil and Infrastructure Engineering, 2018, 33(12): 1090-1109.

[5] Zhu J Q, Zhong J T, Ma T, et al. Pavement distress detection using convolutional neural networks with images captured via UAV. Automation in Construction, 2022, 133: 103991.

[6] Silva L A, Sanchez San Blas H, Peral García D, et al. An architectural multi-agent system for a pavement monitoring system with pothole recognition in UAV images. Sensors, 2020, 20(21): 6205.

[7] Li Y S, Liu C L, Shen Y, et al. RoadID: A dedicated deep convolutional neural network for multipavement distress detection. Journal of Transportation Engineering, Part B: Pavements, 2021, 147(4): 04021057.

[8] Mei Q P, Gül M. A cost effective solution for pavement crack inspection using cameras and deep neural networks. Construction and Building Materials, 2020, 256: 119397.

[9] 啜二勇. 国外路面自动检测系统发展综述. 交通标准化, 2009(17): 96-99.

[10] Kingma D P, Ba J. Adam: A Method for Stochastic Optimization. (2014-12-22)[2024-06-30]. https://arxiv.org/abs/1412.6980.

[11] 芦杜洋. 用于公路巡检的飞行器循迹自主飞行关键技术研究. 郑州: 华北水利水电大学, 2018.

[12] 李海东. 基于深度学习和无人机的重交通荷载公路病害定位和测量研究. 西安: 长安大学, 2019.

[13] Abdollahi A, Pradhan B, Shukla N. Extraction of road features from UAV images using a novel level set segmentation approach. International Journal of Urban Sciences, 2019, 23(3): 391-405.

[14] Lin Y C, Saripalli S. Road detection and tracking from aerial desert imagery. Journal of Intelligent & Robotic Systems, 2012, 65(1): 345-359.

第 6 章　基于 InSAR 的道面不均匀沉降监测

卫星遥感通过卫星搭载合成孔径雷达(synthetic aperture radar, SAR)扫描地面目标，可以监测机场道面的变形情况[1]。合成孔径雷达具有微波遥感的独特优势，拥有主动式、全天候探测能力。近年来，合成孔径雷达干涉测量(InSAR)技术发展迅速，在空间对地监测方面优势显著。一方面，变形监测精度可以达到毫米级，实现大范围、全天候、高精度的连续变形监测；另一方面，InSAR 监测属于非接触式测量，安全隐患小，非常适合于机场、道路、铁路、大坝等结构物的病害监测与分析。

6.1　机场道面不均匀沉降概述

机场道面不均匀沉降是指机场跑道、滑行道、停机坪等硬质道面在使用过程中出现了不同程度的下沉或凸起现象，可能会对航班起降、机场运营和航班安全造成影响。

机场道面不均匀沉降的原因可以分为工程环境变化和异常工程应用。一方面，基础土质不均匀或者地下水位变化时会影响地基土的承载性能，当道路表面受到荷载作用时发生不均匀的塑性变形，导致道面不均匀沉降；另一方面，当道面施工质量存在问题或者飞机频繁起降等，会导致道面受到的荷载和频率超出设计阈值，跑道、滑行道区域内及其他地面上会出现过度变形，产生车辙、板端开裂等变形损伤[2]。

机场道面的变形尤其在大变形条件下会影响飞机的滑行、起降和停靠。当机场建设在沿海软土地基、山谷或丘陵高填方处时，机场在使用年限内的沉降量可能远远超过规范要求，造成安全隐患。例如，日本关西国际机场在一期岛开业时(1994 年)，道面的平均海拔比海平面高出 6.2m，截至 2017 年底，整个岛屿已下沉 3.4m，仅比海平面高出 2.8m，直到 2007 年每年的沉降量才基本维持稳定，大约每年 7cm。中国上海浦东国际机场一跑道位于第四纪冲积扇土，剩余软土地基覆盖厚度约为 280m，地质条件复杂。在建成通航的三年内，机场道面的平均沉降达到了 0.4m，差异沉降率为 3.3‰，远大于差异沉降的控制标准。中国新疆布尔津喀纳斯民用机场跑道属于大冲谷，通过挖弃耕田，分三层回填粉土后强夯，跑道中间四块道面板产生 3～5cm 的变形，两侧三块道面板沉降量高达 25cm，且有八块道面板断裂，道面表面平整度已不符合《民用机场飞行区技术标准》

的规定。

机场道面不均匀沉降对飞行安全造成不同程度的影响。机场道面出现不均匀沉降时，可能造成道面大面积积水、底板脱空，甚至在运行过程中造成道面断裂，导致飞机在起降和滑行过程中出现颠簸和晃动，对飞机和乘客的安全构成威胁。同时，道面沉降会大大增加机场的维护和修复成本。机场作为国家的交通枢纽，其设施的安全性和舒适度直接关系到旅客的出行体验和安全感。机场道面不均匀沉降不仅是一种安全隐患，更是一种形象和信誉的损失。同时，机场道面不均匀沉降还会对周边的土地和地下水环境产生影响，可能会影响周边建筑物和道路的稳定性，甚至会引发地面塌陷等灾害。

为减少机场道面不均匀沉降带来的危害，机场建设和维护中需要加强地质勘探和设计，合理选择建设材料，加强道面养护和检测等措施。目前对机场道面不均匀沉降的检测，主要通过重锤式弯沉仪检测、道面探地雷达测试、面波仪测试等无损检测技术对道面的结构性能做出检测及评价[3]。但这些技术效率识别不足，无法全覆盖、高频率进行数据采集。随着机场跑道繁忙程度的迅速提高，急需更高效、更精确的路面不均匀沉降监测方法。开发低成本、智能化、准确率高的机场外来物检测手段是当前行业研究趋势。近年来，卫星运行的合成孔径雷达(SAR)技术逐渐展示出其微波遥感、主动全天候探测、数字技术处理等独特优势。合成孔径雷达干涉测量(InSAR)技术的快速发展，实现了大范围、全天候、高精度的连续变形监测，加快推动了机场道面不均匀沉降智能监测体系的构建[4]。

6.2　卫星沉降监测技术国内外研究现状

目前主流的时序 InSAR 技术分为基于永久散射体的干涉测量(PS-InSAR)技术和基于小基线集的干涉测量(SBAS-InSAR)技术[5-7]，这两种方法都可以获得毫米级的地表变形监测结果。与 PS-InSAR 技术相比，SBAS-InSAR 技术在影像数据量比较小的情况下也能获得较好的变形监测结果。

国外最早在利用卫星遥感监测地表变形领域展开研究，取得了相对国内更为丰富的研究成果。最早于 2002 年提出 SBAS-InSAR 技术，应用奇异值分解法对目标区域进行了实验研究，并获得了变形监测结果，结合水准数据验证了 SBAS-InSAR 技术监测结果的准确性。研究人员利用 SBAS-InSAR 技术处理 1995 年末～2002 年覆盖 Santa Ana 盆地的欧洲遥感卫星(European Remote Sensing Satellite, ERS)数据，监测地表变形情况，根据监测结果对该地区蓄水层季节变化与地表变形之间的关系进行了探究。除此之外，利用 SBAS-InSAR 技术处理 ERS 数据，获取了意大利 Naples 湾和洛杉矶地区的地表沉降监测结果，将平均变形速度与水准数据进行比较，验证了 SBAS-InSAR 技术在地表变形监测方面的可靠性。

一些研究人员分别利用 SBAS-InSAR 技术和 PS-InSAR 技术处理 1992～1999 年覆盖挪威 Oslo 市的 ERS 数据，对两种方法的监测结果进行了比较分析，结果表明，两种方法监测到的地表沉降结果具有较好的一致性。其他研究人员应用 SBAS-InSAR 技术和 ERS-1/2 数据集研究了加利福尼亚东部的地表变形，建立了研究区域平均变形速率图和位移时间序列，将利用 SBAS-InSAR 技术获得的监测结果与水准测量数据进行了比较，验证了监测结果的有效性。除此之外，利用 SBAS-InSAR 技术处理 RADARSAT-2 数据监测墨西哥中部五个城市区域 2012～2014 年的地面沉降情况，并将监测数据与水文地质情况联合分析，为减小地面沉降对城市基础设施的损害提供建议[8]。

我国在卫星沉降监测技术的研究方面也取得一定的成果[9-12]。研究人员将 SBAS-InSAR 方法应用于冻土变形监测，考虑到冻土变形呈现明显的季节性特征，提出利用周期变形模型来代替线性变形模型，从而更好地分离出高程残差和大气误差，利用 21 景覆盖青藏高原羊八井站至当雄站铁路段冻土区的 EnviSat 影像验证了 SBAS-InSAR 方法在监测冻土变形时的有效性。研究人员提出顾及时空特性的 SBAS 高质量点选取算法，根据干涉相位各个成分的空间特性，分离出噪声相位来判别点的质量，以此来消除相干系数法选点时旁瓣效应的影响，利用覆盖上海地区 1992～1998 年 24 景 JERS-1 影像验证了该方法可以有效筛选出相干系数法在农田与村落交错地区漏选的高质量点。研究人员对 13 景 TerraSAR-X 数据进行时序处理，估算并去除残余数字高程模型、大气延迟误差和轨道误差，分析研究区域 2012～2013 年沉降速率，同时将 SBAS 和 DInSAR 两种方法获得的累计沉降值进行差值分析，证明了 SBAS-InSAR 技术在矿区地表沉降监测与分析方面具有良好的应用前景。研究人员采用 SBAS-InSAR 技术对覆盖芒康地区的 ALOS PALSAR 和 ENVISAT ASAR 数据集进行处理，探测了分布在 318 国道沿线和金沙江河谷的多处疑似滑坡灾害隐患点，获得了潜在滑坡变形的空间分布图和时间演化特征，证明了 SBAS-InSAR 技术应用于地质灾害调查领域的有效性[13]。除此之外，研究人员还利用 SBAS-InSAR 技术处理了 2016 年 5 月～2019 年 10 月期间覆盖延安新区的升轨 Sentinel-1A 数据，分析了工后地面沉降时空演化特征、沉降机制及演化趋势，表明 SBAS-InSAR 技术在开展沉降监测预警、城市规划建设及灾害防控方面具有巨大价值[14]。

6.3　InSAR 技术原理

6.3.1　PS-InSAR 技术原理

PS-InSAR 技术从 SAR 图像中选择一幅图像作为公共域图像，与其余辅助图像一起进行配准。配准后，通过干涉处理得到时间序列差分干涉图。通过筛选出在连续时间段内相位和幅值保持稳定的PS，通过建模和计算确定PS的相位特征，从而反演地物在一段时间内的变形。PS是指在观测期间不受地面建筑构筑物、岩石、机场水泥混凝土或沥青混凝土路面、公路护栏、路灯、人工设置的角反射器等时空因素或效应影响而保持稳定并保持高相干性的测点。SAR系统可以从地上目标获取高信噪比的信号，提取研究区域内具有稳定散射特征的目标点，形成地面变形场。

考虑大气绝热相关性和高程误差的影响，各PS差干扰相位可表示为

$$\Delta\varphi = \Delta\varphi_{\text{def}} + \Delta\varphi_{\text{topo}} + \Delta\varphi_{\text{atm}} + \Delta\varphi_{\text{noise}} \tag{6.1}$$

式中，$\Delta\varphi$为差相；$\Delta\varphi_{\text{def}}$为地表变形相位；$\Delta\varphi_{\text{topo}}$为地形相位；$\Delta\varphi_{\text{atm}}$为大气延迟相位；$\Delta\varphi_{\text{noise}}$为噪声相位。

差相由四个子相位组成：①地表变形相位，包括计算的目标值；②地形相位，包括数字高程模型(digital elevation model，DEM)数据；③大气延迟相位，即由于云量和水汽造成的雷达信号传输延迟；④噪声相位，表示扫描目标物体时产生的噪声。地表变形相位的求解需要去除地面目标的大气延迟相位、噪声相位和地形相位，以保证计算精度。利用地面目标的原始DEM数据，可以去除差相内的地形相位。式(6.1)可展开为

$$\Delta\varphi = \frac{4\pi}{\lambda}T\Delta v + \frac{4\pi}{\lambda}\frac{B_1}{R\sin\theta}\Delta h + \Delta\varphi_{\text{atm}} + \frac{4\pi}{\lambda}\Delta D_{\text{non-linear}} + \Delta\varphi_{\text{noise}} \tag{6.2}$$

式中，λ为雷达波长；T为时间基线；Δv为待确定的线性参数；B_1为垂直基线；R为倾斜距离；θ为入射角；Δh为需要得到的残差地形高度。

非线性变形相位$\Delta D_{\text{non-linear}}$和噪声相位$\Delta\varphi_{\text{noise}}$共同形成残差相位，表示为

$$\varepsilon = \Delta\varphi_{\text{atm}} + \frac{4\pi}{\lambda}\Delta D_{\text{non-linear}} + \Delta\varphi_{\text{noise}} \tag{6.3}$$

常用的目标PS选择方法有相干系数法、幅差指数阈值法和相位分析。为充分利用PS的高信噪比特性，提高PS筛选的可靠性，研究过程采用幅差指数阈值法。

$$R_{\text{A}} = \frac{\sigma_{\text{A}}}{m_{\text{A}}} \tag{6.4}$$

式中，R_{A}为幅差指数；σ_{A}为振幅的标准差；m_{A}为振幅的平均值。

对SAR数据进行配准，计算图像集中每个像素元素的幅值，之后根据幅值差指标值计算每个像素的幅值均值m_{A}和标准差σ_{A}，计算出幅差指数R_{A}，并与给定阈值R_{A}进行比较，排除高于阈值的图像点值。选取低于阈值的图像点值作为PS点。

由于 PS 点具有稳定的散射特性，可以有效克服时间和空间因素对干涉结果的影响。研究中根据时间序列中大气效应相和变形相的不同特征，对大气相进行分离，得到变形信息。图 6.1 为基于 PS-InSAR 技术的数据处理过程。

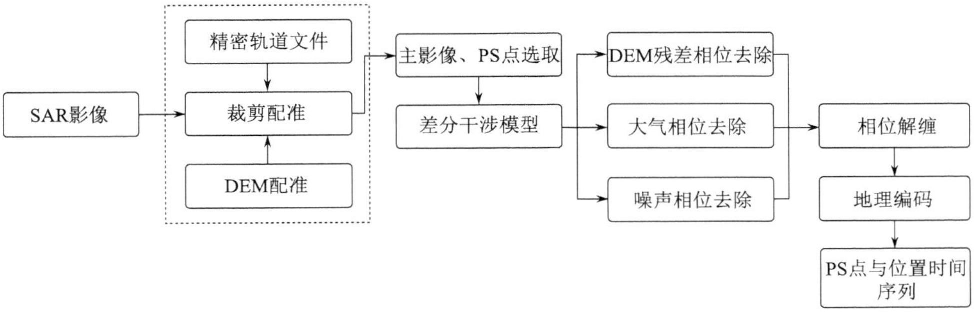

图 6.1　基于 PS-InSAR 技术的数据处理过程

6.3.2　SBAS-InSAR 技术原理

SBAS-InSAR 是一种基于多主图像时间序列的分析方法，其将同一区域的多场景 SAR 数据按照一定的时间和空间基线阈值成对组合，形成短基线干扰对，克服了 PS-InSAR 方法单一、主图像不相干的问题，降低了对图像数量的要求。因此，SBAS-InSAR 技术被广泛应用于低相干区地表沉降监测[15]。

研究过程中假设采集的 SAR 图像总数为 N+1，其中辅助图像数为 N，主图像数为 1。按照时间顺序，选择一张图像作为主图像，其余图像与其进行匹配。满足短基线干涉组合条件，生成 M 幅差干涉图，要求为

$$\frac{N+1}{2} \leqslant M \leqslant N\left(\frac{N+1}{2}\right) \tag{6.5}$$

采用 SBAS-InSAR 方法去除残留相位后，得到变形相位 $\Delta\varphi_{\mathrm{def}}$，表示为

$$\boldsymbol{A\varphi} = \boldsymbol{\delta\varphi} \tag{6.6}$$

式中，$\boldsymbol{A}$ 为 $M{\times}N$ 的系数矩阵；$\boldsymbol{\varphi}=\left[\varphi(t_1),\ \varphi(t_2),\ \cdots,\ \varphi(t_N)\right]^{\mathrm{T}}$ 为 $N{\times}1$ 阶的未知变形相；$\boldsymbol{\delta\varphi}$ 为 $N{\times}1$ 阶的未纠缠相位向量。

由于 SBAS-InSAR 方法采用多主图像获取干涉对，在 $\boldsymbol{A}$ 中会出现秩缺陷。根据最小二乘法或奇异值分解方法，得到矩阵的广义逆矩阵，可以计算变形率的最小范数解，对不同时间段的变形率进行积分，得到累积形状变量。基于 SBAS-InSAR 技术的数据处理过程如图 6.2 所示。

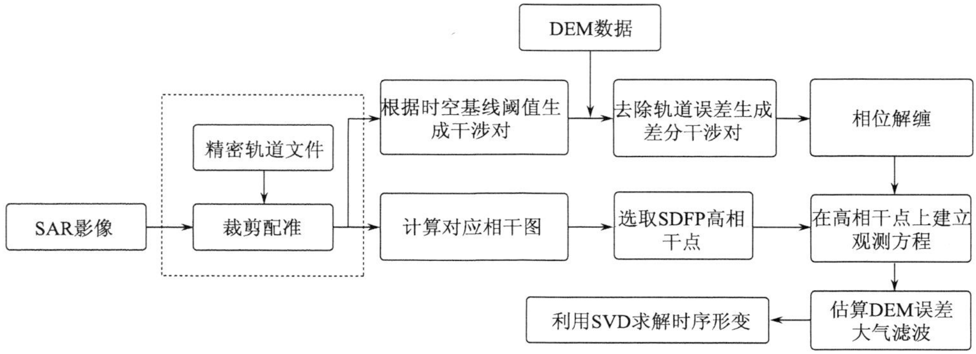

图 6.2　基于 SBAS-InSAR 技术的数据处理过程

SDFP 表示空间分布滤波点(spatially distributed filtered points)

6.4　现场数据采集方法

6.4.1　研究区域概况

选取西安咸阳国际机场和徐州观音国际机场两个国际机场作为研究对象进行数据采集和分析。

6.4.2　数据采集

1. 合成孔径雷达数据

为利用精确轨道控制技术以提供高质量的干扰数据，并利用传感器中包含的 c 波段 SAR 提供连续图像(在白天和各种天气条件下)，研究过程中使用的 SAR 数据通过 Sentinel-1 获取。Sentinel-1 是欧洲航天局哥白尼计划的一部分。Sentinel-1 由两颗极轨卫星 A 和 B 组成，这两颗卫星携带 SAR 设备，是现役微波遥感卫星。Sentinel-1 的 B 卫星并未跨越研究所包括的咸阳国际机场区域，因此所使用的数据是从 A 卫星(Sentinel-1A)上获得的。该卫星覆盖所研究的两个机场区域，所得数据均满足变形监测精度要求。

在数据采集周期和频率方面，从 2018 年 1 月 11 日至 2020 年 12 月 26 日，共采集西安咸阳国际机场区域的 SAR Sentinel-1A 数据点 89 个。平均数据采集周期为 12d，这对于机场变形分析是足够使用的，因为现场工程经验表明，机场变形通常在一周到两周时间内不会发生剧烈变化。数据以单视复杂(single look complex, SLC)格式收集，表 6.1 以 2020 年获得的 28 个 SAR 数据点为例，显示采集次数。

表 6.1　2020 年 SAR 数据统计

序号	采集时间	序号	采集时间	序号	采集时间	序号	采集时间
1	20200101	8	20200325	15	20200617	22	20200921
2	20200113	9	20200406	16	20200629	23	20201003
3	20200125	10	20200418	17	20200711	24	20201015
4	20200206	11	20200430	18	20200723	25	20201027
5	20200218	12	20200512	19	20200804	26	20201108
6	20200301	13	20200524	20	20200816	27	20201120
7	20200313	14	20200605	21	20200828	28	20201202

2. 精准跟踪数据

卫星轨道高度信息的误差是保证 InSAR 结果精度的关键变量，也是图像配准的前提条件，在数据采集过程中直接影响图像生成的精度。这种误差的存在会导致基线误差在干涉图中以残差条纹的形式出现，从而降低形状变量的计算精度和变形率。

因此，研究采用精确轨道星历表(precise orbit ephemerides，POE)对轨道高度信息进行修正，有效去除由轨道误差引起的系统误差。定位精度达到 5cm 或更高，是迄今为止获得的最精确的轨道高度数据。数据在 21d 后从全球导航卫星系统(global navigation satellite system，GNSS)中获得，生成每日文件，每个文件涵盖 26h，即当天的 24h 及每天前后的 1h。每个跟踪数据文件包含两个日期，即精确跟踪日期和数据成像时间。在成像时间的第一天和第二天选择与 SAR 数据相对应的跟踪数据。

3. 数字高程模式数据

DEM 是在有限地形高程的基础上对地貌面进行数字表示，因此需要选择一个参考面作为原始地面的高程，以获得结构变形。进一步进行数据检测，获得同一地面在不同时间的高程信息。以高程差作为变形量。

现有的高精度 DEM 数据是美国 STS“奋进”号 OV-105 航天飞机在 2000 年通过干涉雷达测图获得的航天飞机雷达地形测绘任务(SRTM)数据。这些数据分为 SRTM-1 和 SRTM-3，分辨率分别为 30m 和 90m。研究采用 SRTM-3 数据作为外部高程参考数据，空间分辨率为 90m，水平精度为 20m，垂直精度为 10m，这些数据在国内属于公有领域数据。

6.5 数据处理方法

6.5.1 数据裁剪

1. 区域图像裁剪

Sentinel-1A 数据的宽度约为 250km，卫星的单视角图像包含山区、道路、城市等区域的数据，这些不是本书的研究对象。因此，必须裁剪原始数据，以便仅保留研究机场区域的数据。为了保证不同时间数据采集的一致性，使用同一图像作为裁剪基准。以 2018 年 12 月 25 日数据为基准，根据 SAR 坐标系构建西安咸阳国际机场和徐州观音国际机场的区域矢量文件。其余 88 个视图使用矢量文件进行裁剪，然后导入裁剪后的图像，观察是否有明显的大偏差。任何此类偏差都将作为判断裁剪数据是否有效的依据。

2. 数据集裁剪

数据裁剪是 InSAR 处理的重要组成部分，任何残留在 SAR 坐标系中的数据都必须基于同一区域目标物体的 SAR 数据进行裁剪。裁剪后，需要验证 SAR 数据集与实际区域是否相同，以避免较大的误差。PS-InSAR 方法和 SBAS-InSAR 方法均可用于机场变形监测，且 SBAS-InSAR 方法的精度优于 PS-InSAR 方法。将视觉特征叠加到计算的变形率图上，可以最好地反映整体变形。

6.5.2 连接图生成

连接图生成是 InSAR 数据处理的基础。选择主图像后，每个辅助图像与主图像连接，得到时间基线阈值(两幅图像之间的时间间隔)和空间基线值。空间基线值表示同一卫星在同一区域不同时间获得的图像之间的距离差。本书在数据采集时，将基线阈值设置为 365 天，覆盖变形监测年份的所有图像。将空间基线阈值设置为成对轨迹之间最大距离的 45%，满足大多数图像的配对处理要求。根据 2018～2020 年数据的时间基线阈值和空间基线阈值筛选主要图像和 SAR 数据对。2018 年选取 1 月 11 日的数据作为主要图像，生成 29 对干涉对。2019 年选取 1 月 6 日的数据作为主要图像，生成 29 对干涉对。2020 年选取 1 月 1 日的数据作为主要图像，生成 28 对干涉对。

6.5.3 地理编码

在卫星 SAR 对地扫描过程中，轨道平面与地面形成特定角度，雷达视线呈斜向。因此，得到的值大于实际形状变量，需要对垂直地面方向的数据进行地理编码，以消除角度对检测精度的影响。本书将三角函数分解到地面垂直方向，得到实际变形数据。地理编码采用的坐标系为 WGS-84 坐标系，地表实际变形可表示为

$$D = -\frac{d}{\cos\theta} \tag{6.7}$$

式中，D 为地表实际变形；d 为雷达视线方向上的形状变量；θ 为雷达视线的入射角。

大部分变形率的统计点在地理编码前的值都大于地理编码后的值，这是由于侧视成像几何下雷达视线方向的投影效应。在同一地面位置进行变形率比较时，地理编码前后变形率的数值差距为 22.37%。由于变形速率差异较大，在后续分析中对原始数据进行了地理编码，以更好地匹配实际变形速率。

6.5.4　检测精度分析

影响 InSAR 变形测量精度的因素主要包括连续 SAR 数据的几何参数误差、干涉处理过程中的相位误差、卫星轨道误差、配准误差及基线估计误差引起的 SAR 数据几何参数误差。同时，相位解缠误差、大气延迟误差、去相关引起的相位噪声等都会引起干涉相位误差，从而降低 InSAR 的测量精度[16]。

本书采用以下方法来减少误差的影响。首先，采用迭代算法选择主图像进行配准；其次，将主图像作为迭代变量，选择最佳的主图像生成和配准；然后，利用高精度 DEM 数据去除差分相位中的地形相位，提高高程测量精度；最后，通过地面控制点确定高精度基线组合，并基于干涉条纹进行快速傅里叶变换。

参 考 文 献

[1] 师红云. 基于时序雷达干涉测量的高速铁路区域沉降变形监测研究. 北京：北京交通大学, 2013.

[2] 侯祖行, 杨成生, 雷瑞, 等. 北京首都国际机场周边及机场内地裂缝形变时序 InSAR 监测. 大地测量与地球动力学, 2024, 44(6): 636-642.

[3] 金辰. 差异沉降下机场刚性道面的结构响应与容许沉降分析. 交通科技, 2020(5): 75-79.

[4] 高永琪, 胡亚. 基于改进 SBAS-InSAR 技术的西南山区铁路沿线地表形变监测方法研究. 铁道标准设计, 2024, 68(8): 58-64, 85.

[5] 杨向升, 李藤藤, 张跃, 等. 基于 SBAS-InSAR 技术的条带开采地表沉陷监测分析. 煤矿现代化, 2024, 33(3): 9-12, 17.

[6] Cao X C, He K, Hu X W, et al. Combined InSAR and optical dataset unravelling the characteristics of hillslope erosion in burned areas in Xichang, China. CATENA, 2024, 242: 108123.

[7] Zhuge X, Motagh M, Wang W D, et al. Modeling slope instabilities with multi-temporal InSAR considering hydrogeological triggering factors: A case study across Badong County in the Three Gorges Area. Remote Sensing of Environment, 2024, 309: 114212.

[8] Wen N L, Dai K R, Deng J, et al. Periodic displacement accurate extraction of reservoir active slopes through InSAR observation and independent component analysis-based wavelet transform. International Journal of Applied Earth Observation and Geoinformation, 2024, 130: 103919.

[9] 王杰, 柳稼航, 凌信鹏, 等. 基于深度学习的InSAR影像局部与非局部联合相位滤波. 武汉大学学报(信息科学版), 2024: 1-17.

[10] 许高胜. 基于 insar 和人工监测新疆 BEJ 水库变形体稳定性分析. 陕西水利, 2024(5): 162-165.

[11] 梁岐峰, 张馨蓓, 张永红. 基于多时相InSAR技术桥梁设施形变监测. 城市勘测, 2023(6): 135-140.

[12] 于淼, 王罡, 许文斌, 等. 基于 PS-InSAR 技术的北京地铁线网地表沉降研究. 北京测绘, 2023, 37(12): 1683-1687.

[13] Li Y M, Feng X J, Li Y T, et al. Detection and analysis of potential landslides based on SBAS-InSAR technology in alpine canyon region. Environmental Science and Pollution Research International, 2024, 31(4): 6492-6510.

[14] Wang S Y, Zhang G, Chen Z W, et al. Evaluating expressway stability using interferometric synthetic aperture radar and measuring its impact on the occurrence of geohazards: A case study of Shanxi Province, China. GIScience & Remote Sensing, 2023, 60(1): 1-8.

[15] Shan Y F, Xu Z, Zhou S S, et al. Landslide hazard assessment combined with InSAR deformation: A case study in the Zagunao River basin, Sichuan Province, southWestern China. Remote Sensing, 2023, 16(1): 99.

[16] 罗袆沅, 许强, 蒋亚楠, 等. 基于时序 InSAR 与机器学习的大范围地面沉降预测方法. 地球科学, 2024, 49(5): 1736-1745.

第 7 章　机场道面抗滑性能检测与评价研究综述

机场道面作为整个机场最为核心的基础设施，是关系飞行器无论是良好天气或者是异常天气下能够安全起降的关键环节。统计表明，民用飞机在起飞、开始爬升、最终进场着陆阶段的事故占所发生事故总数的 67%[1]。特别是大型涡轮喷气机的不断增多，由于其质量更大、着陆速度更快，在跑道上降落时特别是在表层状态不良的道面上降落时，能否安全制动成为直接影响安全可靠降落的关键。

机场道面的抗滑性能主要来源于道面表面构造纹理的粗糙度，目前机场相关规范建议采用连续式抗滑性能测试方法与定点式抗滑性能测试方法[2]。连续式抗滑性能测试方法可以测试不同速度下，水膜厚度为 1mm 的不利情况的道面摩擦系数。但是连续式抗滑性能检测设备存在两点不足：①设备只能针对测试段输出单一数值结果，难以反映道面局部摩擦性能，无法排除局部摩擦数值过低对飞机起降安全的威胁；②只能判断检测车与道面的附着状况，即测试动态摩擦系数，无法真实反映道面的纹理数据，进而无法判断道面纹理的抗滑水平评价和养护方向。定点式道面纹理状况检测通过将设备固定在测试区域上进行纹理数据的采集，具有检测原理直观、易于操作等优势，但同时也存在检测范围小、检测数据精度低、检测指标单一等问题。随着计算机技术的快速发展，机器视觉作为一项包括图像捕捉、光源系统、图像数字化模块、数字图像处理模块、智能判断决策模块和机械控制执行模块的综合技术，为机场道面抗滑性能检测提供了新的方法。

7.1　飞机轮胎-机场道面摩擦机制

飞机轮胎与道面发生相对运动时接触面之间存在的摩擦、磨损和润滑作用，主要包括以下方面：轮胎与道面间的范德瓦耳斯力作用；轮胎与道面间的黏附力；胎面橡胶的弹性变形；粗糙路表上微凸体的切削作用。橡胶轮胎具有黏弹性，与道面接触时在轮胎荷载下发生变形，轮胎与道面间的摩擦特性在空间和时间上变化不均匀。轮胎-道面间摩擦特性与轮胎充气压力、飞机滑行速度、道面纹理等因素密切相关，根据非黏着物体接触力学特性提出了接触应力与外压力之间呈非线性关系，且与材料的弹性模量和泊松比有关。轮胎-道面间的摩擦力是黏附力和滞后变形共同作用的结果，其中黏附力是轮胎与路面接触面上的剪切力作用，滞后力与橡胶阻尼消散能量衰减有关。橡胶滑过粗糙表面时会产生能量耗散，橡胶与分形表面之间的黏附力进一步导致滞后力，典型接触力学模型如表 7.1 所示，影响机场道面摩擦特性的主要因素如表 7.2 所示。

表 7.1　典型飞机轮胎-机场道面接触力学模型

典型模型	适用范围	不足之处	特征
Hertz 接触模型	用于单个接触点的研究	将表面接触考虑为弹性接触	忽略不同接触区间的相互作用
弹塑性变形模型	表面接触的弹塑性变形	将粗糙峰设想为球面	
Archard 模型	基于多重接触假设，真实接触面积与荷载近似线性	进行不依赖塑性变形的假设	
G-W 接触模型	考虑接触表面纹理特性	微凸体假设为半圆形	
S-T 接触模型	考虑表面纹理非稳定随机特性，否定 G-W 接触假定	假定微凸体高度分布不均匀	
Persson 摩擦理论	基于分形特性及功率谱密度建立接触模型	基于耗散能与摩擦功守恒，忽略能量传递	计入橡胶对路表粗糙及变形的影响

表 7.2　影响机场道面摩擦特性的主要因素

影响因素	详情	影响因素	详情
轮胎	轮胎荷载	道面	宏观纹理
	胎压		耐磨耗破损能力
	轮胎尺寸		风化特性
	轮胎结构与设计		温度
	胎面花纹设计		热性能
	材料化学特性		路线分布特性
	物理特性		污染物
	胎面花纹表面状况		刻槽
	表面退化	操作条件	交通密度
	热性能		速度
	动力特性		峰值附着系数
	表面温度		轮胎打滑或锁轮情况
润滑剂	类型		起降点设计
	黏度		主要气候条件
	膜厚度		检测车的设计
	膜的表面张力		测试方法
	温度		制动距离
	杂质		减速器
道面	类型		横向力系数
	表面纹理		制动力系数
	微观纹理		拖车

轮胎-道面附着机制认为橡胶与道面的摩擦力主要来源于黏附力和滞后力。胎面花纹和道面纹理的存在使胎面橡胶与道面未完全接触，同时飞机荷载在接触区域内分布不均匀，导致最大摩擦系数可能在接触区域的任何部分发生，故轮胎与道面的接触作用要考虑轮胎-道面附着特性而非摩擦特性。

干燥和潮湿状态下轮胎-道面接触行为不同。在干燥道面状态下，通常只考虑轮胎-道面间的黏滞作用，而忽略黏附特性。在潮湿道面状态下，水膜通过“密封作用”阻碍轮胎橡胶与道面的接触，这种现象与橡胶流变性能和道面表面形貌有关。水膜的存在会极大地降低轮胎-道面间的黏附力，此时黏附力主要受宏观纹理的影响。附着力计算与附着系数有关，轮胎-道面附着系数的影响因素主要包括以下几点。

(1) 飞机与轮胎参数：行驶速度、外倾角、轴载与内压、胎面花纹构造等。

(2) 飞机操作特性：制动反应、转向、转弯等。

(3) 道面参数：材料特性、纹理特征、排水性能及温度。

(4) 道面环境参数：积水、雨雪冰、温度及风力。

为保证道面表面平均纹理深度在预计的降雨条件下能提供足够的排水能力，发挥宏观纹理和微观纹理的抗滑性能，通常通过刷毛、拉毛、研磨和犁梳等方式(图 7.1) 增加水泥混凝土道面的纹理深度，并通过刻槽或增加多孔摩擦层等特殊处理提高道面排水能力，同时增加道面表面纹理。机场道面开槽尺寸通常为 6mm×6mm，间距为 38mm，一些情况下，间距可以增加到 76mm。

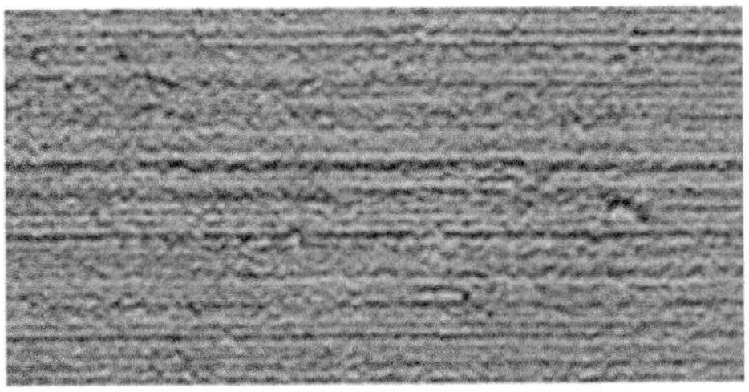

(a) 刷毛

(b) 拉毛

(c) 研磨

(d) 犁梳

图 7.1　常见道面表面处理方式

7.2　机场道面摩擦特性检测方法

机场道面摩擦特性主要通过间接检测方法与直接检测方法获取。间接检测方法先测试道面表面宏微观纹理数据，通过纹理特征指标评价摩擦特性。直接检测方法通过测试特定运动状态下(自由滚动、完全滑动和特定滑移率下的滑动等)轮胎/橡胶块与道面表面相互作用产生的能量损失/接触力，计算得到摩擦系数。

间接检测方法主要包括人工铺砂法、环形纹理测试仪(circular texture meter, CTM)法等。其中，人工铺砂法通过计算一定体积砂子所占据的沥青道面孔隙体积进行纹理表征，CTM 法利用传感器技术获取道面信息，通过频谱分析、神经网络等数学算法提取与抗滑性能相关的纹理特征[3]。

随着基于激光视觉技术与数字图像技术的快速发展，研究人员开发了通过激光和数字图像技术进行构造特征的非接触、自动化的检测方法[4]，通过建立基于三角测量原理的三维数学模型，实现了道面剖面的三维重建，并进行了道面平均纹理深度测量。图像处理技术可以精确地定位模型中各点的坐标，通过模型与得到的空间方程，求出道面平均剖面深度。根据剖面法，建立了纹理深度综合计算过程，满足了现场和实验室中道面纹理的测量要求，克服了平均纹理深度测量方法的缺点，测量结果分辨率较高[5]。

直接检测法通过实际飞机轮胎-机场道面接触环境直接检测得到摩擦系数，主要包括摆式摩擦仪、动态摩擦检测仪、横向力系数测试法、固定或可变滑移率法、车轮抱死法等。其中，摆式摩擦仪成本低、操作简单、携带方便，但粗糙道面测试不稳定、橡胶与真实轮胎接触不同无法代表实际摩擦行为。动态摩擦检测仪可以测量不同速度下的摩擦特性，适用于模拟飞机滑行速度较高条件下的接触摩擦机制，但其与实际轮胎-道面摩擦行为间存在明显差异，如轮胎被简化为橡胶垫，花纹对道面的影响被忽略；滑移率在轮胎制动阶段对轮胎-道面摩擦起着重要作用，但该方法无法对不同滑移率下的变化响应进行评估。横向力系数车通过安装额外的偏向轮胎(与普通轮胎夹角为 7.5°～20°)，车辆行驶时偏向轮与路面产生摩擦，车载计算机采集摩擦力与施加给偏向轮的重力，计算得到摩擦系数。该方法的优点是可在复杂线形上测试，缺点是偏向轮损耗极大，需经常更换。固定滑移率法将滑动速度取为定值，通过测量摩擦力与物体间的接触力之比得到摩擦系数。该方法的优点是可以连续采集数据，缺点是与实际制动条件存在差异，尤其是在雪冰道面上。可变滑移率法通过改变滑动速度测量摩擦力与物体间的接触力之比，得到不同速度下的摩擦系数。该方法在一定程度上向实际制动条件靠近，缺点是测量维护费用高、数据处理耗时长且操作复杂，以及长距离测量时需大容量水箱给测试轮降温。车轮抱死法是在车轮行驶过程中，制动超过路面附着力时，轮胎失去抓地力导致轮胎锁死。通过测量轮胎锁死的刹车距离计算纵向摩擦系数。该方法的优点是操作简便且能多点检测，缺点是大部分车辆配备了防抱死系统，检测数据与实际差异大，且高速条件下制动存在安全风险。

7.3　机场道面摩擦特性评价方法

由于检测原理不同，利用机场道面摩擦特性的间接检测结果与直接检测结果均可计算得到不同种类的摩擦特性评价指标，如表 7.3 所示。其中，间接检测方法能够得到纹理特征类指标，直接检测方法则可以得到与轮胎-道面相互作用相关的力学特性指标。各种指标通过考虑不同工况条件下的摩擦特性来共同评价机场道面抗滑水平的优劣，评价结果也可作为机场道面养护阈值的设定依据[6]。

表 7.3　机场道面抗滑性能检测方法

检测方法	代表性设备	检测原理	工作条件与评价指标	仪器图示
铺砂法（间接）	铺砂仪	用定量体积的砂，平整地摊铺在路面上得到摊铺面积，根据砂的体积与摊铺面积的比值得到测点的构造深度平均值	检测过程需要封闭交通；仅能得到单点构造深度。 评价指标为平均构造深度	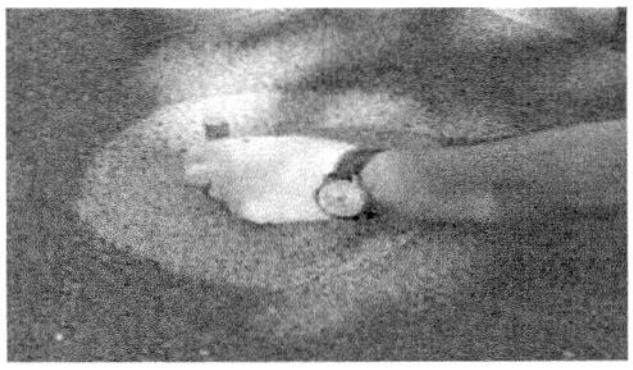
表面纹理法（间接）	激光扫描仪	采用激光雷达从不同角度和位置对地面进行扫描，通过发射与接收激光束获取道面表面深度信息及足够的点云数据，由地面表面三维坐标信息构建地面三维模型	雨、雾、雪等条件对精度有很大影响。 评价指标为分形维数、平均断面深度等	
横向力系数法（直接）	英国 Mu-Meter、SCRIM	借助机械方法推动车轮转动的同时，施以附加阻力使车轮在路面滚动时产生一定的滑动，计算施加与车轮前进方向向量相反的水平阻力和轮的垂直重力的比值，得到道面摩擦系数	检测速度为 6km/h； 喷水速率为 1.2L/min； 适用于直线、曲线和陡坡路段。 评价指标为摩擦系数 μ	

续表

检测方法	代表性设备	检测原理	工作条件与评价指标	仪器图示
车轮抱死法(直接)	美国 Trailer	车轮在行驶过程中，所受制动超过道面附着力时，轮胎会失去抓地力，导致轮胎锁死。通过测量轮胎锁死时的刹车距离，得到道面纵向摩擦系数	检测速度为 64km/h；水膜厚度为 0.5mm；完全锁定后 1～3s 取均值；适用于直线路段。评价指标为摩擦系数 μ	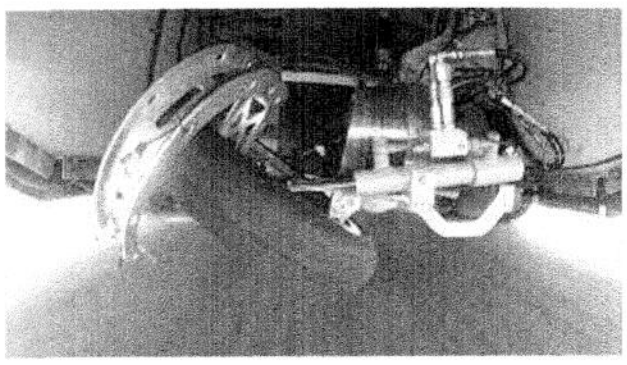
固定滑移率法(直接)	英国 Grip Tester、芬兰 BV-11	将滑动速度固定在一个确定的值，通过测量摩擦力与物体之间的接触力之比，得到摩擦系数	滑移率为 12%～20%；喷水速率为 1.2L/min；适用于直线路段。评价指标为摩擦系数 μ	
可变滑移率法(直接)	法国 IMAG、挪威 RUNAR	通过改变滑动速度，测量摩擦力与物体之间的接触力之比，通过绘制分析摩擦力和不同速度关系曲线图，得到摩擦系数随速度变化的趋势	滑移率为 0～100%；水膜厚度为 0.5mm；适用于直线、曲线和陡坡路段。评价指标为摩擦系数 μ	
动摩擦因数法(直接)	动态摩擦检测仪(DFT)	向旋转仪施加垂直于旋转方向的力，使旋转速度保持在一个固定的值，然后测量施加在物体上的力和旋转速度，得到物体之间的摩擦系数	检测速度为 5～89km/h；喷水速率为 3.6L/min；适用于室内及现场。评价指标为摩擦系数 μ	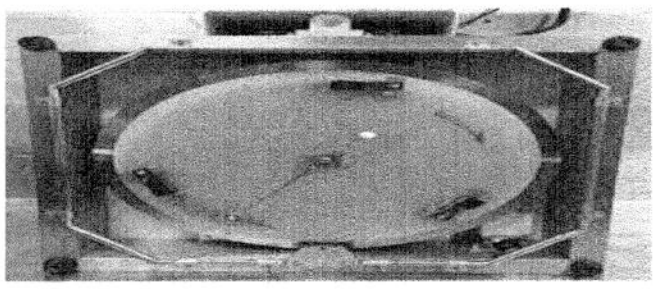
摆式仪法(直接)	英式摆锤(BPT)	根据摆锤下落滑过路面并上升至某一高度的位能损失等于安装于摆臂末端橡胶片滑过路面克服道面等摩擦所做的功，经过转换计算，得到摩擦系数	检测速度为 10km/h。评价指标为摩擦系数 μ	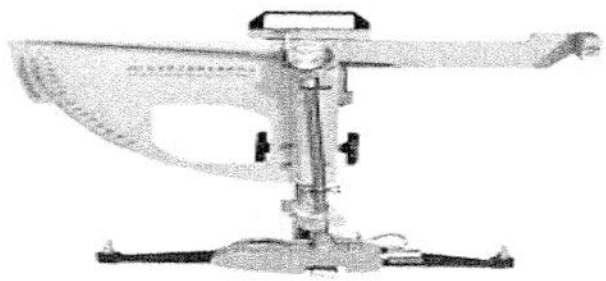
刹车距离法(直接)	客车或轻型卡车	通过测量车辆在刹车过程中所需的刹车距离、速度和道面的倾角，得到道面的摩擦系数	检测速度为 64km/h；适用于直线路段。评价指标为摩擦系数 μ	
加速度法(直接)	加速度计	通过测量物体在水平面上的减速度和重力加速度，计算出摩擦系数	检测速度为 32～48km/h；适用于直线路段。评价指标为摩擦系数 μ	

续表

检测方法	代表性设备	检测原理	工作条件与评价指标	仪器图示
模型估计法（直接）	检测车	将车辆加速度、姿态、车轮滑移率等信息结合车辆动力学模型进行多维车轮力估计，再根据纵向车轮力与横向车轮力计算摩擦系数	可实现连续检测；依赖模型准确性，在极限工况下精度低。 评价指标为摩擦系数 μ	

间接检测方法对应的评价指标包括平均构造深度、断面平均构造深度等。该类指标通过纵向高度反映路表的粗糙程度，具有物理意义直观、计算过程简便、便于推广等优势。基于其与摩擦特性的关联方程，该类指标与飞机高速行驶状态或湿润道面条件下的摩擦特性密切相关，因此被用于评价机场湿润道面状态下的抗滑特性。直接检测方法通过摆值、横向力摩擦系数及横向与纵向力系数等指标评价摩擦特性。该类方法通过测试特定运动状态（自由滚动、完全滑动和特定滑移率下的滑动等）的橡胶块或轮胎与道面相互作用产生的能量损失或接触力来量化道面抗滑性能。相较于间接检测方法，上述指标与摩擦系数的关联性更强，并能反映飞机在转弯、加速与制动等工况下的摩擦情况。国际上，道面抗滑性能通用评价指标主要包括横向力系数和纵向力系数。纵向力系数直接反映道面的直线加速和制动性能，横向力系数则更好地表征飞机在转弯、制动等工况下的抗滑能力。我国现行评价标准使用纵向力系数作为评价指标。

道面表面纹理可分为 4 个级别：微观纹理（波长为 0.001～0.5mm，振幅为 0.001～0.5mm）、宏观纹理（波长为 0.5～50mm，振幅为 0.1～20mm）、巨纹理（波长一般为 50～500mm，振幅为 0.1～50mm）和不平整度（波长为 0.5～50m）。微观纹理通常无法通过肉眼观察到，是道面集料表面特性（锐度和粗糙度）产生的。宏观纹理一般具有与轮胎/道面接触界面中的骨料尺寸相同数量级的波长。

对道面纹理特征进行评估时，由于尺度不同，微观纹理和宏观纹理通常被分开评估，其对检测技术和设备也有不同的要求。使用传统设备很难直接测量微观纹理，一般使用间接方法对其进行评估或测量，如英国摆式摩擦仪（BPN 法）。摆式摩擦仪操作简单，成本低。它的主要缺点是，首先会影响机场正常通航，其次其检测结果受操作人员的技术技能熟练程度的影响较大。宏观纹理可以通过现场静态实验进行测量，如铺砂法（MTD 法）和环形纹理测试仪（CTM 法）。这两类方法可以对道面进行小位置范围的随机检测，但是测量时间过长也会影响机场正常通航需求。同时《民用机场道面现场测试规程》（MH/T 5110—2015）指出，手工铺砂法不适用于有刻槽的道面。此外，还可以使用激光构造深度仪（MPD 法），通过重建道面纵向线性截面的表面纹理进行道面宏观纹理构造，具有很高的准确性，该方法一般为车载式，配备一名训练有素的驾驶员，可以测试 50～80km/h 下的纵向线性截面平均构造深度。该方法精度高、速度快、工程应用效果良好且不会干扰交通，但费用较高。

国内外机场道面摩擦系数评价方法中，常见的有动态摩擦测试仪（DFT）和连续式道面摩阻检测车（CFME）两种[7]。动态摩擦测试仪（DFT）和连续式道面摩阻检测车（CFME）均适用于沥青混凝土道面与水泥混凝土道面。其中，动态摩擦仪可以测试转盘速度 50～100km/h 范围的动摩擦系数，同时适用于有水的不利情况，测试结果稳定，测试范围为较窄的圆环接触面，但是使用过程中会影响机场正常通航，不适用于日常的道面抗滑性能检测工作。连续式道面摩阻检测车可测不同时速下、不利工况下（水膜厚度 1mm）的道面摩擦系数，高效快捷，可以在夜间不影响机场通航时使用，全球范围内应用广泛。

在全球范围内，各国各地区使用的连续式道面摩阻检测车设备一般都不相同，如何统一协调各类别检测车的检测输出结果是机场道面管理者关注的问题。目前 ASTM E2666-09（2019）对不同设备、不同类别的连续式道面摩阻检测车测试结果进行了统一速度下的校正工作，可以用于协调不同检测设备输出的检测结果。但连续式道面摩阻检测车存在两点不足：①一条机场道面长度一般为 3～4km，连续式道面摩阻检测车的输出结果为单一数值，很难反映道面局部摩擦系数的大小，无法排除局部摩擦系数过低对飞机起降安全的威胁；②连续式道面摩阻检测车的测试轮胎与飞机轮胎差异较大，无法精准反映飞机轮胎与道面接触时的摩擦系数。

7.4 基于三维机器视觉检测技术的抗滑性能检测技术

目前，基于激光、双目视觉、多目视觉的三维机器视觉技术逐渐进入公路检测领域。在道路表面纹理特性研究方面，国内研究人员采用 Keyence VR-5000 激光扫描设备研究了沥青路面纹理衰变与抗滑性能的关系。研究人员采用便携式超高分辨率 3D 激光扫描仪研究了沥青路面纹理功率谱与摩擦系数的关系[8]。国外研究人员采用双目相机研究了露石混凝土的表面粗糙度。但是目前国内外采用机器视觉检测技术对机场道面抗滑性能进行检测的研究较少，有待学者对这方面进行全面的研究和深入的探索。未来随着机器视觉检测技术在机场道面抗滑性能检测中的广泛应用，可充分研究道面表面纹理特征与其表面抗滑性能之间的客观规律，从而科学、准确地评价机场道面的抗滑能力，科学指导机场道面工程设计、施工和运营养护等工作，促进“智慧机场”“绿色机场”的建设发展。

7.4.1　近景摄影测量技术

近景摄影测量(close range photogrammetry，CRP)技术是机器视觉技术的一种，其应用计算机图像处理技术、点云识别、点云特征匹配和其他技术的交叉理论，包括近景摄影、图像处理和三维重建三个主要过程。图像采集完成后，需要一系列图像处理和操作来完成反向 3D 重建。

与传统测量方法相比，近景摄影测量技术具有非接触测量、非破坏性测量和数据结果可重复使用等优点，可以在不损坏被测物体的情况下进行测量。国外研究学者提出，如果满足精度要求，CRP 技术可用于测试路面表面的宏观纹理和微观纹理。研究人员详细展示了数字 CRP 的完整工作流程，并在 CRP 系统和激光扫描仪之间进行了精度比较。除此之外，还采用 CRP 技术测量了沥青道面的纹理，并与摩阻检测车测试获得的摩擦测量值进行了对比验证。国内研究学者设计了一个基于三相机近景摄影测量技术的自动近距摄影测量系统(ACRP system)，实现了图像的自动采集和 3D 重建。

近景摄影测量的主要挑战是立体匹配或图像对之间的对应关系，匹配精度制约着三维重建的技术质量。立体匹配方法可分为三类，即灰度图像匹配(以下简称“灰度匹配”)、基于特征的图像匹配(以下简称“特征匹配”)及基于理解和解释的图像匹配。与另外两种算法相比，“特征匹配”算法能够更有效地克服“灰度匹配”算法受图像纹理单一、光照变化和失真大等问题影响的缺点；同时，利用图像的局部特征代替原始图像，减少了算法处理过程中的数据量。此外，若借助适当的匹配搜索方法，特征匹配的速度将显著提高。同时，图像匹配结果的精度满足进一步应用于模式识别和三维重建的需求。因此，“特征匹配”算法已成为国内外学者的研究热点和焦点。国外研究学者首次将图像分割的思想引入“特征匹配”中。自此之后，许多研究人员提出了各种图像分割算法的应用。除此之外，还提出了一种使用图像分割和全局视觉约束的立体匹配算法。该算法在深度不连续和遮挡区域方面取得了良好的效果，极大地改善了图像信息缺失的问题。基于理解和解释的图像匹配方法是建立在对图像正确解释的基础上的，首先需要建立模型，得到模型与现实世界物体或现象之间的对应关系，然后利用图像的结构特征或关系特征进行关联搜索，建立图中节点之间的关系，借助语义网络、框架理论和图论方法寻求解决匹配问题，但目前这种匹配方法远不成熟。

虽然已经做了大量的研究，并且各国研究学者所提出的算法可以实现对深度和不可见部分信息丢失问题的改善，但从控制匹配结果中的误匹配率、提高匹配精度和可靠性的角度来看，仅依靠传统的立体匹配方法很难进一步解决这些问题。全卷积网络算法的提出和发展，给立体匹配网络的构建提供了新的方法。例如，卷积神经网络已应用于立体匹配任务，大大提高了匹配的准确性和速度，提出的模块可以在视差上采样后补充高频区域中缺失的视差信息，并支持具有实时特性的端到端立体匹配网络。与其他最近的实时立体匹配网络相比，该网络在高端GPU上可以达到25Hz的预测精度。如果与深度学习的前端相结合，具有强大神经网络模型的终端算法将成为深度学习的里程碑。

7.4.2　三维激光扫描技术

三维激光扫描技术起源于20世纪90年代中期，由激光雷达技术发展而来。该技术的应用依赖于三维激光扫描仪，利用激光测距的原理，无须通过反射棱镜即可快速扫描被测物体表面，进而获取大量包含空间坐标和表面信息的三维高精度数据。通过包含空间三维坐标、反射率和纹理等信息的点数据处理，快速复建被测目标物的三维模型。三维激光扫描技术凭借其高精度、高稳定性和高可靠性，在各领域的检测和监测工作中广泛应用。在国内，武汉大学成功研制出国内第一台激光扫描测量系统，主要应用于堆体的扫描和体积计算。新拓三维、天远三维等国内厂商已经推出成熟的商用三维激光扫描仪器。该项技术在三维建模方面也进行了应用。三维激光扫描技术具有非接触式的特点，在进行数据采集时具有高速度、高效率、高精度、大范围、不受地形影响等优势，同时采集得到的数据包含色彩信息，可以提供被测量对象的三维彩色模型。此外，三维激光扫描技术与传统测量技术的单点采集模式不同，可以连续密集地一次性采集大量数据，提高了数据采集效率与测量数据采集精度。Topcon的RD-M1道路扫描仪曾用于某机场的道面扫描，并建立了跑道的精确3D模型，包含道面环境信息，帮助分析和重建道面工作，提出了使用激光扫描设备进行跑道检查的自动化项目，实现了道面信息的动态可视化监控。

1. 车载式三维激光扫描技术

车载式三维激光扫描设备由汽车三维激光扫描技术和数据处理软件组成，利用三角测量原理，采用高能量线激光发射器和高分辨率、高帧频3D工业相机接收器构成主要硬件单元，使用时激光发射器向待测目标物体发射激光，通过工业相机接收目标反射激光信号，通过获取投射在被扫描物体表面的激光线的高程信息，进行图像点三维坐标信息的存储，实现道面三维表面纹理的自动化检测，其扫描范围宽度可达3.5m，测试速度可达100km/h。

根据激光和工业相机的相对位置，可以分为直射式和斜射式两种成像方式。直射式采用激光垂直照射目标，可以看成斜射式的一个特例，具有更好的测量稳定性。斜射式的光斑位置会随位移的改变而改变，多用于对精度要求高的平面物体的特征测量，如图7.2所示。

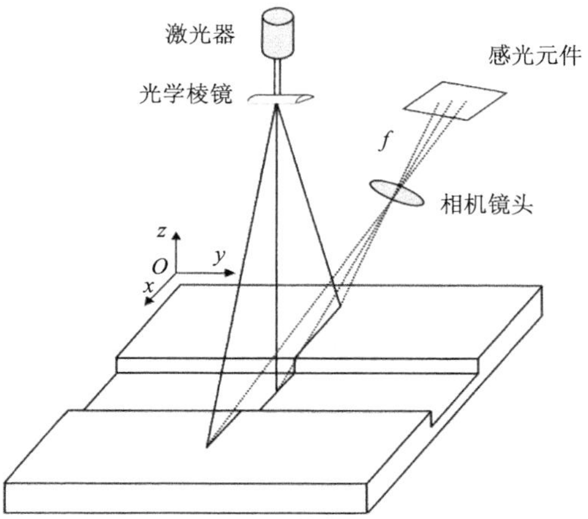

图 7.2　激光扫描成像示意图

三维激光扫描系统在进行线性扫描时，沿一定方向行进，激光扫描一次目标物体表面会形成一条曲线，激光持续照亮物体表面，工业相机不断接收目标反射的光源，在固定频率内采集目标横断面曲线数据，将所有的横断面曲线数据沿着扫描方向拼接形成目标物体的三维信息，由曲线生成三维曲面模型。

采用三维激光扫描技术进行路面数据采集和后续研究工作的第五代道路检测设备也开始投入市场。第五代道路检测车使用高速面阵相机记录激光在路面上的投影获得路面的 3D 模型。该检测车采用 3D 激光扫描技术获取路面的点云数据，不含复杂的纹理和颜色信息，减少了后期数据处理计算量。但该系统存在数据难以实时处理、可靠性仍需提高的不足，并且目前 3D 激光扫描设备和高清工业相机图像采集设备价格昂贵，应用还难以普及。目前三维激光检测车主流设备仍以欧美发达国家产品为主，近年来国内很多高校和企业也在追赶填补这一技术的空白，长安大学和中国民航大学已经有了自主研发的产品，国内也有武汉卓越科技等公司推出了相应的三维激光扫描检测车产品，如图 7.3 所示。

图 7.3　国产三维激光检测车

2. 手持式三维激光扫描技术

手持式三维激光扫描仪因其移动灵活、便于操作受到了很多工程师的青睐，如图 7.4 所示。手持式三维激光扫描仪通过视觉标记来确定其在扫描过程中的空间位置，完成物体表面的三维点云整体重构。手持式三维激光扫描仪方便携带到现场工作区域，并根据被扫描物体的大小和形状进行高效精确的扫描，操作灵活，适用于各种复杂的应用场景。国内研究学者曾使用 Keyence VR-5000 手持式三维激光扫描仪采集了不同机场道面的纹理信息以研究其抗滑水平。但是受限于手持式三维激光扫描仪的扫描范围和手动标定过程，其多用于室内研究和现场验证工作。

图 7.4　手持式三维激光扫描仪和工作场景

通过比较近景摄影技术和三维激光扫描技术，可知近景摄影技术采集速度快，获取信息丰富，受环境光照影响，成本低廉；三维激光扫描技术采集精度高，获取信息丰富，不受环境光照影响，成本高昂。经综合比较，本书将采用近景摄影技术进行机场道面纹理信息采集后续研究工作。

7.5　表面纹理特性与表面抗滑性能的关系

表面纹理是表征道面构造特征的指标，摩擦系数是表征抗滑性能的指标，两者具有一定的相关性。例如，国外研究学者在研究混凝土道面构造对道面抗滑性能的影响时得出了道面抗滑值、道面摩擦值与道面表层构造的关系。这些研究成果在一定程度上反映了道面抗滑性能与道面构造之间存在的相关性，但只反映了道面表面纹理(细构造)对道面抗滑性能影响趋势性规律。针对机场道面抗滑性能与构造特征之间的相互关系，国内研究学者基于弹塑性力学和分形数学方法对道面宏观人工刻槽构造产生的抗滑性能进行了研究，但是尚未构建出表明表层构造与道面抗滑性能之间变换关系的抗滑模型表达式。除此之外，一些研究学者通过试验研究也得出了道面抗滑性能与道面构造之间的关系，但是只考虑了道面刻槽间距和深度对道面抗滑性能的影响，而忽略了刻槽深度和倒角对抗滑性能的影响，并且也没有考虑刻槽深度、宽度及间距的耦合效应。

此外，针对道面与轮胎之间的抗滑性能研究，大多数研究成果还都是针对低速环境下的摩阻性，而在低速环境下影响道面抗滑性能的多是细构造；高速运行过程中的摩阻性，主要取决于道面的较粗糙构造。

研究人员基于摩擦学的基本理论，对轮胎与混凝土路面之间摩擦的产生机制进行了较深入的研究，探讨了轮胎与道面之间在道面潮湿状况下的接触形式影响效应，并利用 ABAQUS 有限元软件对基于道面表层构造、轮胎作用荷载、相对滑移速度及轮胎胎压等因素的轮胎与道面之间的影响关系进行了深入的分析，基于分析结果得出了各因素对路面附着系数影响的回归公式。研究人员从道面细观构造和宏观构造及其波长入手，得出了道面摩擦系数与道面粗观构造、细观构造的平均深度及其波长之间的关系，并进一步验证了道面抗滑性能与道面表层构造之间具有密切的相关性。

已有很多研究成果表明，高速滑动下轮胎与道面间的摩阻性主要取决于道面的粗观构造或宏观构造。因此，机场跑道道面抗滑性方面更需要重视其粗构造抗滑性。国外研究人员从轮胎本身的变形特点出发，根据弹性力学、断裂力学的基本原理，得出了相应的摩擦系数表达公式。除此之外，一些研究人员还基于流体力学理论，将道面摩阻性沿滑移方向的变化规律简化为连续的余弦函数，依据 Navier-Stokes 方程对轮胎与道面之间的黏附力进行了研究，提出了基于宏观纹理抗滑效应研究的新思路。

从以上研究中可以看出，道面的宏观纹理和微观纹理对摩擦系数的产生均有不同程度的贡献，其不同的贡献率随着机场飞机荷载、制动速度、轮胎胎压、轮胎与道面的接触情况等参数的变化在不断地变化，同时也随着不同阶段、不同抗滑性能诉求发生改变。

参 考 文 献

[1] 吴佳敏. 机场跑道橡胶胶痕视觉检测方法研究. 天津: 中国民航大学, 2022.

[2] 杨天凯, 方天祥. 高填方机场超高挡墙边坡深层抗滑计算研究. 云南水力发电, 2023, 39(3): 280-283.

[3] 杨天凯, 杨开成, 王鸿祯. 高填方机场超高挡墙边坡深层抗滑敏感性分析. 云南水力发电, 2024, 40(2): 63-67.

[4] 朱晟泽. 基于路面宏观纹理的轮胎抗滑行为数值模拟研究. 南京: 东南大学, 2017.

[5] Zhang K H, Ren W Q, Luo W H, et al. Deep image deblurring: A survey. International Journal of

Computer Vision, 2022, 130(9): 2103-2130.

[6] Kanafi M M, Tuononen A J. Application of three-dimensional printing to pavement texture effects on rubber friction. Road Materials and Pavement Design, 2017, 18(4): 865-881.

[7] Persson B N J. Theory of rubber friction and contact mechanics. The Journal of Chemical Physics, 2001, 115(8): 3840-3861.

[8] 彭毅, 李强, 战友, 等. 基于区域三维纹理特征的路面抗滑性能评估. 东南大学学报(自然科学版), 2020, 50(4): 667-676.

第 8 章　基于道面三维纹理的机场道面抗滑性能评价技术

本章介绍基于近景摄影测量技术的机场道面抗滑性能检测与评价技术。首先搭建机场道面纹理信息的快速精准采集与存储工作平台，采用特征匹配方法将采集到的图像转换为三维点云信息，实现道面表面三维纹理的模型重构和可视化。根据道面三维纹理计算得到道面纹理构造相关指标和动摩擦系数指标的道面抗滑性能评价指标。

8.1　道面三维纹理采集与模型重构

基于近景摄影测量(CRP)技术，搭建自动化近景摄影测量平台(automatic close range photogrammetry system，简称“ACRP 系统”)，获取道面纹理数据。对采集的图像进行降噪等预处理，对同系列图像进行配准并生成该采集区域的特征点和密集点云，依据密集点云进行三维纹理重构。

8.1.1　近景摄影测量技术

近景摄影测量技术是一种立体视觉技术，可以瞬间获取被测物体大量物理信息和几何信息。作为信息载体的相片或影像包含被测目标最大的信息，特别适用于测量点众多的目标。通过输入不同方向的目标图像，近景摄影测量技术进行图像匹配和坐标系求解，计算被测目标表面的三维坐标信息。

1. 基本原理

近景摄影测量技术的原理是进行像素坐标到图像坐标的仿射变换，将图像坐标投影到相机坐标中，由相机坐标进行刚体变换，转为世界坐标，如图 8.1 所示。

1) 不同坐标系间的转换关系

在近景摄影测量中，需要对图 8.2 中的 4 个坐标系(世界坐标系、相机坐标系、图像坐标系、像素坐标系)进行换算。

(1) 世界坐标系 $O_w X_w Y_w Z_w$ 与相机坐标系 $O_c X_c Y_c Z_c$ 的转换关系如图 8.3 所示。

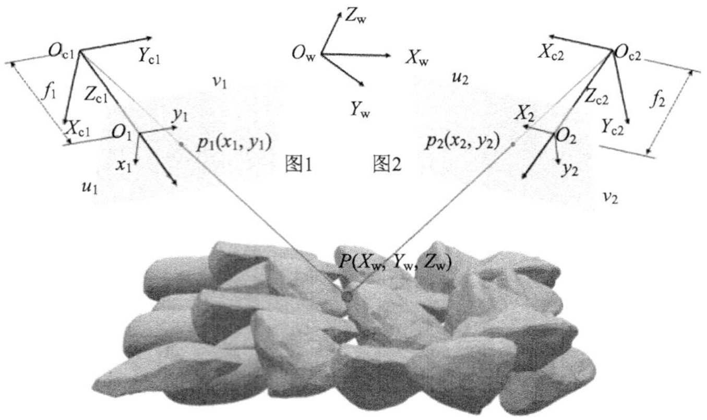

图 8.1　近景摄影测量技术的原理

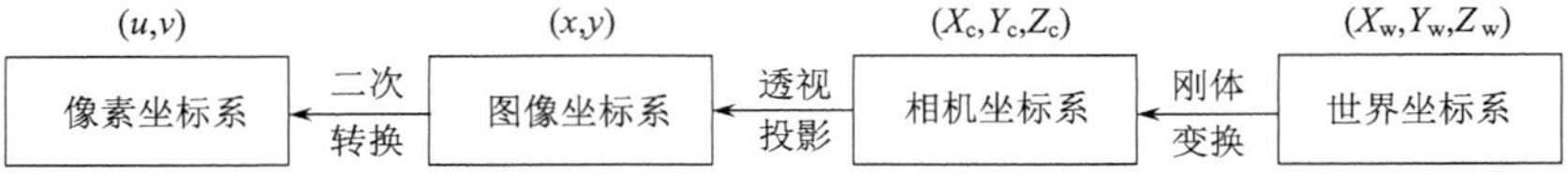

图 8.2　世界坐标系-像素坐标系转换计算流程

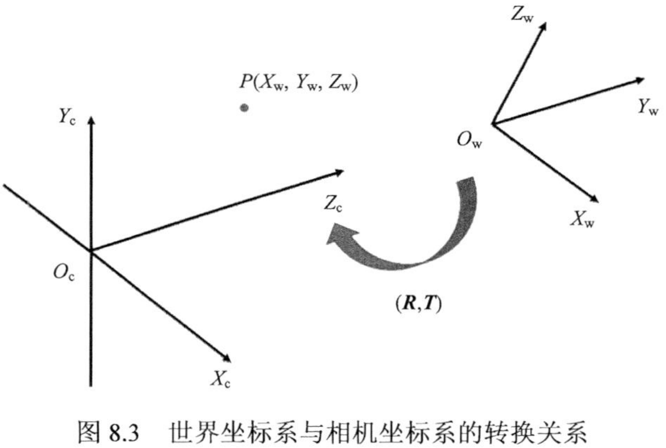

图 8.3　世界坐标系与相机坐标系的转换关系

世界坐标系经过平移、旋转的刚体变换后即可得到相机坐标系：

$$\begin{bmatrix} X_c \\ Y_c \\ Z_c \end{bmatrix} = \begin{bmatrix} \boldsymbol{R}_{3\times3} & \boldsymbol{T}_{3\times1} \\ 0 & 1 \end{bmatrix} \cdot \begin{bmatrix} X_w \\ Y_w \\ Z_w \\ 1 \end{bmatrix} \tag{8.1}$$

式中，$\boldsymbol{R}_{3\times3}$ 为世界坐标系分别绕 x 轴、y 轴、z 轴旋转 φ、ω、θ 角度后的旋转矩阵；$\boldsymbol{T}_{3\times1}$ 为世界坐标系分别沿 x 轴、y 轴、z 轴平移 X_w、Y_w、Z_w 后的平移矩阵：

$$\boldsymbol{R}_{3\times 3}=\boldsymbol{R}_x\boldsymbol{R}_y\boldsymbol{R}_z=\begin{bmatrix}1 & 0 & 0\\ 0 & \cos\varphi & \sin\varphi\\ 0 & -\sin\varphi & \cos\varphi\end{bmatrix}\begin{bmatrix}\cos\omega & 0 & -\sin\omega\\ 0 & 1 & 0\\ \sin\omega & 0 & \cos\omega\end{bmatrix}\begin{bmatrix}\cos\theta & -\sin\theta & 0\\ \sin\theta & \cos\theta & 0\\ 0 & 0 & 1\end{bmatrix} \tag{8.2}$$

$$\boldsymbol{T}_{3\times 1}=\begin{bmatrix}X_{\mathrm{w}}\\ Y_{\mathrm{w}}\\ Z_{\mathrm{w}}\end{bmatrix} \tag{8.3}$$

(2) 相机坐标系 $O_{\mathrm{c}}X_{\mathrm{c}}Y_{\mathrm{c}}Z_{\mathrm{c}}$ 与图像坐标系 Oxy 的转换关系如图 8.4 所示。

由相机坐标系到图像坐标系是透视投影关系，表现为三维到二维的映射，此时投影点 P 的单位依然为长度单位，如图 8.4 所示。

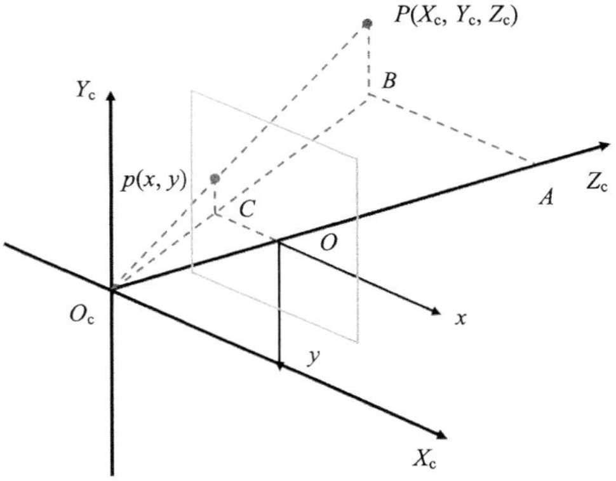

图 8.4　相机坐标系与图像坐标系的转换关系

由透视投影的关系可知，$\triangle ABO_{\mathrm{c}} \sim \triangle OCO_{\mathrm{c}}$，$\triangle PBO_{\mathrm{c}} \sim \triangle pCO_{\mathrm{c}}$，相机焦距为 f，则

$$\frac{AB}{OC}=\frac{AO_{\mathrm{c}}}{OO_{\mathrm{c}}}=\frac{PB}{pC}=\frac{X_{\mathrm{c}}}{x}=\frac{Z_{\mathrm{c}}}{f}=\frac{Y_{\mathrm{c}}}{y} \tag{8.4}$$

进而得到

$$x=f\frac{X_{\mathrm{c}}}{Z_{\mathrm{c}}},\quad y=f\frac{Y_{\mathrm{c}}}{Z_{\mathrm{c}}} \tag{8.5}$$

最终可得到图像坐标系与相机坐标系的转换关系为

$$Z_{\mathrm{c}}\begin{bmatrix}x\\ y\\ 1\end{bmatrix}=\begin{bmatrix}f & 0 & 0 & 0\\ 0 & f & 0 & 0\\ 0 & 0 & 1 & 0\end{bmatrix}\begin{bmatrix}X_{\mathrm{c}}\\ Y_{\mathrm{c}}\\ Z_{\mathrm{c}}\\ 1\end{bmatrix} \tag{8.6}$$

(3) 图像坐标系 Oxy 与像素坐标系 $O_{uv}uv$ 的转换关系如图 8.5 所示。

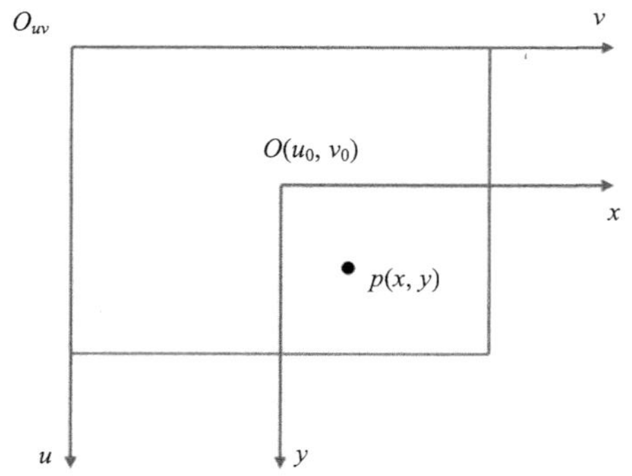

图 8.5　图像坐标系与像素坐标系的转换关系

为明确图像坐标系与像素坐标系间的转换关系，假设每个像素在 u 轴与 v 轴方向的物理尺寸为 $\mathrm{d}x$ 与 $\mathrm{d}y$，即像素比，可得

$$u = \frac{x}{\mathrm{d}x} + u_0,\ v = \frac{y}{\mathrm{d}y} + v_0 \tag{8.7}$$

转换为矩阵形式：

$$\begin{bmatrix} u \\ v \\ 1 \end{bmatrix} = \begin{bmatrix} \frac{1}{\mathrm{d}x} & 0 & u_0 \\ 0 & \frac{1}{\mathrm{d}y} & v_0 \\ 0 & 0 & 1 \end{bmatrix} \begin{bmatrix} x \\ y \\ 1 \end{bmatrix} \tag{8.8}$$

(4) 世界坐标系 $O_\mathrm{w}X_\mathrm{w}Y_\mathrm{w}Z_\mathrm{w}$ 与像素坐标系 $O_{uv}uv$ 的转换关系。

综上所述，通过相机的参数和各坐标系之间的转换，可得到世界坐标系到像素坐标系的转换关系式：

$$\begin{aligned} Z_\mathrm{c}\begin{bmatrix} u \\ v \\ 1 \end{bmatrix} &= \begin{bmatrix} \frac{1}{\mathrm{d}x} & 0 & u_0 \\ 0 & \frac{1}{\mathrm{d}y} & v_0 \\ 0 & 0 & 1 \end{bmatrix} \begin{bmatrix} f & 0 & 0 & 0 \\ 0 & f & 0 & 0 \\ 0 & 0 & 1 & 0 \end{bmatrix} \begin{bmatrix} \boldsymbol{R}_{3\times3} & \boldsymbol{T}_{3\times1} \\ 0 & 1 \end{bmatrix} \begin{bmatrix} X_\mathrm{w} \\ Y_\mathrm{w} \\ Z_\mathrm{w} \\ 1 \end{bmatrix} \\ &= \begin{bmatrix} f_x & 0 & u_0 & 0 \\ 0 & f_y & v_0 & 0 \\ 0 & 0 & 1 & 0 \end{bmatrix} \begin{bmatrix} \boldsymbol{R}_{3\times3} & \boldsymbol{T}_{3\times1} \\ 0 & 1 \end{bmatrix} \begin{bmatrix} X_\mathrm{w} \\ Y_\mathrm{w} \\ Z_\mathrm{w} \\ 1 \end{bmatrix} \end{aligned} \tag{8.9}$$

式中，$\begin{bmatrix} f_x & 0 & u_0 & 0 \\ 0 & f_y & v_0 & 0 \\ 0 & 0 & 1 & 0 \end{bmatrix}$为相机内参矩阵；$\begin{bmatrix} \boldsymbol{R}_{3\times3} & \boldsymbol{T}_{3\times1} \\ 0 & 1 \end{bmatrix}$为外参矩阵。相机的内参和外参可以通过张正友标定法获取。从最终的转换关系来看，一个三维坐标点$(X_{\text{w}}, Y_{\text{w}}, Z_{\text{w}})$可以在对应的图像中找到一个对应的像素点$(u,v)$，相反，确定相机空间姿态，得到$Z_{\text{c}}$值，即可通过图像中的像素点找到它在三维图中对应的点。

2) 空间三维坐标反算

将确定的相机内外部参数和空间姿态输入式(8.9)，通过 MATLAB 中最小二乘法计算即可得到对应的三维坐标。

2. 图像特征匹配方法

使用近景摄影进行测量时，除了要解决图像像素点到三维坐标点的转换问题，在实际应用过程中，确定输入的一系列图片中的同一个像素点的位置是更重要的挑战，即图像匹配问题。

图像匹配中采用特征匹配法包括三个基本步骤，即特征提取与匹配、关键点匹配和图像匹配。特征提取从图像中提取出关键点(或特征点、角点)等信息。特征匹配计算特征向量之间的距离，包括欧几里得距离、汉明距离、余弦距离等。关键点匹配采用一组数学向量对特征点进行描述，保证不同向量和不同特征点之间是对应关系，相似关键点之间的差异尽可能小。通过关键点匹配得到匹配关系描述符，计算完成所有图片的匹配。研究过程采用尺度不变特征转换(scale invariant feature transform, SIFT)算法进行特征匹配，SIFT 特征对于旋转和尺度均具有不变性，且对于噪声、视角变化和光照变化具有良好的鲁棒性[1]。

SIFT 特征检测主要包括以下步骤。

1) 尺度空间的极值检测

通过高斯函数进行卷积运算可以实现图像的模糊处理，用模糊程度模拟物体由远到近的过程。通过不同的高斯核得到不同程度的模糊图像，一幅图像的高斯尺度空间可以由不同的高斯卷积得到：

$$L(x,y,\sigma) = G(x,y,\sigma) \cdot I(x,y) \tag{8.10}$$

式中，$G(x,y,\sigma)$为高斯核函数，σ为尺度空间因子，是高斯正态分布的标准差，反映了被模糊的程度，其值越大，表明模糊程度越高，尺度也就越大；$I(x,y)$为原始输入图像在坐标(x,y)处的像素值；$L(x,y,\sigma)$为高斯尺度空间，构建好后可以检测出不同尺度下的特征点。特征点的检测可以使用 LoG 算子，但 LoG 的运算量过于大，通常使用 DoG，即差分高斯：

$$D(x,y,\sigma) = \left[G(x,y,k\sigma) - G(x,y,\sigma)\right] \cdot I(x,y) = L(x,y,k\sigma) - L(x,y,\sigma) \tag{8.11}$$

由式(8.11)可知，DoG 由两个相邻高斯空间图像相减得到。因此，需要得到一系列的高斯空间尺度，可以在对图像平滑和向下取样得到结果的基础上加上高斯滤波，即对向下取样的每层图像使用不同的尺度空间因子σ进行模糊。通过这样的方式，相邻两层相减可以得到 DoG 集合。

为了寻找尺度空间的极值点，每个像素点要与其图像域(同一尺度空间)和尺度域(相邻的尺度空间)的所有相邻点进行比较，当其大于(或者小于)所有相邻点时，该点就是极值点。值得注意的是，为了满足要求，在每组图像的顶层会再用高斯模糊生成三幅图像。一般在计算某个像素的特征点时，不仅要与其所在平面的相邻像素点进行比较，还要与上下两层像素点进行比较。

2)特征点定位

首先，删除低对比度的特征点和不稳定的边缘特征点；其次，通过尺度空间 DoG 函数进行曲线拟合，寻找特征点，其中局部曲率极不对称的点也可删除。

3)特征方向赋值

利用特征点邻域像素的梯度分布特性确定其方向参数，再利用图像梯度直方图求取关键点局部结构的稳定方向。在上述过程中找到特征点，可以得到特征点的尺度图像：

$$L(x,y)=G(x,y,\sigma)\cdot I(x,y) \tag{8.12}$$

以特征点为中心，每个点$L(x,y)$梯度的模$m(x,y)$及方向$\theta(x,y)$可通过以下公式求得

$$m(x,y)=\sqrt{\left[L(x+1,y)-L(x-1,y)\right]^2+\left[L(x,y+1)-L(x,y-1)\right]^2} \tag{8.13}$$

$$\theta(x,y)=\arctan\left[\frac{L(x,y+1)-L(x,y-1)}{L(x+1,y)-L(x-1,y)}\right] \tag{8.14}$$

使用直方图统计特征点邻域内像素对应的梯度方向和幅值。梯度方向的直方图的横轴是梯度方向的角度，范围为 0～2π，纵轴是梯度方向对应梯度幅值的累加，在直方图的峰值就是特征点的主方向。得到特征点的主方向后，对于每个特征点得到三个信息，即位置(x,y)、尺度(σ)和方向(θ)。因此，可以确定一个 SIFT 特征区域，一个 SIFT 特征区域由三个值表示，即中心表示特征点位置，半径表示关键点尺度，箭头表示主方向。具有多个方向的关键点可以被复制成多份，将方向值分别赋给复制后的特征点，一个特征点就产生多个坐标、尺度相同，方向不同的特征点。

4)特征点描述

在获得 SIFT 特征点信息后，使用一组向量描述关键点，关键点的生成包括以下三个过程：

(1) 通过得到的主方向对图像进行翻转，使其在方向上尽量保持一致。

(2) 生成一个 128 维的特征向量，作为描述子。

(3) 对特征向量长度进行归一化处理，去除光照的影响。

SIFT 算法即使在图片尺寸与拍摄角度不一致的情况下，也能比较精准地进行特征值匹配，但对图片清晰度有一定要求。

为提高后续工作效率，研究使用 Agisoft PhotoScan 和 Geomagic Studio 软件进行特征匹配及三维重建工作。

8.1.2　道面三维纹理采集

选用 ME2L-505-36U3C 彩色工业相机镜头搭配无影灯照明系统，搭建纹理数据采集平台，对道面纹理数据进行采集，采集区域为 15cm×15cm 的区域。设备具体参数如表 8.1 所示，设备平台示意图如图 8.6 所示。

表 8.1　道面三维纹理采集设备参数

相机	型号	像元尺寸/μm	分辨率/像素	采样频率/Hz
	ME2L-505-36U3C	2.0×2.0	2592×1944	18450
照明	型号	尺寸/mm	光源布设方式	光照角度/(°)
	HAR-240W	ϕ=240	高亮环形	60

图 8.6　纹理数据采集平台示意图

在预测试道面选择测试区域，选取频率为每 10m 选取一次。选定测试区域后启动电源，打开照明系统，启动计算机相机调用程序进行纹理数据采集。程序运行完毕后，选择保存图像。然后进行下一个区域的测试，步骤同前。

8.1.3　道面三维纹理模型重构

在完成道面纹理图像采集平台搭建后，需对采集图像进行降噪等预处理，对同系列图像进行配准，生成该采集区域的特征点和密集点云，并依据密集点云进行三维纹理的重构，同时对重构精度进行研究，使其能够满足工程检测精度要求。

1. 纹理采集图像预处理

在对机场道面纹理图像进行点云特征匹配前，需对图片进行预处理，消除图像中阴影遮挡、环境噪声等无关信息，恢复图片中有用的真实信息，增强相关信息的可检测性并最大限度简化数据，提高后续特征提取和匹配的可靠性[2]。

图像预处理的流程主要包括灰度变换、几何校正、图像增强、图像滤波等操作，具体方法如下。

1) 灰度变换

图像灰度变换是将原始图像中每一个点的灰度值，按照特定映射函数变换为另一个灰度值。灰度变换是对每一个像素点单独进行操作，记录像素点的原始值为 s，灰度变换的映射函数为 $T(s)$，变换后像素点的值为 d，即

$$d = T(s) \tag{8.15}$$

典型灰度变换映射函数包括反转、对比度增强、对比度压缩、伽马校正[3]、直方图均衡等。图像捕捉设备的输入能量和图片的颜色亮度之间的关系是线性的，而显示器的输入能量和图片的颜色亮度之间的关系是非线性的，需要对图像进行非线性校正(伽马校正)后再将图像输出到显示屏。大部分图像捕捉设备在保存图片时会自动加上伽马校正，也就是说图片中存储的是非线性空间中的颜色(伽马值为 2.2 时称为 sRGB 空间)。

为增强图像整体对比度，采用直方图均衡化方法对图像进行灰度处理。灰度直方图反映了一幅图像中各灰度级像素出现的频率。以灰度级为横坐标，以灰度级出现的频率为纵坐标，绘制频率与灰度级的关系图，即灰度直方图。它是图像的重要特征，反映了图像的灰度分布情况。使用直方图进行图像变换是一种基于概率论的处理方法，通过改变图像的直方图修改图像中各像素的灰度值，达到增强图像视觉效果的目的。

2) 几何校正

在处理图像时，需要对图像进行几何变换，实现空间透视校正，以提高后续处理效率。一般有对称和垂直镜像变换，其变换矩阵如下所示：

$$\begin{bmatrix} a(x,y) \\ b(x,y) \\ 1 \end{bmatrix} = \begin{bmatrix} -1 & 0 & 0 \\ 0 & 1 & 0 \\ 0 & 0 & 1 \end{bmatrix} \cdot \begin{bmatrix} x \\ y \\ 1 \end{bmatrix} \tag{8.16}$$

$$\begin{bmatrix} a(x,y) \\ b(x,y) \\ 1 \end{bmatrix} = \begin{bmatrix} -1 & 0 & 0 \\ 0 & -1 & 0 \\ 0 & 0 & 1 \end{bmatrix} \cdot \begin{bmatrix} x \\ y \\ 1 \end{bmatrix} \tag{8.17}$$

3) 图像增强

图像增强一般有亮度增强、饱和度增强、色彩增强和对比度增强，具体如下。

亮度增强：将图片由 RGB 转化为 HSV，将图片的亮度信息 V 线性映射，映射完成后将图片转换为 RGB 类型的图像，通过滑动条改变图片亮度。

饱和度增强：将图片由 RGB 转化为 HSV，将图片的饱和度信息 S 线性映射，映射完成后将图片转换为 RGB 类型的图像，通过滑动条改变图片饱和度。

色彩增强：将图片由 RGB 转化为 HSV，将图像的色调信息 H 加上 0～1 的小数，由于色调信息本身范围在 0～1，因此将大于 1 的数减去 1，实现通过滑动条调整图片色调的功能。

对比度增强：将图片由 RGB 转化为 HSV，将图片的亮度信息均衡化，将 HSV 转换成 RGB，实现增强图像对比度的功能。

4) 图像滤波

灰度变换是点处理，它的输出值只与指定像素点相关；直方图变换是全局处理，它的输出值与整幅图像相关。图像滤波是局部处理方式，像素的输出值由输入图像中像素及其邻域中的像素值确定。计算方法是将邻域的像素值和一个与邻域相同尺寸的子图像进行模板化运算，子图像也称为模板、核或者滤波器。常用的滤波有均值滤波、中值滤波和高斯滤波。

对比各种滤波算法，中值滤波的降噪效果适中，但不可避免地造成边缘模糊。均值滤波算法稳定且可靠度高，但对于高斯噪声，高斯滤波效果比均值滤波要好，所以最终采用高斯滤波进行局部去噪。

2. 三维纹理点云生成与三维重构模型

检查并校准每个镜头，调用程序进行拍摄，确保 3 个摄像头均能完整拍摄到选定区域，且每个图像至少有 60%的正面和 30%的侧面与整个测试区域的连续图像重叠。在选定的测试区域上放置标称长度为 150cm 的标记框，将图像捕获平台移动到适当的测试区域上方(高度距离测试区域约 50cm)。指令触发后，使用便携式纹理采集平台得到道面纹理图像，如图 8.7 所示。

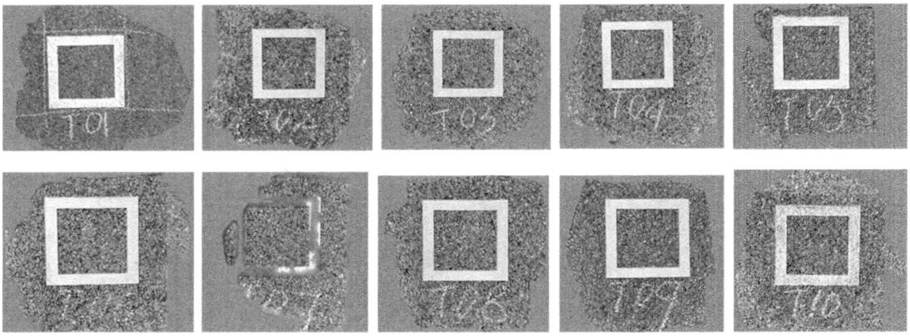

图 8.7　PhotoScan 初步处理效果示意图

完成图像预处理后，将图片输入 PhotoScan 中进行图像特征匹配，在工作流程中选择“创建密集点云”，并保存为“.ply”文档输出，将创建的密集点云文档输入 CloudCompare 进行平面调整，调整后将密集点云输入 Geomagic Studio 进行表面平整、尺寸校准，并按照 ISO 标准中规定的坡度和偏移抑制标准将其平均值移动到零。然后封装点云以生成纹理模型。后续研究中将生成的模型(包括网格所有顶点的 x、y 和 z 坐标)导入 MATLAB，基于三角网络模型，进行三维纹理的重构并得到机场道面三维模型，支撑下一步的评价指标开发。路面纹理 3D 重建的整个工作流程如图 8.8 所示。

(a)图像采集

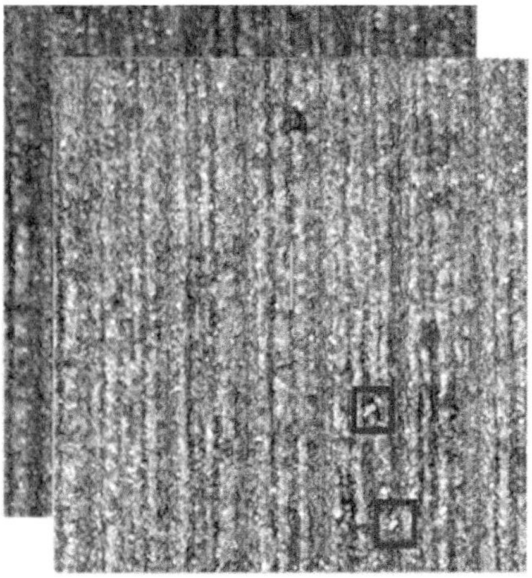

(b)匹配修复

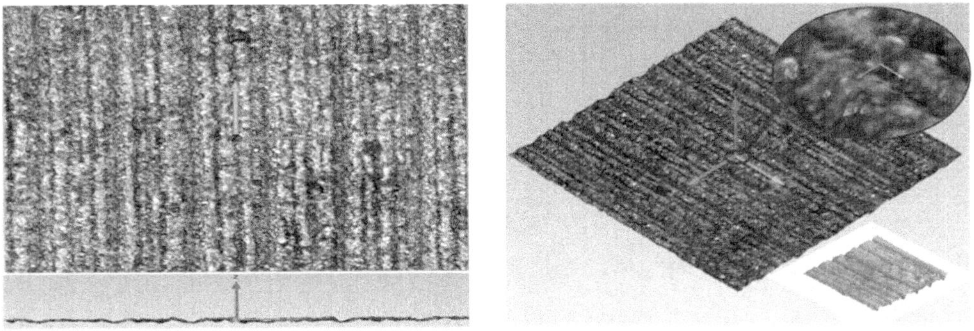

(c) 坐标系调整　　(d) 模型输出

图 8.8　机场道面纹理信息采集和重构流程

8.2　道面三维纹理指标计算

机场道面的纹理构造影响道面的耐磨性，飞机轮胎与道面的附着性，飞机起降滑行过程中的噪声、舒适性和安全性，机场道面相关规范在修建和日常养护过程中也对道面纹理构造有着严格的要求，评价机场道面的抗滑性能需对机场道面纹理构造进行特征评价指标研究。基于所研究提出的机场道面三维纹理模型重构方法，开发基于道面三维重构模型的道面纹理构造特征评价指标算法，实现基于道面重构模型的纹理构造特征评价指标的自动化计算，结合现场试验验证算法的准确性。

8.2.1　道面三维纹理指标的选取

1987 年，国际道路协会(Permanent International Association of Road Congress，PIARC)根据路面表面纹理构造的波长和振幅的不同，将道面表面纹理分为四个级别，即微观纹理、宏观纹理、巨纹理和不平整度[4]。

为保持良好性能，机场道面表面必须具有丰富的微观纹理和宏观纹理，同时防止巨纹理和不平整度。微观纹理由细集料和砂浆构成，细集料的抗磨耗能力对道面微观纹理有着直接影响，宏观纹理由机场道面的表面处理技术形成，这两者形成了机场道面主要的纹理构造。基于道面三维重构模型，可获得包含 x、y、z 三个维度的道面三维信息，量化道面纹理的特征指标。本书中与道面抗滑特性相关的表面纹理特征指标以统计参数为主，包括高程类指标、体积类指标和工程类指标[5]。

1. 高程类指标

高程类指标反映了纹理区域内的高度偏差，包括算术平均高度 S_a 、均方根高度 S_q 、偏斜度 S_{sk} 和驼峰度 S_{ku} 等。

1) 算术平均高度 S_a

算术平均高度 S_a 用于评估指定区域纹理的平均高度，表示纹理的正负高程点距表面高度分布平均值的距离，计算表达式如下：

$$S_a = \frac{1}{A}\iint \left|z(x,y)\right| \mathrm{d}x\mathrm{d}y \tag{8.18}$$

式中，A 为纹理表面面积，通常为矩形；$\left|z(x,y)\right|$ 为给定 (x, y) 坐标点的高程范数。

式(8.18)为纹理连续积分的情况，从数学统计上确保了定义的正确性，但在工程实践中一般采用数值近似，使用式(8.19)进行计算：

$$S_a = \frac{1}{(x_m - x_1)\cdot(y_n - y_1)}\sum_{j=1}^{n}\sum_{i=1}^{m}\left|z(x_i, y_j)\right| \tag{8.19}$$

式中，i、j 分别为给定点 $z(x_i, y_j)$ 的行和列位置；m、n 分别为矩阵行和列的长度。

2) 均方根高度 S_q

均方根高度 S_q 定义为区域纹理内高度的标准偏差，表示该区域纹理内纵坐标值的均方根，并由式(8.20)计算：

$$S_q = \sqrt{\frac{1}{A}\iint z^2(x,y)\mathrm{d}x\mathrm{d}y} \tag{8.20}$$

出于同样的考虑，近似值计算公式如下：

$$S_q = \sqrt{\frac{1}{(x_m - x_1)\cdot(y_n - y_1)}\sum_{j=1}^{n}\sum_{i=1}^{m} z^2(x_i, y_j)} \tag{8.21}$$

算术平均高度 S_a 和均方根高度 S_q 指标一般为表面纹理高度的总体度量，仅考虑这两个指标无法区分纹理的峰谷分布特点和间距大小，还需考虑纹理的偏斜度 S_{sk} 和驼峰度 S_{ku} 。

3) 偏斜度 S_{sk}

偏斜度 S_{sk} [6]是定义纹理区域内纵坐标值的平均立方值与定义纹理区域内算术平均高度 S_a 的立方值的比。其可表征纹理轮廓振幅分布与平均平面(纵坐标平均值)的不对称性，纹理的峰和谷的分布会对该指标产生影响。$S_{sk}=0$ 时表示纹理与平均平面基本对称分布；$S_{sk}<0$ 时表示纹理的谷尖而窄，而纹理的峰平滑而宽；$S_{sk}>0$ 时表明纹理的谷宽而平坦，而纹理的峰尖而狭窄。S_{sk} 可以很好地区分表面纹理的峰谷分布情况，计算公式为

$$S_{\mathrm{sk}}=\frac{1}{S_{\mathrm{a}}^{3}}\left[\frac{1}{A}\iint z^{3}(x,y)\mathrm{d}x\mathrm{d}y\right] \tag{8.22}$$

数值近似值计算式如下：

$$S_{\mathrm{sk}}=\frac{1}{S_{\mathrm{a}}^{3}}\times\frac{1}{mn}\sum_{j=1}^{n}\sum_{i=1}^{m}z^{3}(x_{i},y_{j}) \tag{8.23}$$

4) 驼峰度 S_{ku}

S_{ku} 表示定义纹理区域内纵坐标值的平均四次方和 S_{a} 的四次方的比值，类似于 S_{sk}。当表面纹理分布满足正态分布时，$S_{\mathrm{ku}}=3$。当 $S_{\mathrm{ku}}>3$ 时，表明表面振幅分布陡峭，称为尖锐峰度表面；当 $S_{\mathrm{ku}}<3$ 时，该表面被称为具有相对平坦分布的低峰度表面[7]。表达式为

$$S_{\mathrm{ku}}=\frac{1}{S_{\mathrm{a}}^{4}}\left[\frac{1}{A}\iint z^{4}(x,y)\mathrm{d}x\mathrm{d}y\right] \tag{8.24}$$

数值近似值计算式如下：

$$S_{\mathrm{ku}}=\frac{1}{S_{\mathrm{a}}^{4}}\times\frac{1}{mn}\sum_{j=1}^{n}\sum_{i=1}^{m}z^{4}(x_{i},y_{j}) \tag{8.25}$$

2. 体积类指标

体积类指标可以表征轮胎滚动过程中道面纹理与轮胎的接触和磨损特性，同时反映了道面的整体支承情况，主要有支承体积 V_{mp} 和核支承体积 V_{mc}。

1) 支承体积 V_{mp}

支承体积 V_{mp} 是从 p 处的材料承载比水平到最高峰值所组成表面材料的固体体积，表示可能磨损的体积范围内的材料，可表征飞机轮胎与道面的直接接触区。p 处的峰值材料体积由式(8.26)给出：

$$V_{\mathrm{mp}}=V_{\mathrm{m}}(p) \tag{8.26}$$

式中，$p=10\%$，p 的默认值见规范 ISO 25178-3。

2) 核支承体积 V_{mc}

核支承体积 V_{mc} 表示材料承载比水平 p 和 q 区间范围内相对应的纹理材料体积，表示表面顶层磨损后可用于负载支撑的材料的固体体积，表达式为

$$V_{\mathrm{mc}}=V_{\mathrm{m}}(q)-V_{\mathrm{m}}(p) \tag{8.27}$$

式中，$q=80\%$。

3. 工程类指标

在考虑高程类和体积类指标的同时，还需要考虑实际工程应用中已有的指标。

研究选择平均构造深度(mean texture depth, MTD)指标和环形纹理激光仪(CTM)指标两个工程常用纹理构造类指标进行计算[8]。

1) 平均构造深度(MTD)指标

在工程实践中，平均构造深度(MTD)指标一般由铺砂法数据计算得到。基于重构的三维纹理模型，选中若干峰值点的平均值 Z_0 为顶面，计算顶面与纹理包络面之间的空间体积 V_0 与纹理区域面积 A 的比值，计算公式为

$$\mathrm{MTD}=\frac{V_0}{A}=\frac{1}{(x_m-x_1)\cdot(y_n-y_1)}\sum_{j=1}^{n}\sum_{i=1}^{m}\left|Z_0-z(x_i,y_j)\right| \tag{8.28}$$

经过数据论证，其中 Z_0 为纹理区域内随机的 10000 个极大值的均值时，较符合铺砂法操作的实际工况。

2) 环形纹理激光仪(CTM)指标

环形纹理激光仪(CTM)指标[9]是计算给定半径 R 对应的圆周上，相隔一定弧度间距的点的激光深度平均值，表征一定区域内的纹理构造深度。基于道面纹理重构模型，可计算半径为 R 的圆周线上所有点的纵向坐标值的平均值，计算公式如下：

$$\mathrm{CTM}=\frac{1}{2\pi R}\sum_{i=1}^{k}z(x_i,y_i) \tag{8.29}$$

式中，R=142mm，$z(x_i,y_i)$ 为半径为 R 的圆周线上坐标点 (x_i,y_i) 的纵向坐标值。

8.2.2 道面纹理构造特征指标计算

将重构得到的三维纹理模型“.ply”文件导入 MATLAB，使用 Pcread 指令读取得到所有点的三维坐标 (x,y,z)，依次编程计算所有纹理构造特征评价指标，测试无误后合并封装，并将所有计算指标结果输出至 Excel 中，运行该程序后可完成所有指标的自动化计算和结果存储。

1. 纹理构造特征指标计算算法

以一条机场水泥混凝土道面数据为例，进行道面纹理构造特征指标算法的计算。图 8.9 是“.ply”格式重构纹理模型导入 MATLAB 后，首先使用 Pcread 指令读取得到所有点的三维坐标 (x,y,z)，然后执行 Meshgrid+Figure 命令将三维坐标 (x,y,z) 进行三角网格插值可视化，如图 8.10 所示。

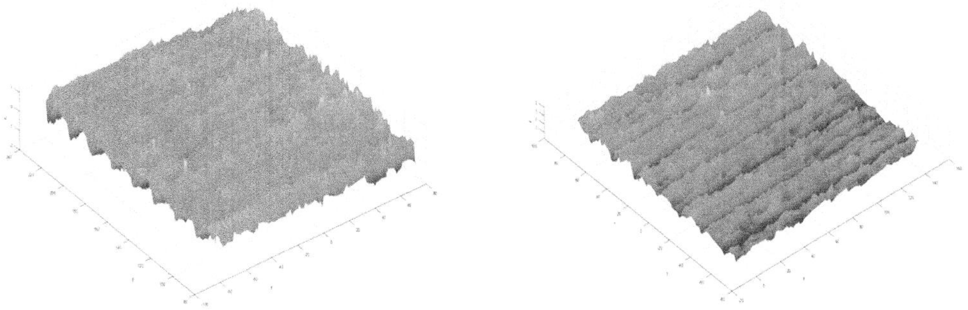

图 8.9　水泥混凝土道面 MATLAB 可视化

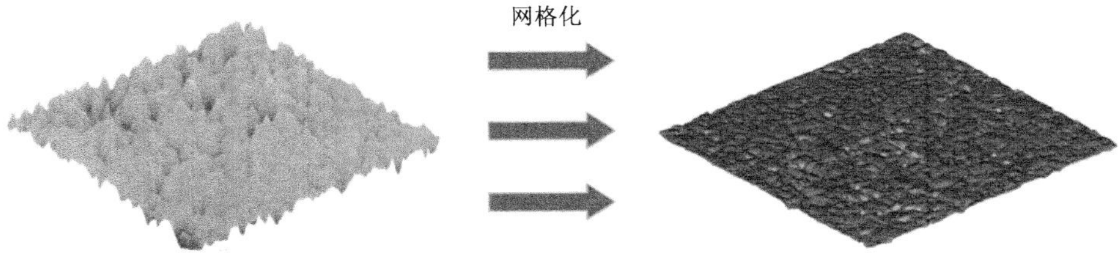

(a) 扫描路面形貌　　(b) 带纹理的路面模型

图 8.10　水泥混凝土道面三角网格插值可视化

使用 Filedir+Ptcloud 对文件进行批处理，并使用如下代码进行每条数据可视化图片的保存。

```
print(gcf, '-dpng',[num2str(frontname),'模型.jpg'])
```

根据各指标计算公式在 MATLAB 中进行编程。同时，可根据数据报告需要进行指标的可视化输出，图 8.11 以 CTM 和 V_{mp} 为例进行展示。

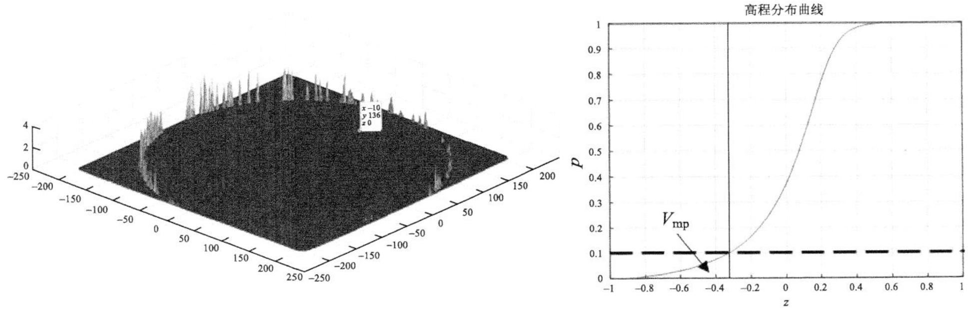

(a) 环形纹理激光仪指标(CTM)　　(b) 支承体积 V_{mp}

图 8.11　指标可视化

在将所有代码进行统一封装时，使用 function 功能函数将各指标作为声明函数名称进行输入和输出。使用 filenm = [date,'.xlsx']将所有数据输出至 Excel 中，并将 Excel 保存至该数据所在文件夹目录中。

2. 数据分析

参考机场道面纹理构造相关规范《民用机场飞行区技术标准》(MH 5001—2021)、《民用机场道面现场测试规程》(MH/T 5110—2015)、《民用机场道面评价管理技术规范》(MH/T 5024—2019)和《民用机场水泥混凝土道面设计规范》(MH/T 5004—2010)，机场道面纹理构造指标以道面纹理深度信息为主要控制指标，因此研究选取 22 个样本点，以平均构造深度(MTD)为参照分析各类数据与 MTD 的相关性[4]。结果表明，高程类指标中算术平均高度 S_a 和均方根高度 S_q 与 MTD 数据相关性较好，偏斜度 S_{sk} 和驼峰度 S_{ku} 较差，体积类指标支承体积 V_{mp} 和核支承体积 V_{mc} 与 MTD 数据相关性较好，环形纹理激光仪指标(CTM)与平均构造深度指标(MTD)的相关性较好。

8.2.3 道面表面纹理构造评价指标的准确性验证

完成基于重构道面纹理模型的纹理构造评价指标计算工作后，需验证其准确性，现场试验在南京大校场机场跑道进行。大校场机场道面存在沥青道面和水泥道面两种形式，受限于试验设备，对南京大校场沥青道面进行铺砂法试验，采集道面的纹理构造深度相关信息，如图 8.12 所示。

图 8.12　南京大校场机场道面及现场铺砂法试验

同时开展铺砂法测试，验证从 3D 重建纹理计算纹理特征的可行性和准确性。铺砂法试验严格按照 ASTM-E184-15(2015)和 ASTM-E30393(2018)标准执行[3]。

试验过程中铺砂试验区域和图像采集的区域尽量重合，以达到两组数据的协调性和一致性。根据式(8.30)计算铺砂法试验数据结果：

$$\mathrm{MTD}=\frac{1000V}{\pi D^2/4} \tag{8.30}$$

式中，V 为每次铺砂所使用砂子的体积，V=25cm^3；D 为每次铺砂区域的平均直径，cm。

在得到现场的铺砂数据后，只须将现场铺砂数据和根据现场图片处理后得到的平均构造深度指标进行对比分析。两组数据的对比如表 8.2 和图 8.13 所示。

表 8.2　程序计算数据与现场铺砂数据

MTD(程序计算)	MTD(现场铺砂)	MTD(程序计算)	MTD(现场铺砂)
0.4526	0.472375	1.0343	0.934541
0.3938	0.358647	0.9305	0.800287
0.6053	0.565322	0.9586	0.858096
0.3756	0.348875	0.7614	0.693028
0.2592	0.291393	1.0560	0.952155
0.4106	0.410684	0.8577	0.732214
0.5088	0.509993	0.4221	0.417861
0.4859	0.438405	0.4012	0.342177
0.4700	0.458499	0.7678	0.704908
0.3567	0.334533	0.5549	0.576388
0.7138	0.657665	0.4447	0.453272

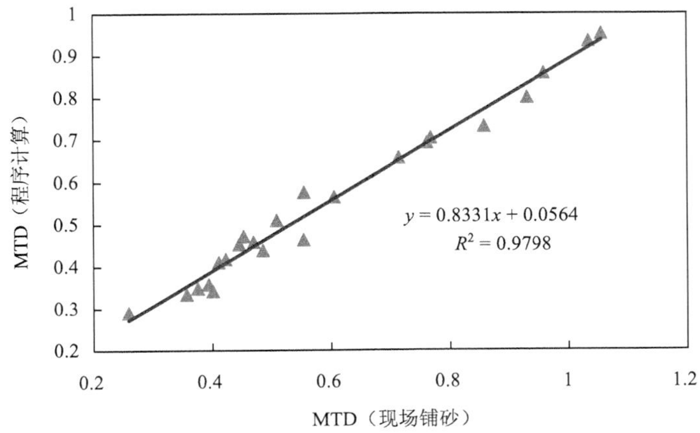

图 8.13　程序计算结果与现场铺砂数据回归

由上述图表可知，程序计算 MTD 与现场铺砂 MTD 两组数据基本一致[8]，$R^2 = 0.9798$ 代表两者线性关系表征强，说明所得到的三维纹理模型编程计算的道面纹理构造指标的平均构造深度(MTD)具有较高的准确性，并且现场图像采集速度远大于现场铺砂试验。

8.3 飞机轮胎/道面接触动摩擦系数计算方法

在进行机场道面的抗滑性能评价工作时，不仅要关注道面本身表面纹理构造的特征，还要关注飞机轮胎在道面上进行起飞或降落的滑行过程中受到的摩擦力大小[3]。在前文基础上，继续研究飞机轮胎在与道面接触时受到的作用力。首先分析飞机橡胶轮胎与道面纹理接触的适用摩擦模型，根据前文得到的重构的三维纹理道面信息计算模型所需的道面参数，再引入飞机橡胶轮胎的相关参数计算模型所需的轮胎橡胶参数，最后计算得到可以用于评价道面抗滑性能的动摩擦系数指标，并进行现场测试以验证该指标的准确性。

8.3.1 基于 Persson 摩擦模型的动摩擦系数求解

经典的轮胎模型未全面考虑轮胎橡胶的各种特性，之后的 Klüppel 模型将宏观和微观分离，计算方法虽然更全面，但飞机在起降时的滑行速度较大，宏观纹理的作用占比远大于微观纹理。经过几类摩擦模型的对比，研究选择了 Persson 摩擦模型进行飞机轮胎与机场道面接触时的动摩擦系数计算，该模型与上述轮胎-道面接触模型的不同之处为，在物理基础模型中同时考虑了橡胶特性、接触面纹理等因素，且其摩擦理论体系与实际拟合较好。

1. Persson 摩擦模型

Persson 基于橡胶从微观到宏观的不同长度尺度下基体表面粗糙度和黏弹性行为的性质，提出了基于物理学的多尺度摩擦模型。该模型假设摩擦力直接与橡胶内摩擦有关，内摩擦是由橡胶表面在与不同尺度粗糙表面接触下产生的振荡力引起的，并计算得到不同尺度下以滑动速度 v 和波矢量 q 为参数的滞回摩擦函数：

$$\mu_H = \frac{\sigma_f}{\sigma_0} = \frac{1}{2}\int_{q_0}^{q_1} q^3 C(q) P(q) \mathrm{d}q \times \int_0^{2\pi} \cos\phi \, \mathrm{Im} \frac{E(q_0 \zeta v \cos\phi)}{(1-\gamma^2)\sigma_0} \mathrm{d}\phi \tag{8.31}$$

式中，σ_f 为橡胶在粗糙表面滑动时的剪切应力；σ_0 为轮胎的正压力；积分下限 q_0 是最低的参考波矢量频率，与道面表面污染颗粒的大小有关，当表面没有污染时与轮胎的材料性能有关；积分上限 q_1 是波矢量截止频率，与道面表面纹理材料尺寸有关；$E(q_0\zeta v\cos\phi)$ 为橡胶的复模量，与加载频率相关；$C(q)$ 是基体表面的粗糙度功率谱；$P(q)$是轮胎-基体表面接触面积与名义接触面积的比值，两者都是空间频率的函数[10]。

2. 道面表面纹理功率谱密度

机场道面表面纹理高程数据可以看成二维的信号，如图 8.14 所示，因此可通过纹理功率谱表征表面高程值统计分布情况。其方法是使用预定义函数或经验技术将表面轮廓分解为其基频内容。

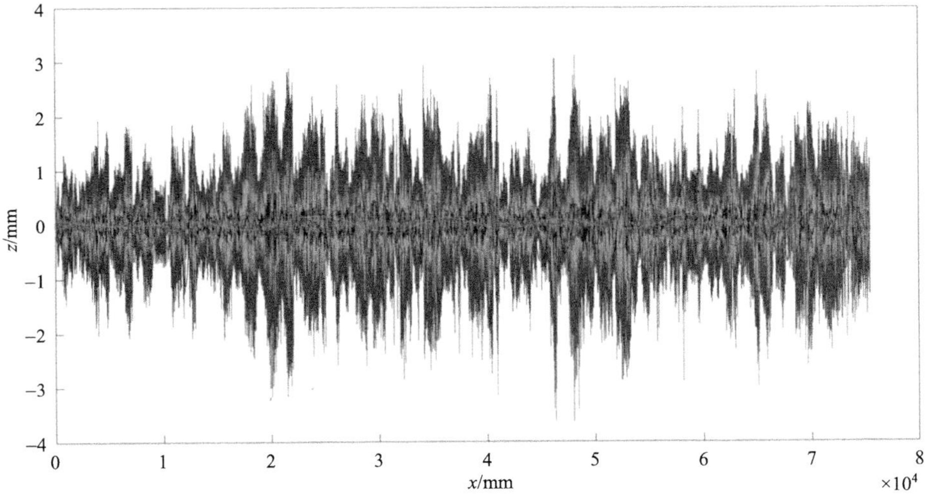

图 8.14　道面表面纹理断面信号

功率谱计算公式如下：

$$C(q)=\frac{1}{(2\pi)^2}\int \mathrm{d}^2x\left[h(x)h(0)\right]\mathrm{e}^{-\mathrm{i}qx} \tag{8.32}$$

式中，$q=2\pi/\lambda$，是道面表面的纹理高程所形成的信号波矢；$x=(x,y)$，$z=h(x)$，是道面表面的纹理高程数据。各向同性时，$C(q)$与相位信息无关，只与q的大小有关。因此，可以对$C(q)$的二维矩阵应用径向平均值，并获得径向平均的表面粗糙度功率谱，被称为 PSD。

对轮胎-道面接触时的动摩擦系数进行精确计算，面对的挑战不仅来自对机场道面纹理的多尺度信息的表征，还来自对道面与轮胎接触部分纹理的划定。Persson 摩擦模型计算的是全三维纹理数据，但多项研究中均表明，只有道面的顶部会与轮胎直接接触，对摩擦产生贡献。因此，全表面形貌 PSD 的任何变化，实际上都源于顶部形貌的变化。

通过顶部和底部功率谱的计算结果可观察到这一点，顶部功率谱$C_{\mathrm{T}}(q)$和底

部功率谱 $C_{\mathrm{B}}(q)$ 的计算公式如下：

$$\begin{cases} C_{\mathrm{T}}(q)=\dfrac{1}{(2\pi)^2}\int \mathrm{d}^2x\left[h_{\mathrm{T}}(x)h_{\mathrm{T}}(0)\right]\mathrm{e}^{-iqx} \\ C_{\mathrm{B}}(q)=\dfrac{1}{(2\pi)^2}\int \mathrm{d}^2x\left[h_{\mathrm{B}}(x)h_{\mathrm{B}}(0)\right]\mathrm{e}^{-iqx} \end{cases} \tag{8.33}$$

式中，$h>0$时，$h_{\mathrm{T}}(x)=h(x)$，否则 $h_{\mathrm{T}}(x)=0$；$h<0$时，$h_{\mathrm{B}}(x)=h(x)$，否则 $h_{\mathrm{B}}(x)=0$。顶部和底部的功率谱密度在除去顶部灰尘产生的波荡信号外的区间（$q>q_0$）时基本重合，而直线斜率与摩擦系数呈线性关系，因此只须计算顶部 PSD 即可。

一般来说，可针对顶面纹理的任何部分计算顶面功率谱。然而对于轮胎与道路摩擦，接触力学决定了计算中表面形貌的接触部分[11]。若道面的表面粗糙度表现为自仿射分形，则只须考虑小部分顶部纹理，这样只会使道面表面的长波被过滤掉，不会对短尺度粗糙度产生影响。但是，道面粗糙度并非完全的自仿射分形，实际机场道面上，随着轮胎橡胶嵌入道面表面深度的变化，道面表面的短尺度粗糙度也会发生变化，将直接影响顶部 PSD 的计算，需根据飞机轮胎的相关参数确定实际的嵌入深度。

3. 飞机橡胶轮胎参数

飞机橡胶轮胎的参数主要与橡胶的特性相关，为找出用于 PSD 计算的顶部地形正确部分，在研究过程中需要寻找轮胎与道面接触过程中的轮胎平均压痕深度或平均界面分离度 $\bar{u}$。研究人员推导出了刚性固体与随机粗糙表面接触的平均界面分离度 $\bar{u}$ 和法向荷载之间的关系，关系模型简洁明了且与实际数据拟合较好。对于分形维数 $D\leqslant 2.5$ 的自仿射分形曲面，得到了轮胎压力和平均界面分离度 $\bar{u}$ 之间的关系一般形式如下：

$$P\approx 0.5\varepsilon q_r R_q E^{*}\mathrm{e}^{-\frac{\bar{u}}{\gamma R_q}} \tag{8.34}$$

式中，$E^{*}=E/(1-v^2)$，E 为橡胶模量，对于橡胶，$v\approx 0.5$；P 为挤压力；ε 为经验参数，$\varepsilon\approx 0.7493$；$q_r$ 为表面的波矢量；R_q 为表面的均方根粗糙度；$\gamma\approx 0.5$。通过式(8.34)可以粗略估计橡胶渗入路面的深度，同时将参数设置为尽可能接近实验条件的数值，以解决计算结果对估计深度的敏感性问题。

对于橡胶模量 E 的计算，首先针对胎面橡胶材料进行超弹特性和黏弹性模量的分析，Yeoh 模型在模拟橡胶材料的超弹特性上优于 Mooney Rivlin 模型，因此选用 Yeoh 模型并利用已有的胎面橡胶材料实验数据，采用三元件模型计算橡胶模量，如图 8.15 所示。

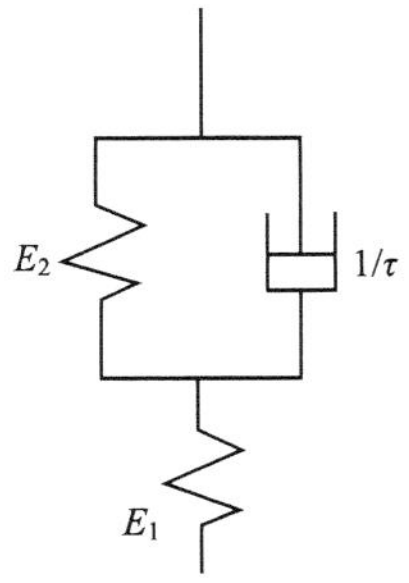

图 8.15　橡胶本构模型

飞机轮胎参数选用民用飞机型号为 A320，具体参数如表 8.3～表 8.5 所示。

表 8.3　A320 飞机橡胶轮胎基本参数

参数	数值	参数	数值
轮胎类型	46×17.0 R20	降落荷载/kg	6600
胎压/kPa	1147	凹槽数量/个	4
直径/mm	1168	胎面花纹	环形凹槽
轮胎宽度/mm	432	凹槽宽度/mm	9
最大速度/(km/h)	205	凹槽深度/mm	10

结合轮胎橡胶材料的参数使用 Yeoh 模型进行换算，由弹塑性力学理论可知，橡胶材料受到振荡力时，应力与应变存在相位差，则复模量可表示为

表 8.4　A320 飞机橡胶轮胎材料参数

橡胶材料	Yeoh 模型			
	C_{10}	C_{20}	C_{30}	$D_i(i=1,2,3)$
胎面	1.200201	−1.20439	0.945575	0
胎面基部	0.451268	−0.15744	0.080273	0
侧壁	0.470942	−0.16431	0.083773	0
胎肩	0.445972	−0.15560	0.079331	0
内衬	0.486342	−0.16968	0.086513	0

表 8.5　A320 帘布层材料参数

帘布层材料	弹性模量/MPa	泊松比
皮带层	20000	0.33
路拱层	2000	0.45
车身帘布层	5000	0.45
胎圈层	80000	0.33

$$E(\omega)=\frac{E_1(1-\mathrm{i}\omega\tau)}{1+a-\mathrm{i}\omega\tau} \tag{8.35}$$

式中，$E_1=2\times10^9\mathrm{Pa}$；$\omega=vq$；$a=1000$；$\tau=0.001\mathrm{s}$。

此外，需特别注意橡胶对温度的敏感性，飞机轮胎在道面滑行过程中会因摩擦产生大量局部热量，使轮胎温度局部上升并改变橡胶黏弹特性。温度升高后，橡胶的黏弹性模量 $E(\omega)$ 向更高频率移动，此时橡胶变得更具弹性(黏性减小)，从而减少能量耗散，接触面积下降且摩擦系数减小。经过试验，引入衰减系数 $\eta(\eta\in(0.5,1))$，η 与滑行速度成正比[13]。

4. 动摩擦系数计算

在 MATLAB 中将各关键参数分模块，使用 Faction 指令实现各参数的方程式输入和输出后同道面纹理统计指标一起，使用 filenm = [date,'.xlsx']将所有数据输出至 Excel 中，并将 Excel 保存至该数据所在文件夹目录，动摩擦系数计算结果如表 8.6 所示，例选功率谱密度计算结果如图 8.16 所示。

表 8.6　动摩擦系数计算结果

测试点位	01	02	03	04	05	06	07	08	09	10	11
μ	0.430	0.369	0.514	0.368	0.445	0.365	0.452	0.450	0.452	0.346	0.957
测试点位	12	13	14	15	16	17	18	19	20	21	22
μ	0.807	0.865	0.778	1.003	0.734	0.386	0.384	0.743	0.538	0.407	0.667

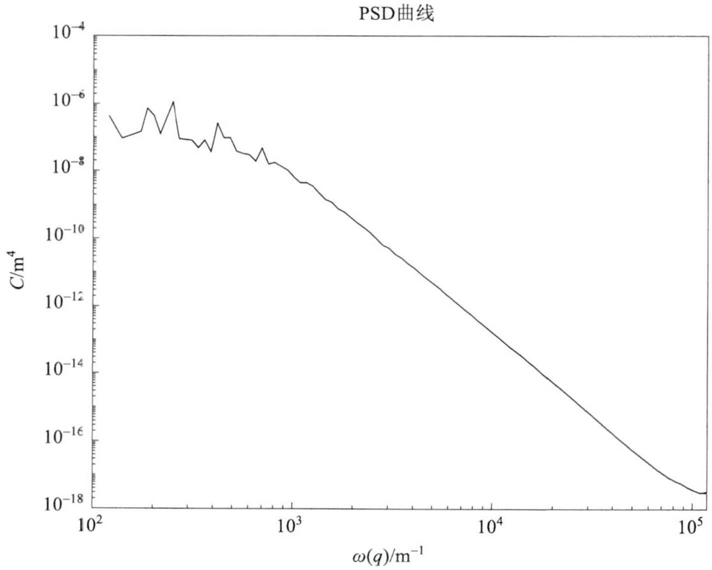

图 8.16　例选功率谱密度计算结果

8.3.2　动摩擦系数计算有效性验证

根据《公路路基路面现场测试规程》(JTG 3450—2019)中动态旋转式摩擦系数测试仪测试路面摩擦系数方法进行动摩擦系数的测定。在测试过程中尽量保证动态摩擦检测仪(DFT 仪)测试区域与图像采集平台的拍摄区域重合，如图 8.17 所示。

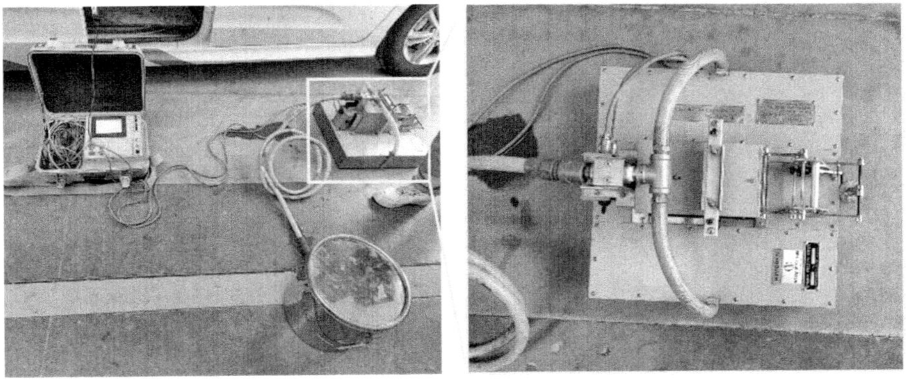

图 8.17　动态摩擦检测仪

将 DFT 仪测试数据与程序计算数据汇总，选一组数据为例进行论述，该 DFT 仪测试数据与程序计算数据汇总于表 8.7。

表 8.7　DFT 仪测试数据与程序计算数据汇总

速度/(km/h)	程序计算	DFT 仪	速度/(km/h)	程序计算	DFT 仪	速度/(km/h)	程序计算	DFT 仪
1.21	1.108506	0.637	22.1	1.109844	0.527	41.83	1.106588	0.495
1.21	1.108517	0.637	23.46	1.109844	0.524	43.1	1.106008	0.495
3.78	1.108534	0.603	25.49	1.109804	0.519	45.02	1.104987	0.494
5.45	1.108599	0.591	26.84	1.109747	0.516	46.35	1.103817	0.492
7.81	1.108813	0.578	28.84	1.109612	0.512	48.21	1.102858	0.49
9.37	1.108985	0.57	30.15	1.109484	0.509	49.55	1.101337	0.487
12.9	1.10923	0.555	32.12	1.109233	0.506	51.42	1.100099	0.484
12.9	1.109369	0.555	33.43	1.109233	0.504	53.34	1.098058	0.481
15.09	1.109546	0.547	35.38	1.108644	0.501	54.6	1.096524	0.479
16.52	1.109642	0.542	36.68	1.108177	0.499	56.01	1.093886	0.476
18.63	1.109753	0.536	38.62	1.107785	0.497	57.79	1.091869	0.475
20.04	1.109804	0.532	39.91	1.107163	0.496	59.1	1.088408	0.474

续表

速度/(km/h)	程序计算	DFT 仪	速度/(km/h)	程序计算	DFT 仪	速度/(km/h)	程序计算	DFT 仪
60.95	1.085762	0.473	73.57	1.040853	0.474	83.61	0.918019	0.365
64.09	1.081217	0.471	73.57	1.031807	0.474	85.77	0.824597	0.209
64.09	1.077718	0.471	75.54	1.015475	0.477	87.14	0.76509	0.097
66	1.071658	0.47	76.86	1.002049	0.481	88.74	0.641207	0.008
67.29	1.067011	0.47	78.84	0.977566	0.483	89.2	0.517268	0
69.2	1.058777	0.471	80.18	0.957181	0.476	89.32	0.224038	0
70.49	1.052299	0.472	82.22	0.918019	0.431	89.4	0.224038	0

将两列数据以速度为横坐标进行对比，如图 8.18 所示。

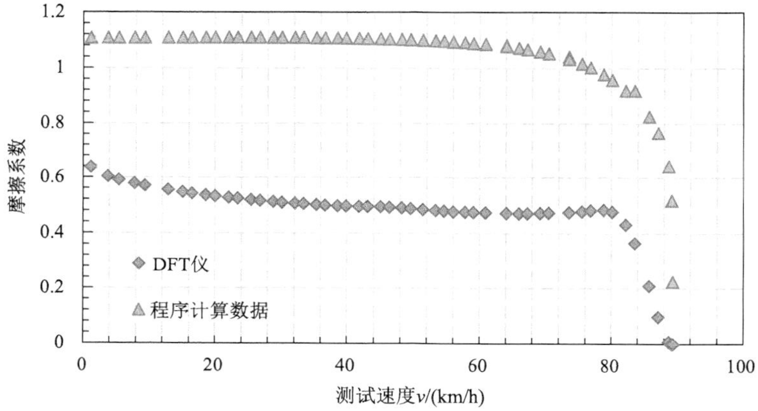

图 8.18　DFT 仪数据与程序计算数据对比

由图 8.18 可知，两者数据趋势基本一致，在对数据进行进一步分析时发现，表 8.7 中最后三行数据存在 0 值异常，这是因为 DFT 仪在速度较大时未监测到有效数据，而计算程序不受这一干扰，输出的计算值不为 0，符合实际情况。为了分析的准确性，这些 0 值异常数据需要剔除。其次，因飞机在道面滑行时的速度较大，对 20～80km/h 速度区间的数据进行分析，删除速度较小时的动摩擦系数数据，将两者进行数据回归，回归结果和两者的误差值数据分别如图 8.19 和图 8.20 所示。由图表数据可知，两组数据的相关性较强，R^2 达到 0.9447，数据误差在 3%以内，证明计算程序与 DFT 仪数据有较好的关联性，可以用于评价机场道面动摩擦系数。

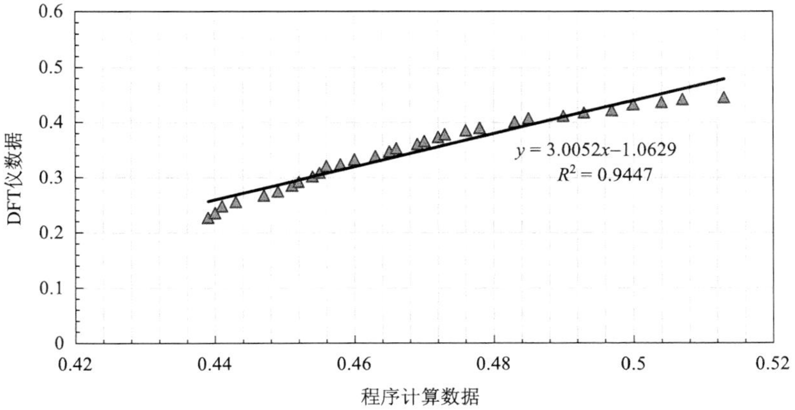

图 8.19　DFT 仪数据与程序计算数据回归

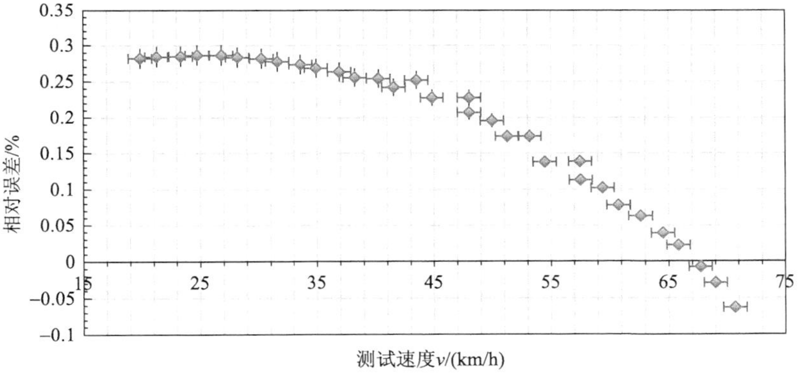

图 8.20　DFT 仪数据与程序计算数据误差

8.4　机场道面抗滑性能快速检测工况研究

机场交通任务繁重，道面的检测工作需在较短时间内完成。在前文研究的基础上，对图像采集平台进行优化，将图像采集设备装载在检测车的尾部，使检测车在道面上行驶的过程中完成图像采集工作，实现道面信息的快速采集，降低对机场交通组织的影响。在对快速采集的图片进行降噪优化的基础上，完成道面抗滑评价指标的计算。在现场对机场道面进行静态图像采集和快速图像采集两组试验，对比分析两组图片处理和计算得到的道面抗滑性能评价指标，以验证快速采集工况下对道面抗滑性能进行评价的可行性。

8.4.1　快速检测设备平台

为满足快速检测需求，首先需要快速驱动的平台搭载图像采集设备、控制系统和工作人员，其次图像采集设备即工业相机组在能够稳固地固定在该平台上的同时拥有充足的图像采集视角，如图 8.21 所示。经调研后，决定将图像采集设备装载在道路检测车后侧，以实现上述需求。道路检测车行驶速度为 0～100km/h，研究采用的相机快门时间最快可达 0.2ms，为降低环境光噪声，快门时间一般可设置为 600μs，为实现采集的稳定性与连续性，道路检测车的行驶速度推荐为 60km/h。此时快门时间内车身运动位移小于 1cm，若采用高速相机，则检测车的行驶速度可以达到最大值。

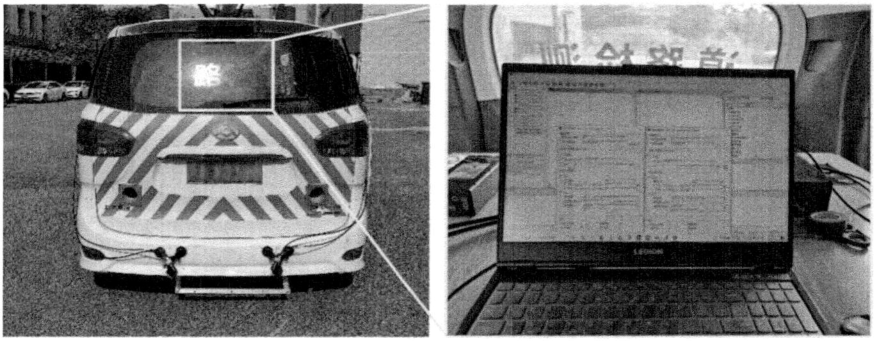

图 8.21　快速检测设备集成检测车辆

1. 工业相机固定装置

采用可拆卸的吸盘支架固定工业相机组，在满足研究需求的同时，实现对检测车的可逆化改装，吸盘支架外观和相关尺寸如图 8.22 所示。

图 8.22　吸盘支架外观及尺寸

2. 数据传输线

选用 USB 3.0 公转的高柔 Micro-B 光纤线缆，型号为 BH USB3.0-GR-A。其特点为高柔耐弯折、屏蔽抗干扰、性能稳定，可以实现高速传输，与其他图像采集设备的匹配度高，如图 8.23 所示。

图 8.23　图像传输数据线

3. 位置编码器

图像采集后以采集时间为命名进行储存，为使工业相机组每个镜头捕捉的图像一一对应，本书将位置编码器固定在检测车的右后方轮胎上，对 Galaxy View 进行二次开发，trigger 转为 line0（编码器通道），当后方轮胎转过一周时，程序调动工业相机组同时拍摄，如图 8.24 所示。

图 8.24　位置编码器

8.4.2　基于改进的维纳滤波降噪的快速检测图像处理方法

道路检测车以 60km/h 的速度进行图像采集时，在拍摄期间车身约有 1cm 的位移，此时图像会因为镜头运动产生模糊，需要对这类模糊图像进行降噪处理。通过分析图像模糊的产生原因和常用的处理办法，选择合适的降噪方法进行处理。

1. 模糊图像处理方法

图像模糊由拍摄图像过程中的各种因素引起，包括相机抖动、目标运动及离焦等。根据模糊图像的不同，一般将模糊图像分为运动模糊、离焦模糊、高斯模糊与混合模糊[13]。

(1)运动模糊：光照充足条件下，当曝光时间足够短时，相机可以捕捉到清晰的图像。当曝光时间相对于物体或者相机运动过长时，图像会产生模糊，该模糊图像一般称为运动模糊。

(2)离焦模糊：除运动模糊之外，图像清晰度还受到目标位置与相机焦距的影响。在相机成像区域中，不同目标的景深不同，当相机的对焦系统无法对焦到某些目标时，相机拍摄到的图像就会离焦模糊。

(3)高斯模糊：高斯模糊是通过高斯卷积得到的模糊图像。

(4)混合模糊：图像同时被多种因素影响而造成的模糊称为混合模糊，例如，相机拍摄在离焦状态下的高速运动物体时，得到的模糊是一种混合模糊。

快速检测时产生的模糊为混合模糊，即相机拍摄在离焦状态下的高速运动(相对运动)物体时产生的模糊。工业相机组固定位置较低，且道面平整度高，因此以高速运动模糊为主，离焦模糊为辅。

图像模糊成因可以用以下模型进行描述：

$$f = x \otimes k + n \tag{8.36}$$

式中，f表示观察到的模糊图像；x表示清晰图像；$\otimes$ 表示卷积算子；k表示点扩散函数，或者称为模糊核、卷积核，点扩散函数是二维矩阵，其中所有非零元素的和为 1；n 表示噪声。

图像去模糊方法分为盲图像去模糊算法[14](清晰图像 x 和卷积核即点扩散函数未知)和非盲图像去模糊算法(点扩散函数已知)。不同原因导致不同的点扩散函数并且导致模糊原因复杂，一般研究盲图像去模糊算法。在进行图像去模糊处理时，通常有传统方法和深度学习方法两个类别。在选择哪种算法或方法进行机场道面快速采集图像去模糊处理时，首先要考虑设备采集图像的模糊特点(运动模糊为主、局部离焦为辅)，同时拍摄图像种类单一、模糊种类固定，因快门时间可达到 0.2ms，所以拍摄的图像整体模糊程度轻微，综合以上因素首先排除了复杂的、需要大量时间进行数据集训练的深度学习方法。其次，对比传统方法，逆滤波法适合没有噪声的情况，Lucy-Richardson 滤波算法在进行迭代计算时对初值的选取和计算约束条件需求严格，且其计算结果稳定性不足，因此最终选择维纳滤波进行图像模糊的滤波[15]。

维纳滤波的基本公式为

$$\hat{F}(u,v)=\left|\frac{H^*(u,v)}{\left|H(u,v)\right|^2+\dfrac{P_{\mathrm{N}}(u,v)}{P_{\mathrm{S}}(u,v)}}\right|G(u,v)=\left[\frac{1}{H(u,v)}\cdot\frac{\left|H(u,v)\right|^2}{\left|H(u,v)\right|^2+\dfrac{P_{\mathrm{N}}(u,v)}{P_{\mathrm{S}}(u,v)}}\right]G(u,v) \tag{8.37}$$

实际应用中，信噪比 $\dfrac{P_{\mathrm{N}}(u,v)}{P_{\mathrm{S}}(u,v)}$ 通常是未知的，一般根据已知的 $G(u,v)$ 中包含的噪声信息来估计 $P_{\mathrm{N}}(u,v)$。但由于 $\hat{F}(u,v)$ 未知，无法估计 $P_{\mathrm{S}}(u,v)$。因此，计算求解时通常以常数值 k 来代替 $\dfrac{P_{\mathrm{N}}(u,v)}{P_{\mathrm{S}}(u,v)}$，此时 k 变成一个可调节参数，维纳滤波公式为

$$\hat{F}(u,v)=\left[\frac{1}{H(u,v)}\cdot\frac{\left|H(u,v)\right|^2}{\left|H(u,v)\right|^2+k}\right]G(u,v) \tag{8.38}$$

为确定 k 的大致范围，首先根据清晰的机场道面信息进行道面图像特征计算，即基于先验信息估计模糊核。对模糊核的估计有多种方法，如基于图像梯度分布方法(基于梯度稀疏先验方法、基于稀疏性度量先验方法)、基于暗通道先验的图像去模糊方法、图像的 1 范数和 2 范数之比方法等，如图 8.25 所示。

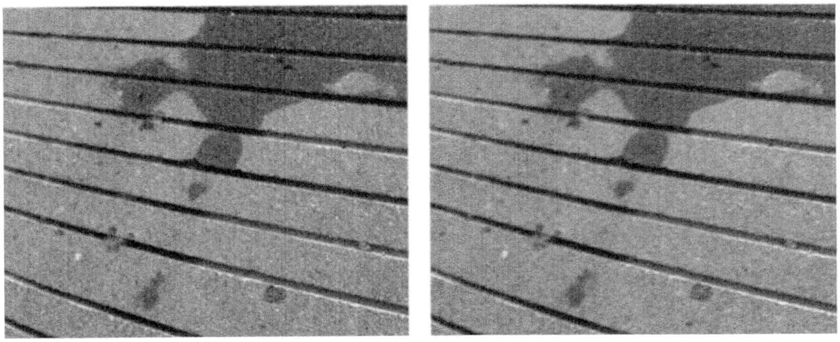

图 8.25　清晰道面与模糊道面之比

选用图像梯度分布方法，通过统计采集的清晰道面图像的梯度分布，获得原始图像梯度分布的先验信息，然后对原始图像梯度分布进行模型化处理，拟合出与自然图像梯度分布一致的分布函数，并将该分布函数作为复原图像的正则化项引入最优化目标函数中。

对图像进行去模糊和噪声后，需对复原效果进行评价，采用结构相似性指数测量(structural similarity index measure, SSIM)评估方法[16]在图像复原后进行评价，

评价代码如下。

```
    %  SSIM(0,1)
    result3 = mydeconvwnr(blurred_noisy, PSF, estimated_SSIM);
    estimated_SSIM = noise_var/var(I(:));
    result4 = mydeconvwnr(blurred_noisy, PSF, estimated_SSIM);
    subplot(1,2,1),imshow(result3),title('restored image with estimated
SSIM(1)');
```

2. 图像降噪后效果比对

根据 8.4.2 节中的计算程序，随机选取 3 张检测车在快速行驶时采集的道面信息进行去模糊处理，并与静态采集的图像相对比进行去模糊评价，处理结果如图 8.26～图 8.28 所示。

图 8.26　机场道面静态拍摄图像

由图 8.26～图 8.28 可知，采用基于正则化的维纳滤波降噪方法后，主观上可以观察到取得了较好的去模糊效果。除了主观观察外，计算得到的均方误差(mean square error, MSE)评价指标如表 8.8 所示。由表 8.8 可以看出，SSIM 的范围均为良好，也证明了图像去模糊和噪声处理取得了较好的效果。

图 8.27　机场道面动态拍摄模糊图像

图 8.28　机场道面去模糊处理后图像

表 8.8　去模糊效果评价

序号	1	2	3	4	5	6	7
SSIM	0.844	0.872	0.848	0.852	0.794	0.718	0.823
序号	8	9	10	11	12	13	14
SSIM	0.817	0.861	0.882	0.822	0.725	0.741	0.866

其中，道面表面有较大明显特征时，结构相似度较大，图像复原效果较好，这是因为特征计算时，特征参数权重增大且 k 参数的噪声值范围减小，与实际情况相符。

8.4.3　徐州观音国际机场现场验证

在完成快速检测设备平台搭建、图像去噪声去模糊算法研究两项准备工作后，需进行机场道面抗滑性能快速检测工况的现场应用验证。应用验证在徐州观音国际机场进行，同时开展了对照试验以验证快速检测工况下机场道面抗滑性能评价指标的准确性。

1. 现场试验和验证

1) 试验方案

试验选择徐州观音国际机场、南京大校场机场的北跑道为试验对象，现场试验方案分为应用组和对照组两组。首先进行应用组试验，试验主要内容为熟练的驾驶员驾驶装载图像采集设备(校验完成的工业相机组)的检测车分别以 20km/h、40km/h、60km/h 的行驶速度且基本保持匀速地通过规划路线，得到三组不同行驶速度下的工业相机组图像集。然后进行对照组试验，试验主要内容为：①熟练的驾驶员驾驶装载图像采集设备的检测车以缓慢的速度行驶在规划路线上，并每间隔 1.75m 暂停一次，进行静态道面图像信息的采集；②熟练的驾驶员驾驶道面摩阻检测车以 65km/h 的标准速度、最不利工况 1mm 水深行驶且基本保持匀速地通过规划路线，得到一组道面摩阻检测车测试的动摩擦系数数据。

2）现场试验过程

首先清理跑道表面杂物，然后将 3 条长度为 100m 的标定尺（图 8.29）以检测车车身宽度的 1/2（间隔 0.99m）沿跑道纵向布设固定，之后分别进行应用组和对照组试验。需要说明的是，在进行对照组试验②时，撤去了两侧位置的标尺，目的是消除标定尺对道面排水的影响，以保证道面摩阻检测车测试数据的可靠度，测试现场如图 8.30 所示。

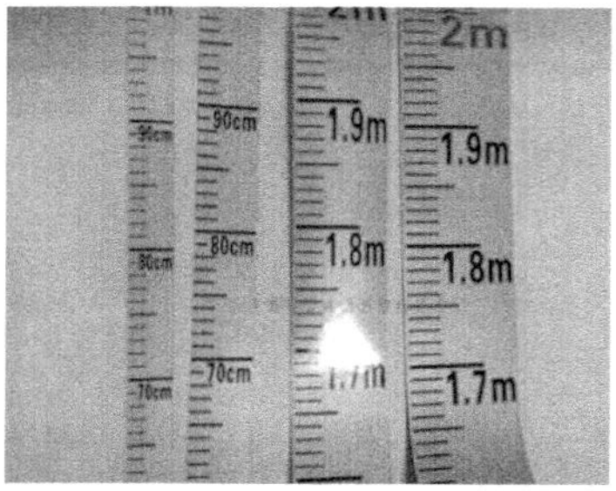

图 8.29　试验标定尺

图 8.30　南京大校场机场测试现场

2. 数据处理与分析

将现场试验得到的两组数据按照前述章节进行图像处理和各指标计算，分别得到静态采集和动态快速采集两种工况下的数据，如表 8.9 所示。

表 8.9　静态和动态抗滑性能参数

工况	S_a	S_q	S_{sk}	S_{ku}	V_{mp}	V_{mc}	MTD/mm	μ
01_静	0.53	0.70	–1.58	4.54	0.04	0.44	1.24	0.58
01_动	0.42	0.52	–0.05	2.48	0.02	0.55	0.79	0.31
02_静	0.52	0.69	–1.57	4.32	0.03	0.42	1.32	0.56
02_动	0.40	0.49	–0.51	2.47	0.02	0.50	0.88	0.26
03_静	0.36	0.44	–0.64	3.35	0.03	0.44	0.91	0.22
03_动	0.29	0.38	–0.33	3.25	0.02	0.33	0.72	0.27

续表

工况	S_a	S_q	S_{sk}	S_{ku}	V_{mp}	V_{mc}	MTD/mm	μ
04_静	0.42	0.59	−1.53	4.26	0.03	0.44	1.04	0.43
04_动	0.35	0.41	0.01	2.20	0.01	0.44	0.59	0.23
05_静	0.33	0.39	−0.03	2.33	0.02	0.43	0.77	0.22
05_动	0.25	0.32	0.25	3.25	0.01	0.33	0.62	0.21
06_静	0.50	0.66	−1.10	3.60	0.04	0.54	1.13	0.50
06_动	0.32	0.44	4.10	3.30	0.02	0.38	0.80	0.98
07_静	0.78	1.04	−1.52	4.33	0.05	0.72	1.85	0.95
07_动	0.53	0.64	−0.47	2.40	0.02	0.62	1.04	0.40
08_静	0.66	0.91	−1.25	3.86	0.05	0.76	1.42	0.70
08_动	0.69	0.84	0.21	2.44	0.03	0.92	1.34	0.55
09_静	0.38	0.46	0.63	2.46	0.01	0.50	0.69	0.15
09_动	0.21	0.26	−0.13	2.82	0.01	0.25	0.53	0.22
10_静	0.39	0.50	−1.26	4.16	0.04	0.39	1.05	0.48
10_动	0.45	0.56	−0.50	3.10	0.04	0.50	1.04	0.32
11_静	0.47	0.56	−0.08	2.09	0.02	0.57	0.88	0.27
11_动	0.26	0.32	0.10	2.68	0.02	0.32	0.56	0.19
12_静	0.85	1.11	−1.52	4.07	0.04	0.74	1.79	0.99
12_动	0.41	0.49	−0.68	2.41	0.02	0.43	0.83	0.30
13_静	0.34	0.42	0.16	2.82	0.02	0.42	1.02	0.27
13_动	0.23	0.29	−0.35	3.32	0.02	0.27	0.62	0.19
14_静	0.34	0.46	−1.57	5.39	0.04	0.33	0.96	0.37
14_动	0.27	0.34	−0.70	3.10	0.02	0.31	0.73	0.20
15_静	0.40	0.51	−1.28	4.41	0.04	0.39	1.03	0.37
15_动	0.28	0.35	−0.84	2.85	0.02	0.37	0.68	0.25

选取 15 个样本数据进行对比分析。首先是各指标静态数据和动态数据对比，由图 8.31 可知，将所有指标数据 S_a、S_q、S_{sk}、S_{ku}、V_{mp}、V_{mc}、MTD 和 μ 的静态采集数据与动态快速采集数据放在同一图中进行对比，两者基本呈线性相关，且相关性较高，R^2=0.8819，说明动态快速采集的数据整体水平是以较稳定的差值、线性偏离静态采集的数据，表明动态快速采集结果具有较高的数值稳定性。

下面分别探讨不同指标在静态采集时与动态采集时的数据变化。首先是算术平均高度 S_a，由图 8.32 可知，算术平均高度 S_a 静态与动态数据相关性一般，R^2 = 0.4725，动态采集数据整体水平低于静态采集数据。分析原因可知，快速采集相

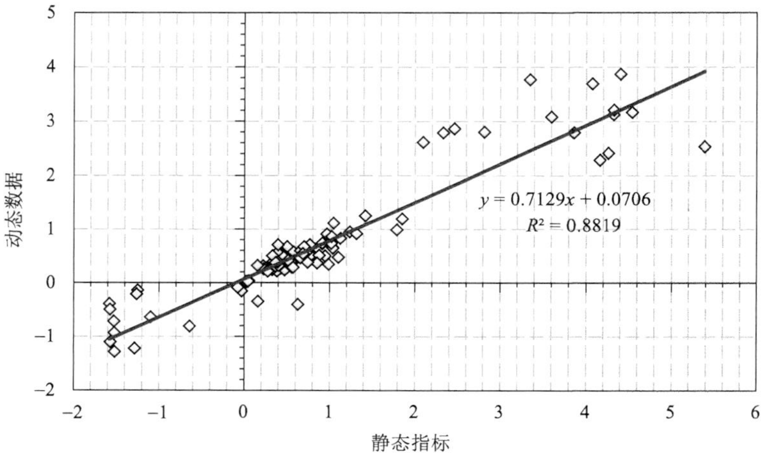

图 8.31　静态和动态数据对比图

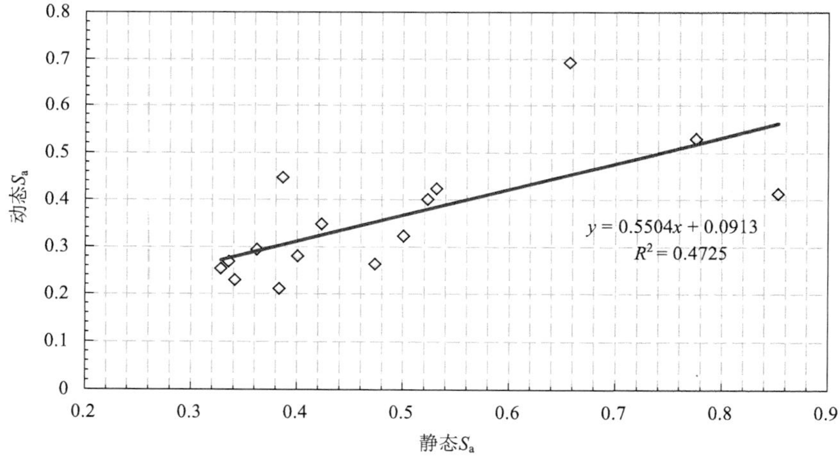

图 8.32　S_a 数据对比图

机按下快门时图像产生横向位移，对纵向深度数据的获取产生了影响，因此深度信息数据的获取存在一定程度的缺失，改善方法是提高相机的快门速度、减小采集图像时的横向位移。

由图 8.33 中均方根高度 S_q 数据静态与动态对比可以看出，其整体趋势与算术平均高度 S_a 相同，但因均方根高度 S_q 指标的稳定性高于算术平均高度 S_a，所以均方根高度 S_q 在静态与动态时的对比相关性 R^2 大于算术平均高度 S_a 的 R^2。

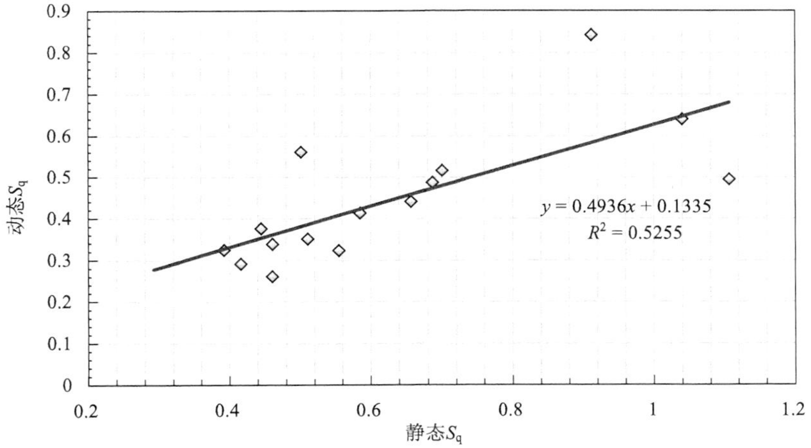

图 8.33　S_q 数据对比图

由图 8.34 和图 8.35，即图的偏斜度 S_{sk} 数据和图的驼峰度 S_{ku} 数据对比可知，这两个形状类指标静态时的数据与动态时的数据相关性差，是因为快门时间内的横向位移在直接改变水平数据的同时，造成深度数据的缺失，横向与纵向数据的变化加剧了动态数据偏离静态数据，导致两者基本不相关。由此可知，在进行快速采集时形状类指标的敏感性比高程类指标要高。

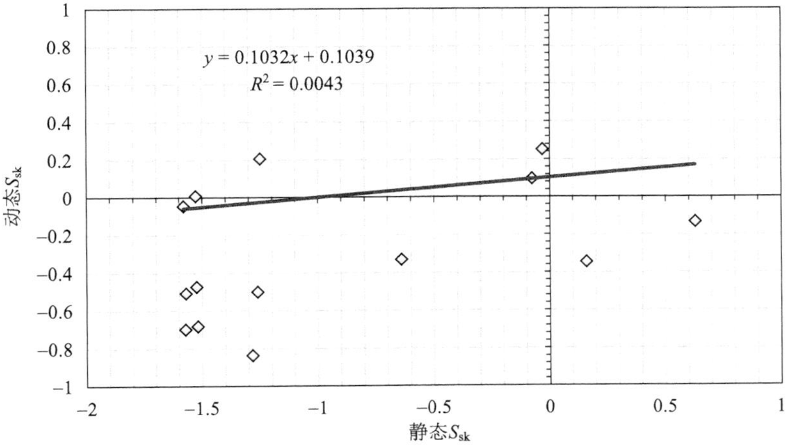

图 8.34　S_{sk} 数据对比图

由图 8.36 和图 8.37，即支承体积指标 V_{mp} 数据图和 V_{mc} 数据图可知，当 V_{mc} 以概率阈值 p=80%计算累积体积率时，其对应的深度分布区间范围明显大于 V_{mp} 在 p=10%概率阈值下的体积支承指标，这表明 V_{mc} 与深度类参数的相关性更强，该结果符合两类指标对表面纹理不同概率区间的表征特性。并且体积类指标采用高度梯度累积分布函数曲线进行计算，优化了数据分布结构，此处理可以减小横向位移对深度数据缺失造成的影响。

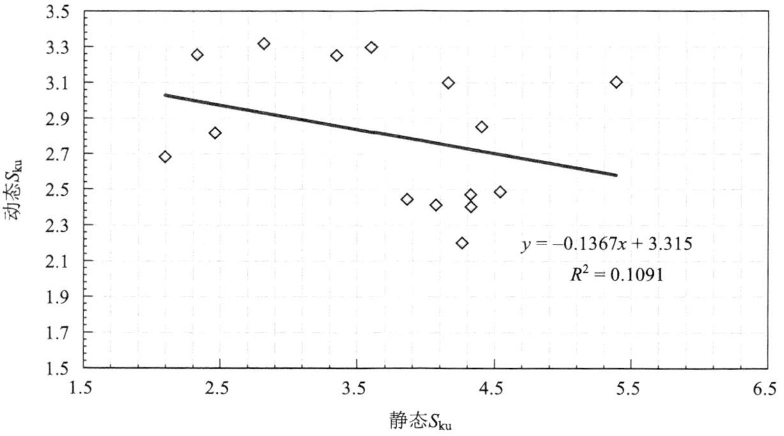

图 8.35 S_{ku}数据对比图

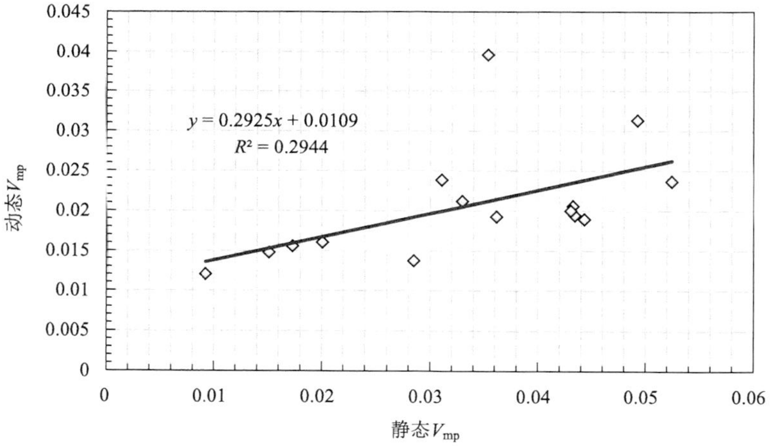

图 8.36 V_{mp}数据对比图

由图 8.38 可知，平均构造深度指标 MTD 与高程类 S_a、S_q 及体积类指标 V_{mp}、V_{mc} 相关性较强，因此动态与静态数据的偏离趋势基本一致，在数值较小范围内偏差较小，在数值较大范围内偏差较大。分析原因可知，横向位移的存在导致深度较小时的数据缺失低于深度较高时的数据缺失，因此在数值较大时动态数据数值会较大程度地低于静态数据数值。

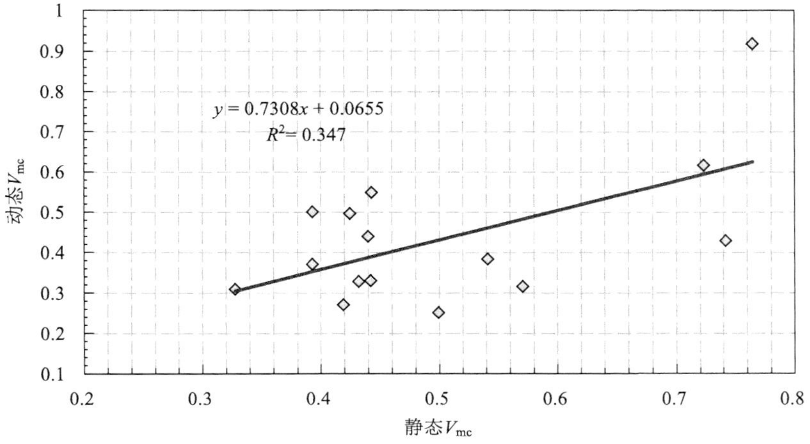

图 8.37　V_{mc} 数据对比图

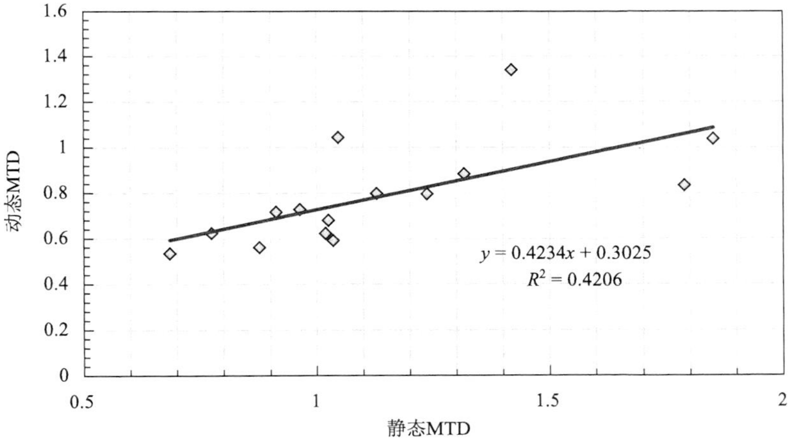

图 8.38　MTD 数据对比图

由图 8.39 可知，动摩擦系数指标 μ 的数据结果也与前述几个指标的偏离基本一致。为了去除深度较大样本的不利影响，本节删除了深度值较大的 3 个样本数据，以平均构造深度指标 MTD 和动摩擦系数指标 μ 为例，如图 8.40 所示，可以看出静态与动态数据的相关性明显增强。

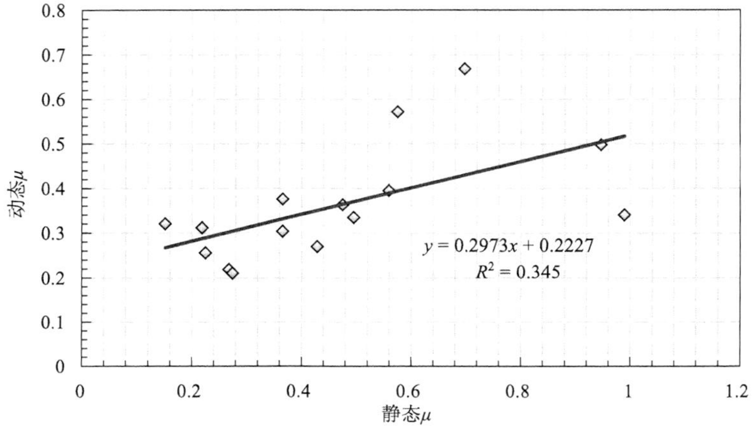

图 8.39　μ 数据对比图

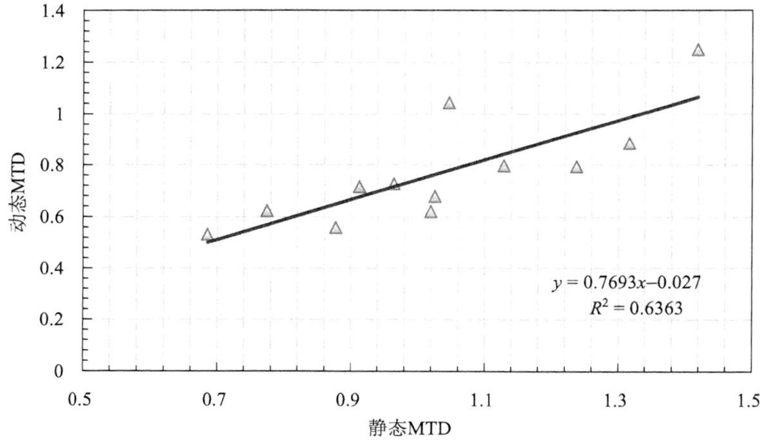

(a) MTD 数据

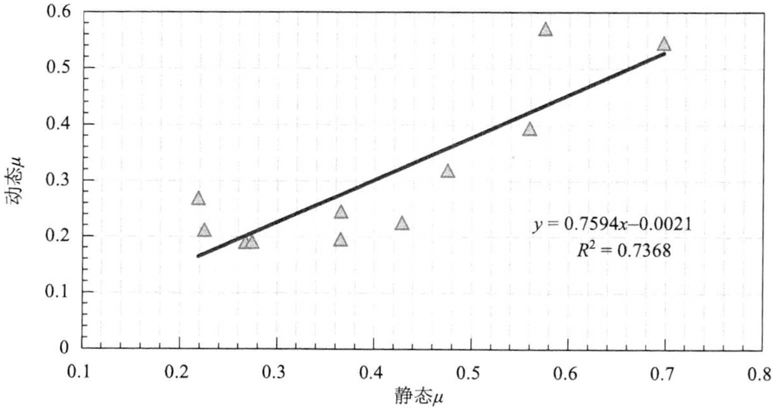

(b) μ数据

图 8.40　异常值剔除数据对比图

参 考 文 献

[1] 李柯, 龙小勇, 蔡良才, 等. 水泥混凝土道面预防性养护评价指标体系研究. 铁道科学与工程学报, 2020, 17(8): 1993-2003.

[2] 邢小亮, 王孝存, 张昱, 等. 不良气象微环境对机场道面抗滑性能影响分析. 交通信息与安全, 2022, 40(1): 80-88.

[3] 王世伟. 道面构造与抗滑性能模型分析. 天津: 中国民航大学, 2010.

[4] Manzi N M. The runway condition report//ICAO Regional Seminar on Implementation of the New Global Reporting Format for Runway Surface Condition, Accra, 2019: 796.

[5] 郭牧. 车载式三维激光路面检测系统设计与实现. 西安: 长安大学, 2020.

[6] Deng Q S, Zhan Y, Liu C, et al. Multiscale power spectrum analysis of 3D surface texture for prediction of asphalt pavement friction. Construction and Building Materials, 2021, 293: 123506.

[7] 张佳乐. 道面构造抗滑的表达参数研究. 天津: 中国民航大学, 2014.

[8] Anderson J M, Kalra N, Stanley K D, et al. Autonomous vehicle technology: How to best realize its social benefits. RAND Corporation, 2014.

[9] Bansal P, Kockelman K M. Forecasting Americans' long-term adoption of connected and autonomous vehicle technologies. Transportation Research Part A: Policy and Practice, 2017, 95: 49-63.

[10] Zhu W T, Miao J, Hu J B, et al. Vehicle detection in driving simulation using extreme learning machine. Neurocomputing, 2014, 128: 160-165.

[11] Thrun S. Toward robotic cars. Communications of the ACM, 2010, 53(4): 99-106.

[12] Maurer M, Gerdes J C, Lenz B, et al. Autonomous Driving: Technical, Legal and Social Aspects. Berlin: Springer, 2016.

[13] 从卓红, 陈恒达, 郑南翔, 等. 水泥混凝土路面纹理的研究进展. 材料导报, 2020, 34(9): 9110-9116.

[14] Permanent International Assoc of Road Congresses. Technical committee report on surface characteristics//Piarc XVIII World Road Congress, Brussels, 1987.

[15] 刘清泉. 路面表面特性及其优化选择. 北京公路, 1991, (4): 1-6.

[16] 刘清泉. 路面防滑机理与应用研究. 南京: 东南大学, 2000.

第 9 章　机场道面雨雪冰状态检测与预警研究综述

随着近几年新一代信息技术的快速发展，我国“十四五”规划纲要明确提出了建设智慧民航的任务。其中重要环节之一就是构建更加先进、可靠、经济的安全安保和技术保障服务体系，确保飞行安全，更好保障人民群众的生命财产安全。建设智慧机场是智慧民航建设的核心抓手，主要从机场全域协同运行、作业与服务能力、建造与运维水平等方面，推进机场航站楼服务智能化、飞行区保障少人无人化等，推动航班运行控制智能决策，提升协同保障能力，改进服务水平和运行效率[1]。

据统计，飞机起飞和降落阶段是民航事故发生最多的阶段，其中起飞 3 分钟和降落 7 分钟被称为“黑色 10 分钟”[2]。在这段时间内，偏/冲出跑道是最为常见的事故类型。

根据《运输机场跑道表面状况评估和通报规则》规定，当全部或部分跑道表面有湿气、压实的雪、干雪、湿雪、雪浆、霜、冰或积水时，机场管理机构应当立即对跑道表面受污染情况进行评估。因此，道面雨雪冰状态检测与预警对于保障机场运行安全、减少因道面状态导致发生飞行事故具有重要的作用。目前机场对道面污染物的识别和评估采取目视的方法，污染物的深度通过直尺测量等方法予以确认。这种方法需要人员进入跑道巡检测量，测量误差较大，检测范围有限，检测效率低，并且无法及时响应并反馈最新情况，给机场的运行带来安全隐患。现有的红外遥感等传感设备对天气和能见度等环境条件敏感程度较高，在雨雪天进行监测准确率会受到较大影响，在国内机场应用较少[3]。

随着计算机视觉技术的发展，深度学习中的图像识别技术也被广泛应用于交通行业。尤其是在自动驾驶领域，对于路面状态、道路标线、障碍物等的识别越来越完善。图像识别技术模型的建立需要大量数据及高质量的标注信息，属于数据驱动型技术，但是在机场采集数据较为困难，需要相关部门许可，如何在不影响航班、不破坏道面的情况下进行图像的获取，使得在民航领域应用深度学习进行道面状态识别的研究较少。因此，在建设智慧机场的过程中，亟须建立机场道面状态数据库，并开发适合机场道面状态分类检测的模型[2]。

图像识别应用于道面状态检测主要用于区分不同的状态类别，对于污染物厚度测量，可以采用图像生成点云技术。机场道面属于静态建筑物，不会发生较大位移，因此通过获取原道面和污染后道面的点云坐标差值可以计算出道面雨雪冰厚度。将图像识别与点云测量技术相结合，机场可以在道面检测方面进行更为便捷和准确的应用，即能够通过图像采集设备实现对道面状态的实时自动化检测，不再需要人工实地直尺巡检测量，实现实时自动化的道面雨雪冰状态检测和预警[3]。

9.1　道面状态检测方法研究现状

目前，我国机场道面状态识别研究处于起步阶段，现有的道面状态传感器及检测系统基本为国外进口产品，且多应用于道路场景，机场普及率低，道面状态仍多用人工目视或直尺测量法进行检测。现有较为先进的适用于机场道面状态检测的方法主要有以下几类。

(1) 基于大数据与 AI 学习算法的污染物(雨、雪、冰等)类型识别：这项技术主要应用于污染物识别。基于图像识别的污染物覆盖范围、面积测量技术，主要应用于污染物覆盖面积自动化测量。

(2) 基于物理学原理开发相关的传感技术：根据道面状态下表面的某些物理性质差异，使用电容法、振动法、光学法等方法，通过道面状态传感器进行雨雪冰状态和正常状态的区分与检测，如基于红外激光遥感的污染物深度测量技术，主要应用于松散污染物深度自动化测量。

(3) 基于数理统计的分析方法：通过采集各类气象监测数据和道面物理参数等，结合机器学习的手段构建相关的预警系统，在城市道路和高速公路中较为常见，如道路易结冰路段的危险预警系统。

本章基于计算机视觉卷积神经网络图像识别技术进行机场道面状态分类模型训练，实现道面雪冰状态的区域级和像素级识别，基于三维点云重构技术实现区域雨雪冰厚度检测，并结合气象因素进行道面状态预警，实现机场道面状态的自动化检测。此方法可以为机场场务人员提供有价值的参考，在危险出现时及时进行警告，以便场务人员做好准备，选择最佳保障措施，防患于未然。

9.2　道面雨雪冰状态识别研究现状

就目前来看，机场多采用目视法和直尺测量污染物深度相结合的方式进行道面状态评估。机场道面状态检测与路面状态检测有很多相似之处，检测原理和方法基本可以通用。国际上很多发达国家在 20 世纪末就已经意识到了气象条件对交通安全的巨大影响，如芬兰、英国、瑞典等国家结合气象部门开始进行道路气象信息系统(Road Weather Information System，RWIS)的研发；美国、日本等国家在发展智能交通系统(Intelligent Traffic System，ITS)的过程中也运用了很多检测、计算机领域的新技术，收集并处理众多影响交通安全的气象信息。随着自动驾驶技术的发展，现有研究更多聚焦于路面状态的识别[4]。

目前主流的道面状态检测方法主要可以分为接触式和非接触式两类。接触式检测方法主要为埋入道面的传感器技术，较为成熟的技术有多频电容传感技术、回波测量技术、电化学极化技术等。非接触式检测方法相比于接触式检测方法具有不破坏原有道面、安装方便、易于维护、测量范围较大的优点，主要包括近红外多光谱法、光学偏振法、雷达技术和深度学习图像识别技术。

1. 多频电容传感技术

多频电容测量通过扫频激励检测电路电容值的频响特性差异，可精准区分道面覆盖物(如雨、雪、冰、空气)状态，其原理基于不同物质介电常数随频率变化的独特规律对电容值的显著影响，结合模式识别算法可实现实时分类。

图 9.1 为多频电容传感器示意图。其中多频检测模块敏感电容器的电容会随着电介质的变化而变化，电介质的变化表现在道面覆盖物种类的变化，因此可以通过电学方法检测该电容的大小来判断路面覆盖物的种类。具体来说，一般情况下空气的相对介电常数约为 1，并且几乎不会随温度和检测频率的变化而改变。常温下，水的介电常数大约为 80，冰的介电常数的变化呈现一定的规律性，即当检测频率一定时，冰的介电常数随着温度的升高而增大，当温度一定时，冰的介电常数随着检测频率的增加整体呈现减小的趋势。雪是水的固体形态，但是其介电特性更加复杂。研究表明，干雪的介电常数在检测频率为 1kHz～10GHz 的范围内基本不变，只与密度有关。另外，由于冰、雪在某些频率下的相对介电常数与水相接近，而冰和雪的相对介电常数也比较接近。因此，通过对多频电容采用多种不同的方波频率进行充放电，并测量多频电容上的电压，以这种方式来提高辨别环境条件的准确性。研究人员对此进行了优化研究，从传感器激励和采样策略、标定程序与判定程序的标准化处理和外部串口三个方面进行改进，大幅提高传感器的识别分辨精度，并通过策略优化实现了对积雪情况的分辨。

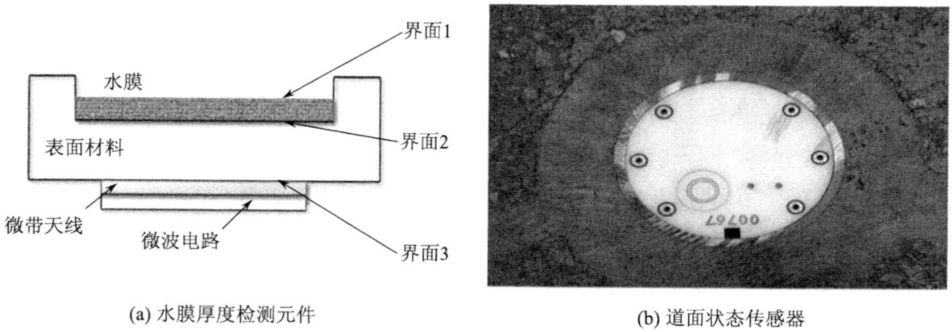

(a) 水膜厚度检测元件　　(b) 道面状态传感器

图 9.1　多频电容传感器示意图

2. 回波测量技术

回波测量法主要是利用电磁波或声波在材料中的传播特性进行测量，其原理类似于雷达检测法。不同之处在于，回波测量法主要用于测量材料中某种物理特性的变化，如测量凝结物厚度、密度、介电常数等。在道路冰层测量中，回波测量法主要用于测量冰层凝结物的厚度，以反映不良路况的严重程度。

回波测量法在道路冰层测量中使用的激励类型主要包括微波和超声波。但是，对于表面凹凸不平、内部存在气泡、裂纹和分层的路面冰层，微波在传播时会发生复杂的折射和反射现象，从而难以进行冰层厚度的准确测量。因此，在这种情况下，超声波可能更适合进行冰层厚度的测量。

3. 电化学极化技术

电化学极化技术是一种利用不同路面材料电导率不同的特性，通过测量电阻和电流变化来检测路面状态的技术。它可以测量多种不同路面状态，如干燥、潮湿、雨雪冰、积水等，并且可以通过传感器的数据进行多数据融合来提高检测精度。20 世纪 90 年代，芬兰 Vaisala 公司推出了一种基于电化学极化原理的多传感模块。该模块可以判断多种常见路面状态，并对临界危险路面状态进行预测，从而为驾驶员提供更加准确的路面状况信息，提高行车安全性。该技术已经在实际应用中取得了良好的效果，并得到了广泛应用。

4. 微波遥感技术

微波遥感的传感器是通过被测物体本身对于微波的反射或其本身的微波辐射来感知物体，在应用于路面状态检测时需要利用公式转换代表各种路面状态的多层介质结构的散射系数，传感器的发射探头将微波信号发射到被测路面后，被测路面将反射信号传送给传感器的接收探头，经过对比计算分析当前路面的状态。20 世纪 90 年代，国外研究学者将微波遥感等技术引入路面状态仪器检测技术中，该系统由微波发射探头、接收探头、控制器、调制解调器、电源等组成。

5. 光电传感技术

光电传感技术利用铂电阻测量路面温度，其原理为水盐混合物的相变过程会伴随着盐分的析出或溶解，而不同浓度的盐的液相具有不同的电导率，通过对盐水混合物电导率的测量即可准确地判断当前盐水混合物的相变点，也即当前的温度，代表产品为挪威 Aanderaa 公司的 3565 型路面状态传感器。光电传感器体积小，功耗低，便于安装，价格低廉，可大面积安置，但是其探测面积较小，抗干扰性能差，安装时需要破坏路面。

6. 光学偏振技术

光学偏振技术利用光的波动特性，通过发射线性偏振光并测量反射光的偏振方向来确定路面的状态。当光线射向路面时，会发生反射和散射，反射光会因路面状况而发生偏振，散射光则不会。测量反射光的偏振方向和光强，经过特征值统计分析可以推断路面的干燥、潮湿、雨雪冰状态。

研究人员将光学偏振与图像粒度分析两种技术相结合，如图 9.2 所示，使用两台单色立体相机在同一时间内定点拍摄相同尺寸的路面图片，安装偏振滤光片在相机镜头前，对图像进行低通滤波，然后通过计算两幅原始图像和低通滤波图像之间的对比差，分析出当前的路面状态，其中对结冰状态的识别准确率高于 90%。一些研究人员对光学偏振技术操作流程进行简化，通过测量近红外辐射的偏振/去偏振状态来评估路表状态，研究了不同几何结构传感器的性能、可靠性，实现了路表干燥、积水、结冰状态的区分。国内研究人员利用红外发光二极管或光电三极管集成制作了收发一体的光电传感器。通过分析光照强度、环境温度、泥水质量比和路表纹理构造等因素对测试结果的影响规律，得出了影响因素的显著性水平，实现了对路面干燥和潮湿状态的判断，以及积水深度和结冰厚度的量化检测。

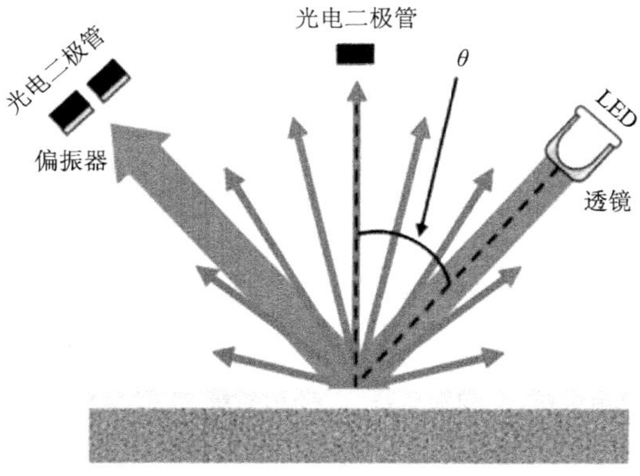

图 9.2　基于红外偏振的路面状态识别技术

7. 雷达检测技术

雷达探测路面雨雪冰状态的研究主要集中在雷达技术和信号处理方面。雷达探测路面状况主要依靠雷达的散射信号，这些信号会受到路面水、雪或冰的影响而发生改变，通过对路面状况和雷达信号的深入分析，可以提高探测精度和准确性。在研究方法方面，主要有两种：一种是使用单频雷达，通过信号频谱分析得出路面状况；另一种是使用多频雷达，通过不同频段下的回波信号差异来识别路面状况。目前，多数研究学者更倾向于使用多频雷达来进行路面状态探测，因为它可以提供更丰富的信息及更高的探测精度。在具体实现方面，研究人员通常会采用一些先进的信号处理算法，如小波变换、时频分析和神经网络等，以提高探测精度。同时，对雷达的天线、发射功率和接收机灵敏度等参数进行优化，也可以显著提高探测效果。

研究人员使用 24GHz 汽车雷达在实验室条件下研究了干燥、潮湿和结冰路面的反向散射特性，并进行了现场实验验证，结果证明对于干燥、潮湿、结冰和积雪路面，各种极化后的后向散射波信号存在较大差异，实现了较为准确的路面状态识别。一些研究人员验证了 Vaisala 公司的 DSC-111 和 DST-111 传感器在实验室条件下能够较准确地识别路面表面状态(干、湿、雨、雪和冰)，冰层厚度测量读数与真实值较为接近，但是积水深度和积雪深度读数不够准确。除此之外，还提出了声呐和极化雷达数据融合方法，由 24GHz 雷达和 40kHz 超声波传感器组成，采用主成分分析和监督分类的方法对特征数据进行分类，在不同天气条件下路面状态识别准确率达到 95%。

8. 图像分析法

近几年来，得益于计算机图像处理技术的发展，基于图像的路面状态传感器应用越来越多，最早是日本提出了基于视频对路面进行监测。2007 年，研究人员在实验室条件下，通过对高分辨率路面图像频谱进行分析，确定了对路面状态纹理识别的可行性，也为后来图像处理的相关工作奠定了基础。

图像识别是计算机视觉领域的一项重要技术，道面状态识别主要应用于将监控拍摄到的图像数据进行分类，自动识别当前道面表面是否存在危险。对图像识别技术的研究已有很多年。传统机器学习的图像识别方法在早期图像识别中运用较广，通常采用方向梯度直方图(histogram of oriented gradient, HOG)、尺度不变特征变换(SIFT)等算法依赖人工提取的特征来表达图像，之后对图像进行特征编码、特征汇聚，再使用 SVM 分类器进行分类。在复杂的图像识别问题中，传统的机器学习方法由于在人工提取特征时容易丢失有用的信息，难以取得较好的识别效果。

随着深度学习不断进步，很多研究者在探索图像识别时都更倾向于使用深度学习方法，其中具有代表性的方法为卷积神经网络。此方法主要通过对生物的视觉神经机制进行模拟，是对多层感知机进行改进而提出的新算法。国外研究人员在 1962 年提出高级动物视觉系统的认知处理模型，并通过对猫视觉皮层的深入研究提出感受野概念。1980 年，日本学者福岛邦彦提出首个卷积神经网络(CNN)的雏形 Neocognitron。1986 年，研究人员提出具有里程碑意义的 BP 神经网络模型。1998 年，LeCun 团队提出 LeNet-5 模型，应用于手写数字识别中，准确率高达 99.2%。2012 年，AlexNet 模型在 ImageNet 图像分类竞赛中以显著优势夺冠，引发深度学习革命。2014 年，VGGNet 通过增加网络深度（16~19 层）在竞赛中取得优异成绩；同年，GoogleNet（Inception v1）提出多尺度卷积模块，大幅减少参数量。2015 年，ResNet 通过残差学习突破千层网络训练瓶颈，成为图像识别新标杆。

与传统的图像识别方法相比，卷积神经网络可以直接输入原始图像，无须进行复杂的预处理，也不需要人工获取图像特征，只需要结合训练数据就能够做到自主学习，进而使特征的提取更准确，通过各层权重相互共享，能够使参数量明显减少，而且利用 GPU 进行训练，与传统方法相比训练速度得到很大提升。

综上所述，基于深度学习的图像识别方法已经较为成熟，尤其是搭建卷积神经网络模型可以得到很好的识别效果。基于此，本书运用卷积神经网络搭建路面识别模型，通过在机场跑道两侧安装摄像头，采集道面表面图像，利用建立好的道面状态识别模型进行分类识别，不需要人工巡检，以减少对飞机起降的干扰，并能够进行实时监测。

9.3　道面雨雪冰厚度检测研究现状

双目立体视觉(binocular stereo vision)是计算机视觉和机器视觉研究领域的重要内容[5]。在之前数字图像中分割提取立方体、圆柱体等简单多面体并描述三维特征，数字图像处理的工作一直局限于二维图像处理，此后数字图像处理与分析从简单的二维处理发展到三维场景，立体视觉技术的研究开始出现并快速发展。从最初的用点、边缘提取，到曲线与平面的提取，再到纹理与运动目标的处理，二维图像开始与三维场景建立联系，并且开始应用于探测与推理。

双目立体视觉是机器视觉获取三维点云技术的一种被动方法。机器视觉获取三维点云技术是通过使用相机或其他感知设备捕捉场景中所有表面的三维坐标的一种技术。这个过程包括获取图像或深度图像、特征提取、特征匹配和三维重建等。通过将多个图像或深度图像的特征匹配在一起，机器视觉系统可以计算每个表面点的三维坐标，最终生成一个包含场景中所有表面的三维坐标的三维点云。基于双目立体视觉的三维重建技术通过两台图像采集设备在不同方位获取场景图像，然后利用计算机对图像进行处理，恢复目标物体的三维信息。目前，机器视觉获取三维点云技术在许多领域都有广泛应用，如机器人导航、自动驾驶、虚拟现实和增强现实、建筑和文物重建、医学图像处理等。双目立体视觉技术目前主要应用领域为遥感测量、机器人自主运动、三维测量、工业领域的自动监控、虚拟现实(virtual reality, VR)和自动驾驶等。双目立体视觉的研究内容通常包括确定摄像机成像模型、采集图像、摄像机标定、去除畸变与校正、图像预处理、图像特征提取、图像立体匹配与视差计算、重投影计算三维坐标等。目前只有电容法、振动法、光学法小范围地应用在道路结冰情况的检测。此外，还需要在路面之下埋设接触式传感器，如电容式传感器和振动传感装置等，在安装时会破坏路面，在维护、更换时也需要更高的费用。谐振式传感器会受到周围环境的干扰，且不能分辨检测物质为外来物的情况。谐振式传感器和光纤式传感器都具有较大的功耗，不适宜远距离大范围安装。基于电导法的应变式传感器能够在实验室环境下得到很好的检测结果，但是由于路面积水、结冰成分复杂多变，导电性能随机性较大，该方法很难在道路上应用和普及。图像识别法作为一种简单直接的非接触式检测方法，能够显著减少路面检测装置的硬件成本，目前也有很多图像识别算法的研究，但总体来说现阶段的消除环境因素影响的图像预处理算法还不够完善，采用图像方法对路面各种复杂状态识别的准确度还比较低。

20 世纪 80 年代，国外学者通过交叉融合神经科学、认知心理学、医学病理学与数字图像处理技术，从生物视觉信息处理机制的角度系统性解析人类感知原理，由此奠定了现代计算机视觉技术的理论基础。其中，双目立体视觉技术的提出具有里程碑意义——该技术通过模拟人类双眼视差感知机制建立三维空间解析模型，极大地推动了立体视觉算法与计算机视觉应用体系的协同发展。经过数十年演进，立体视觉技术已形成完整的三维重建方法论体系，能够基于多视角二维图像高精度恢复复杂场景的空间拓扑结构与物体深度信息。

国内研究人员使用单台相机拍摄获取了祁连山裸露山坡和祁连山八一冰川的 2D 图像[6]，通过延时拍摄结合运动结构重建(structure from motion, SFM)算法扩展得到 4D(时间+空间)信息，包括检测区域的三维点云数据。测量结果表明，在山坡尺度，该方法可以准确获取积雪面积、雪深和积雪空间分布等信息；在斑块尺度，该方法可以获取雪深、积雪面积的动态变化过程。

目前机器视觉获取三维点云已成为许多应用领域研究重点，如智能制造、机器人导航、虚拟现实和无人驾驶等。三维点云技术通过将二维图像中的像素映射到三维空间中的点，可以提供丰富的场景信息，如空间结构、深度、几何形状和表面纹理等，对于复杂环境下的物体识别、跟踪和分割等任务具有重要的应用价值。目前常用的获取三维点云的方法包括基于线结构光、飞行时间(time-of-flight, TOF)相机、双目视觉和多视角系统等，这些方法具有各自优缺点，根据应用场景的不同选择合适的方法进行三维点云的获取和处理，以满足实际需求。

9.4　道面雨雪冰状态预警研究现状

现有研究利用机器学习和数据挖掘技术中常用的朴素贝叶斯和支持向量机等

指导学习分类的方法能够对是否出现某一阈值的低温进行预报。其中，朴素贝叶斯方法主要是根据历史数据计算两类事件出现的条件概率公式，并根据贝叶斯原理比较两类事件发生概率的相对大小进而做出预报。支持向量机方法则是利用核函数将自变量投射到高维空间，并利用二次规划解出可以分隔两类事件样本点的超平面，即求解支持向量，进而根据自变量在高维空间相对超平面的位置来判断分类。朴素贝叶斯方法和支持向量机方法虽然不像多元线性回归那样可以直接给出显式的温度经验预报公式，但其建模中包含非线性机制，某种程度上可以反映比简单的线性回归更为复杂的统计关系。

1972 年，瑞典首次建立了一个可以对雨雪冰天气路面结冰状况进行监测和发布预警信息的预警系统，该系统主要通过电话网络将道路结冰情况告知相关管理部门。该系统以太阳能为供能源，并在瑞典国内一条长度为 4 千米“E4”公路上进行了应用。当道路上出现结冰、堵车和其他紧急情况时，该系统可以及时发布预警信息告知行驶路人。

9.5　国内外研究现状评述

目前，有关道面表面雨、雪、冰状况的识别主要集中在道路应用研究方面，包括接触式与非接触式两类。

接触式基于雨、雪、冰不同的电学特性如介电常数、电导率、谐振特性等差异设计各种埋入式传感器，通过传感器与表面雨雪冰的接触，发送电信号、微波进行不同状态的识别。这类传感器通常测量准确，分辨率较高，并且有一部分可以获取到冰或水的厚度信息。但是接触式传感器测量道面状态也存在以下缺点：①对于冰水混合情况识别困难，需要引入多种传感方法融合测量；②识别范围有限，只能确保在埋设传感器的范围内能够给出识别结果，对于机场大范围应用不具备实用性；③需要破坏道面板进行埋设，设备损坏后维修困难，且不能埋设到机场跑道内。

非接触式测量主要包括光谱强度测量、光学偏振测量、雷达检测和图像识别四种方式[7]。光谱强度测量在实验室环境下识别效果稳定，但在实际应用中环境光照参数不可预测，需要处理光污染源。光学偏振测量目前还处于研究阶段，多为室内实验，野外测量准确率还有待研究。雷达检测在实际使用中受湿度、气流变化等影响严重，不能保证实际识别能力和稳定性。图像识别方法主要依赖于机器学习算法，随着近年来识别算法不断更新，在识别准确率和识别速度方面都有了重大突破，并且这种识别方法测量范围广，通过图像可以完成多种道面表面检测项目。目前，这种方法应用在自动驾驶领域识别路面状态的研究较多，在机场领域的应用很少。但随着图像识别技术的发展，相关研究会不断成熟。

纵观国内外机场道面状态检测技术的发展现状，利用人工智能赋能智慧机场建设，推动深度学习实现自动化道面状态检测是未来的发展趋势[8]。当前，机场在进行道面雨雪冰状态检测方面采用传统的人工巡检方法。道面雨雪冰状态包括雨雪冰状态识别、雨雪冰覆盖面积占比、雨雪冰厚度三个方面[9]。本书旨在研究自动化获取道面状态方法，并根据获取到的信息进行雨雪冰状态综合评价。具体方法为安装摄像头来获取道面图像，利用深度学习算法自动识别雨雪冰状态和覆盖面积占比，利用立体视觉技术获取雨雪冰厚度，从而实现实时检测。综合以上信息建立道面雨雪冰状态评价指标，搭建道面雨雪冰状态识别与预警系统。通过引入这一技术，机场可以实现更高效、更准确的道面雨雪冰状态检测，从而提高航空安全性和运行效率。

参考文献

[1] 付晓云,李彤. 冲出跑道事件的先兆分析. 民航管理, 2016,(11): 74-78.

[2] 霍志勤, 茹毅, 韩松臣. 民航运输航空器着陆阶段偏出跑道事件分析模型. 西南交通大学学报, 2012, 47(5): 895-900.

[3] 张恒. 轮胎与湿滑道面相互作用下的飞机滑水行为研究. 天津: 中国民航大学, 2018.

[4] 闫珅. 大型飞机污染跑道起降性能和飞行操作适航标准研究. 南京: 南京航空航天大学, 2019.

[5] 吴瑾, 崔沂峰, 姜紫阳, 等. 基于卫星遥感数据的恶劣气象监测预警系统设计. 计算机测量与控制, 2022, 30(5): 1-5, 12.

[6] 涂珊珊. 机场道面运维管理系统的GIS多维开发与应用. 南京: 东南大学, 2020.

[7] 谭忆秋, 李济鲈, 徐慧宁. 寒区路面冰雪状态感知与预警. 中国基础科学, 2020, 22(5): 9-15, 34.

[8] Haug A, Grosanic S. Usage of road weather sensors for automatic traffic control on motorways. Transportation Research Procedia, 2016, 15: 537-547.

[9] 梁曹佳, 叶林, 葛俊锋. 非接触式路面状态检测技术研究进展. 传感器与微系统, 2019, 38(2): 1-4, 8.

第 10 章　机场道面雨雪冰状态检测与预警技术研究

10.1　多工况道面状态图像采集与处理

构建道面状态图像数据集是进行机器学习图像识别的前提，本节首先进行不同道面雨雪冰状态的图像、视频采集和标签标注工作，建立道面雨雪冰状态图像数据集。为实现雨雪冰状态的识别，本章研究不同的卷积神经网络结构在雨雪冰状态图像数据集上的性能和检测效果。主要研究了 YOLO v5、YOLO v8、MobileNet v3 三种目标检测模型的网络结构、优势及特点，并利用建立的数据集分别进行模型训练，训练道面雨雪冰状态分类模型并进行当前图片包含的雨雪冰状态分类。根据不同网络结构的识别效果进行对比分析，选出更适合道面雨雪冰状态区域级识别的模型。

10.1.1　图像数据获取

根据中国民用航空局最新颁布的《运输机场跑道表面状况评估和通报规则》(民航规〔2021〕32 号)确定道面雨雪冰状态分类，分析影响图片成像的各种外界环境因素，设置不同工况完成道面状态图像采集。图像采集通过多种方式进行，包括检测车拍摄、跑道旁摄像头拍摄，并融入部分公开数据集。对获取到的图像进行分类和标注，建立道面雨雪冰状态图像数据集并用于后续道面雨雪冰状态分类模型的训练[1]。

10.1.2　检测车采集数据

检测车主要由硬件模块及软件模块两大部分组成，其组成如图 10.1 和图 10.2 所示，包括检测平台与检测模块。检测平台包括供电系统、存储系统、GPS/DMI 组合定位系统，检测模块包含路面相机和景观相机等设备。

使用道面状态检测车获取数据，分别在车前安装一台 GoPro 摄像机、车后安装两台工业摄像机进行道面状态的视频和图像采集。检测设备的软/硬件模块为整个产品提供搭载平台、供电、采集控制、定位定姿和数据存储功能，为检测模块功能的实现提供支持，将采集到的图片实时传输并通过数据存储模块保存至计算机端，如图 10.3 所示。

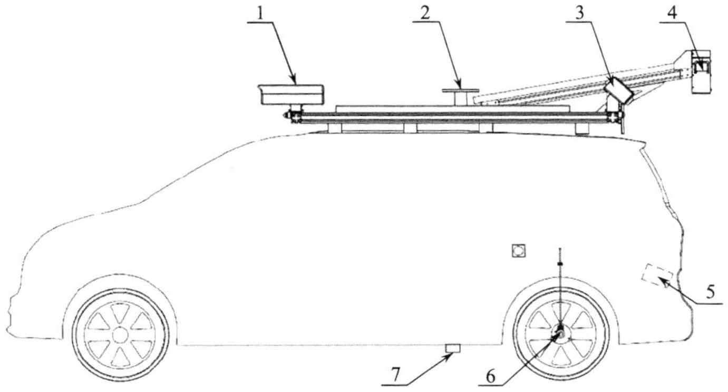

图 10.1　检测车外部布局

1-景观相机；2-GPS 天线；3-车辙相机；4-路面相机及激光器；5-车辙激光器(在车内)；6-编码器；7-平整度系统

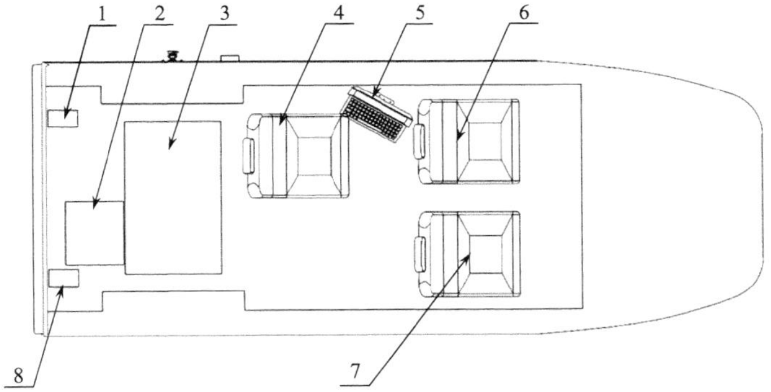

图 10.2　检测车内部布局

1-左车辙激光器；2-逆变器和充电机；3-机柜(含电池)；4-座椅；5-工作台；6-驾驶位；7-副驾驶位；8-右车辙激光器

图 10.3　图像采集实时传输

考虑到机场道面和公路路面具有一定相似性，并且除机场跑道外，机场道面还包括滑行道、停机坪、联络道等不同功能道面，在受到雨雪冰污染时表面主要区别在于覆盖物的颜色和状态，因此数据集以机场道面实地采集图片为主，另外加入部分道路雨雪冰图像扩充数据丰富性。

雨雪冰状态会有不同程度的融化或者压实，下雨时雨滴在镜头上产生遮挡，因此在不同天气情况下拍摄道面潮湿、积水、积雪、结冰图像。工业相机镜头为海康威视 HF-P 系列 FA 镜头，配备水星二代 Lite 数字相机，具有清晰度高、噪声低、体积小、便于安装搭载的特点。拍摄过程中根据环境调整光圈和快门速度使图像成像清晰。拍摄速度为 40km/h，设置车轮每转动一圈，工业相机采集一次图像，通过旋转编码器自动编号存储于计算机。此外，GoPro 运动相机安装在引擎罩上并以一定的俯角进行视频拍摄。图 10.4 为部分代表性拍摄图像。

(a) 潮湿沥青路面　　(b) 潮湿水泥路面　　(c) 积水

(d) 积雪　　(e) 雪浆　　(f) 结冰

图 10.4　代表性图像

10.1.3　人工图像采集

人工图像采集分为机场架设摄像头拍摄和人工手持拍摄。由于机场对飞行净空的要求及跑道边设备高度的限制，采用近距离边灯式布局将视觉探头安装于距机场跑道较近的位置，实现近距离边灯式布局。跑道边灯高约 40cm，安置在跑道两侧，沿跑道全长对称地设置在距跑道边线外侧不大于 3m 的两条平行线上。图 10.5 为在机场跑道两侧架设摄像头情况。

图 10.5　机场架设摄像头

根据上述规则安装的摄像头拍摄角度几乎与跑道平行，因此主要识别跑道表面雨雪冰状态。若以整个跑道宽度作为探测范围，则视觉探头的最大俯仰坡度约为 0.4/60≈0.7/100，明显小于跑道本身的坡度 1/100，无法实现整个跑道宽度的探测，只能实现 1/2 跑道区域的探测。为实现无盲区探测并且监控范围覆盖整个跑道区域，视觉探头需要安装在跑道两侧，图 10.6 为摄像头在机坪和跑道拍摄的部分图像。

(a) 机坪位置 a　(b) 机坪位置 b　(c) 跑道位置 a　(d) 跑道位置 b

图 10.6　不同位置道面状态图像

10.1.4　公开数据集

采用的公开数据集为 RSCD 数据集[2]。该数据集通过高性能车载摄像头拍摄，覆盖了不同季节、天气、路面材料状态下的水泥、沥青道面等工况的图像，并进行了全状态详细信息的标注。选出与机场道面状态相符的 9 类数据作为模型训练数据，分别为干燥沥青道面、干燥水泥道面、积雪道面、潮湿沥青道面、潮湿水泥道面、雪浆道面、积水沥青道面、积水水泥道面和结冰道面，如图 10.7 所示。

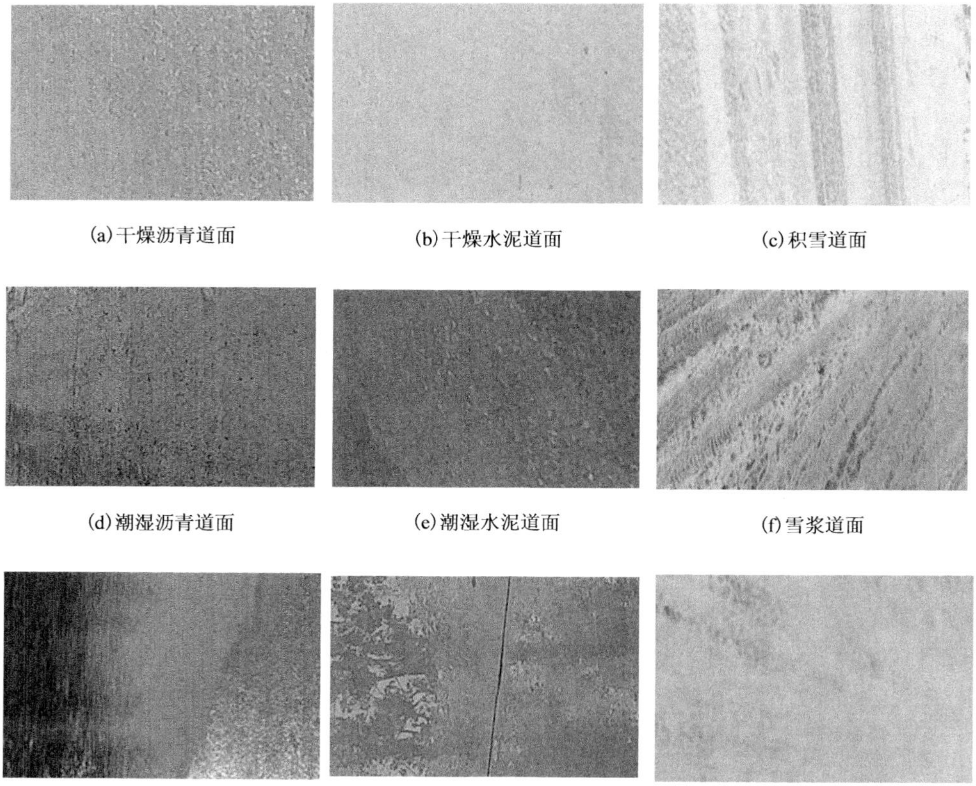

(a) 干燥沥青道面　(b) 干燥水泥道面　(c) 积雪道面
(d) 潮湿沥青道面　(e) 潮湿水泥道面　(f) 雪浆道面
(g) 积水沥青道面　(h) 积水水泥道面　(i) 结冰道面

图 10.7　不同类别图片示例

以上数据集包括训练集、验证集和测试集全部数据，通过随机采样获得验证集和测试集，因此不同集合之间数据集近似独立同分布。在以上数据集中，在干、潮湿、积水情况下区分了沥青道面和水泥道面，因为两种道面类型在图像中呈现出不同的视觉状态；在覆盖积雪、雪浆、结冰情况下没有区分沥青和水泥道面，因为在积雪或冰覆盖情况下，图像特征取决于表面雨雪冰的特征，与道面材料无关，人工进行划分不能为模型训练提供帮助。

以公开数据集作为检测车采集数据的补充，将原始图片的路面区域裁剪成 360 像素×240 像素大小的图像块进行模型的训练，充实不同道面状况及气候状况下的图像数据以提高模型泛化性能。

10.2　数据标注及预处理

10.2.1　图像数据标注

前述三类数据共同组成道面雨雪冰图像数据集，作为后续模型训练的数据集，分为 9 类，分别对应干燥沥青道面、干燥水泥道面、潮湿沥青道面、潮湿水泥道面、积水沥青道面、积水水泥道面、积雪道面、雪浆道面、结冰道面。图像分类模型将不同种类模型放置于不同文件夹下，以类别名称命名，表 10.1 为各类别图片数量。

表 10.1　数据集类别及图片数量

状态类别	图片数量/张
dry_asphalt	79401
dry_concrete	81108
wet_asphalt	82574
wet_concrete	70125
water_asphalt	81560
water_concrete	39216
fresh_snow	76730
melted_snow	64263
ice	57262

10.2.2　图像预处理

图像预处理的主要目的是去除图像中的噪声、失真和其他无关信息，以提高后续处理过程的准确性和可靠性。处理步骤包括图像增强、滤波、几何变换、颜色空间转换等，通过这些操作可以最大限度地简化数据、增强特征，从而使图像分割、目标检测和识别等任务更加精确和有效。

在道面雨雪冰的图像识别中，雨雪冰天气下的光线条件较差，道面颜色分布不均，可能出现灰度分布偏移等问题，导致图像质量较低，难以进行准确的识别和预测。同时在图像分析中，图像质量的好坏直接影响识别算法的设计与效果精度，因此在图像分析前需针对该问题进行预处理。

直方图均衡化是一种常用的图像增强技术，通过重新均匀地分布各灰度值来增强图像对比度，可以对图像的亮度和对比度进行调整，从而改善图像的质量并提高识别准确性。图像处理中，灰度直方图表示数字图像中各灰度级(横坐标)与其出现的频数（纵坐标），即处于该灰度级的像素数目的统计关系。通过重新构造灰度级进行变换，能够改造并修正原图像的灰度直方图，使变换后的图像直方图达到一定要求。直方图均衡化的流程如下。

(1) 计算图像灰度直方图：统计图像中每个像素的灰度值出现的次数，得到图像的灰度直方图。

(2) 计算累积分布函数：根据灰度直方图计算像素值的累积分布函数，用于描述像素值出现的概率分布。

(3) 计算映射函数：将累积分布函数进行归一化，得到像素值的映射函数，该映射函数用于将原始图像中的像素值映射到新的像素值。

(4) 计算输出图像：根据映射函数，将原始图像中的像素值映射到新的像素值并生成输出图像。

图 10.8 为图像经直方图均衡化后，图像及其对应的灰度直方图呈现结果。由图可知，灰度直方图对比度得到增强，使图像包含的信息清晰化，在后续的处理中可以保全有用信息。直方图均衡化在道面雨雪冰的图像识别预处理中，对图像有以下三个方面的提升。

(1) 提高对比度：在道面图像中，雨雪冰覆盖的不均匀性可能导致图像的亮度分布不均，难以进行准确的识别。直方图均衡化可以将图像的灰度分布均匀化以提高对比度，从而使道面雨雪冰的特征更加明显。

(2) 增强细节：道面雨雪冰图像中存在一些细节信息，如轮胎轨迹、道面标线等，这些信息对道面雨雪冰的识别和预测有一定影响。直方图均衡化可以增强图像的细节信息，使这些细节更加明显。

(3) 降低噪声：道面雨雪冰图像可能存在一些噪声干扰，如雪花、雾气等。直方图均衡化可以减少图像中的噪声，提高图像的质量和清晰度，从而使识别和预测更加准确可靠。

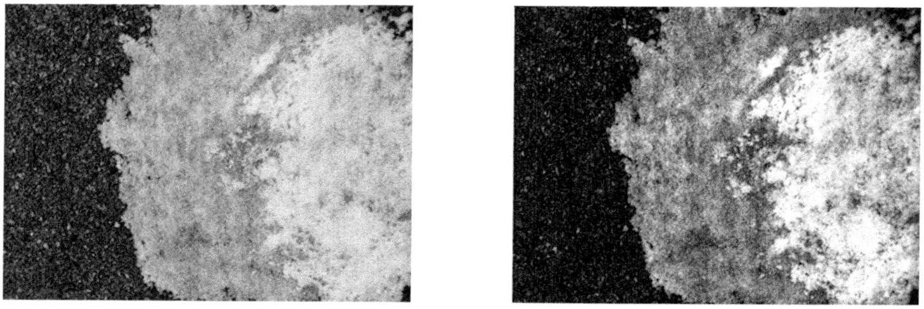

(a) 原图　　(b) 处理后图像

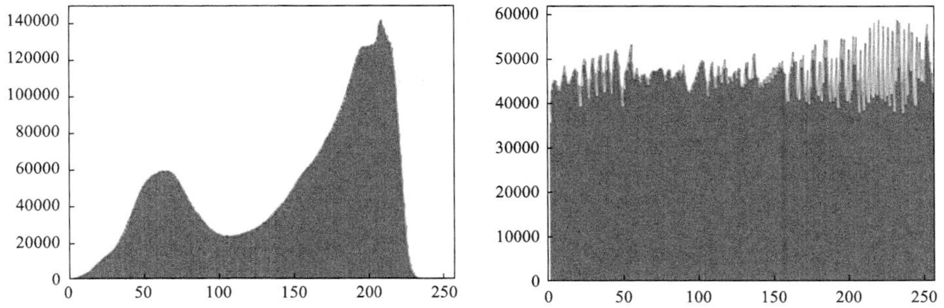

(c) 原图灰度直方图　　(d) 处理后灰度直方图

图 10.8　直方图均衡化处理

10.3　基于目标检测模型的道面状态识别

采用 YOLO 算法进行目标检测。YOLO 算法是一种基于神经网络的单阶段目标检测算法，它能够同时实现目标框预测和类别预测，兼顾了准确率和检测速度[3]。该算法具有快速检测和较高识别精度的特点，更适用于实时性要求较高的应用场景。

10.3.1　YOLO v5

YOLO v5 算法首先会自适应地对输入图像进行缩放，将其大小调整为 608 像素×608 像素，然后使用跨阶段局部网络结构对图像进行特征提取。同时，颈部网络采用 FPN+PAN 的网络结构，将提取的特征进行结合。检测头能够预测出目标的位置和类别信息。该模型的优点为计算速度快、可以满足机场道面对雨雪冰状态及时检测与更新的需求。

YOLO 算法的基本思想是将目标检测任务视为回归问题。以 CNN 作为骨干网络，使用卷积和池化层对输入图像进行下采样并提取隐藏特征，再将预测结果从全连接层中输出。首先将输入图像划分为 $S\times S$ 个网格，每个网格负责 B 个边界框的预测。然后一次性使每个网格对其区域内的目标进行回归，判断预测框内是否包含目标、预测框的尺寸、位置置信度和目标属于每个类别的概率。为去除得分低的预测框，在进行检测时对所有生成的预测框进行筛选。最后将目标的类别、位置和置信得分作为预测结果。YOLO 算法速度提升主要是由于其采用了区域网格划分策略，该策略避免了对重复区域的重复计算。与此同时，YOLO 算法没有采用局部回归而是整张图像的回归，有效地利用了空间信息并降低背景误检率[2]。

YOLO v5 包含四个模型，即 YOLO v5s、YOLO v5m、YOLO v5l 和 YOLO v5x。这些模型的网络结构相同，但深度系数和宽度系数不同，可以根据任务对检测精度和检测时间的需求进行调整。其中，YOLO v5s 是最轻量的模型，适用于快速检测的场景，如移动端应用和实时性要求较高的应用。YOLO v5m 和 YOLO v5l 适用于需要更高精度的场景，如智能监控和自动驾驶等领域。YOLO v5x 是最大的模型，适用于对精度和速度要求都很高的任务，如医疗影像和卫星图像等领域。本书采用 YOLO v5s 进行道面雨雪冰状态的分类。

YOLO v5 模型网络结构如图 10.9 所示，由输入端、骨干网络、颈部数据转换、输出预测端组成。输入端将图像进行 Mosaic 数据增强，并自适应缩放图片，将图片变为网络需要的 640×640×3 大小并输入。中间骨干网络采用 CSPDarkNet53，借鉴残差网络 ResNet 结构对 DarkNet53 特征提取网络结构进行改进。输出预测端采用多尺度预测，且对每个预测层将其输出的预测结果通过非极大值抑制(non-maximum suppression，NMS)算法进行处理，以得到最终的检测结果[3]。

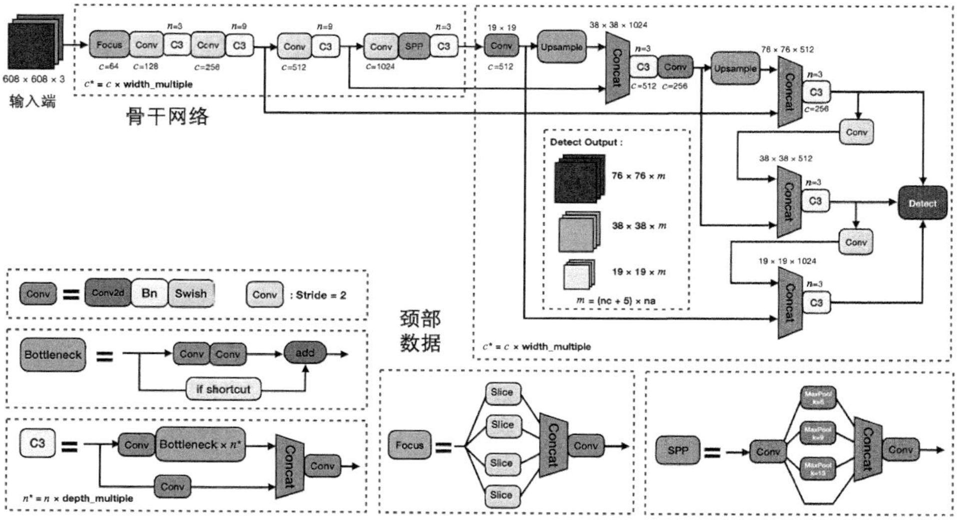

图 10.9　YOLO v5 模型网络结构

10.3.2　YOLO v8

相比于 YOLO v5，YOLO v8 在结构上没有显著改变，其在模型层面提出了具有残差模块的层聚合网络(ELAN-Bottleneck，C2f)、更轻量化的颈部结构(PAN-FPN)并换成了解耦头结构，将分类和检测头分离。在标签分类方面使用了 TaskAlign 正负样本匹配策略，根据分类与回归加权分数选择正样本。

在 YOLO v8 中，骨干网络采用 CSP 的思想，但是将 C3 模块替换成了更轻量化的 C2f 模块，以进一步提高模型的计算效率。图 10.10 为 C2f 模块结构示意图，

C2f 模块将深度可分离卷积和逐点卷积拆分为两个单独的层，以减少计算量和参数数量并保持较高的准确率。此外，YOLO v8 采用 YOLO v5 等架构中使用的 SPPF 模块以进一步提高模型性能。在 PAN-FPN 方面，YOLO v8 仍然采用 PAN 的思想，但是对比 YOLO v5 和 YOLO v8 的结构可以看出，YOLO v8 删除了 PAN-FPN 上采样阶段中的卷积结构以减少计算量和参数数量。

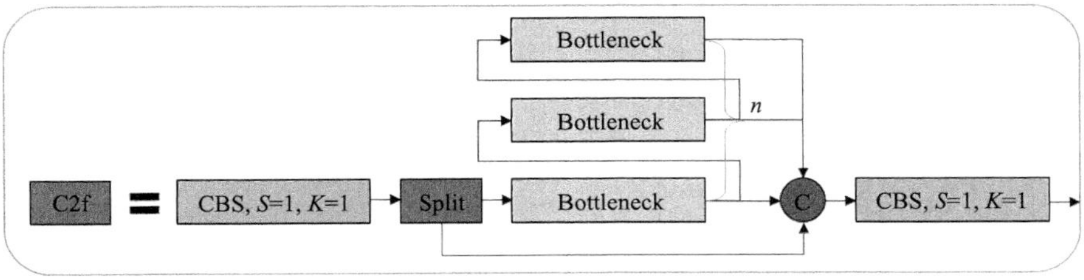

图 10.10　C2f 模块结构示意图

在目标检测领域，Anchor-Base 是一种常见的方法。该方法需要事先定义预设锚框，通过在这些锚框上进行检测以确定物体的位置和大小。然而，预设的锚框需要进行大量的手工调整，而且在不同尺度下锚框的表现会有较大差异，这限制了 Anchor-Base 方法的应用。为克服这些缺点，YOLO v8 采用 Anchor-Free 的思想。该方法中目标检测不需要预设锚框，而是直接在特征图上进行检测。具体地，YOLO v8 在检测头中使用预测层预测物体的中心坐标和物体的大小。这些预测层使用可学习的卷积核，以生成物体的中心坐标和大小的预测值。相较于 Anchor-Base 方法，Anchor-Free 方法不需要手动调整预设的 Anchor 且能够适应各种不同尺度的物体，因此具有更好的通用性和鲁棒性。此外，Anchor-Free 方法还能够提高模型的效率，因为它不需要计算大量的 Anchor，从而减少了计算量和参数数量。

在 YOLO v8 中，检测头从耦合方式变成了解耦方式。检测头是指网络结构中负责输出检测结果的部分。在 YOLO v5 及先前版本中，检测头是通过耦合方式实现的，即将分类和回归任务的网络结构耦合在一起共享一部分卷积特征。如图 10.11 所示，YOLO v8 采用的解耦方式将分类和回归任务的网络结构分离开来，分别进行处理。具体来说，YOLO v8 中的解耦头主要是通过在分类任务和回归任务之间插入一些特定的卷积层来实现的。解耦头的设计可以使网络更加灵活和高效，因为它可以针对不同的任务进行调整，从而实现更好的性能。此外，解耦头还可以通过减少分类和回归任务之间的冲突，提高检测结果的准确性。

在损失函数的设计上，YOLO v8 采用 BCE Loss 作为分类损失，计算模型输出的概率值与真实标签之间的误差。BCE Loss 具有简单、高效且易于与其他损失

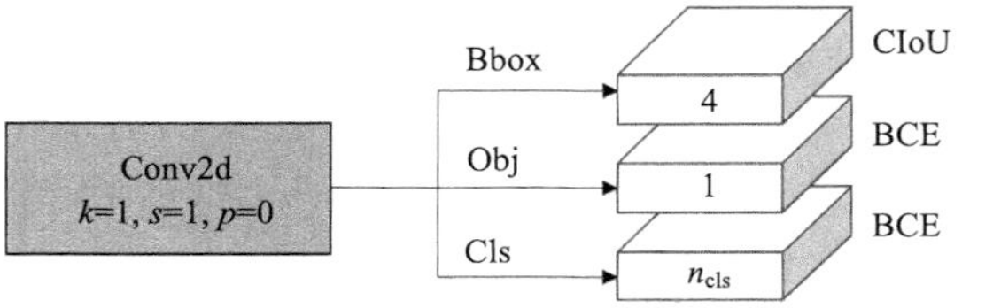

(a) 耦合头

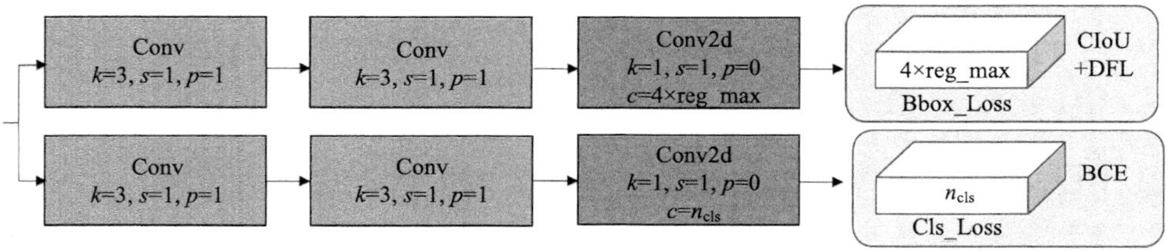

(b) 解耦头

图 10.11　YOLO v8 检测头改进

函数进行组合等优点。此外，YOLO v8 还使用 VFL Loss 和 CIoU Loss 作为回归损失。VFL Loss 是一种新型的回归损失函数，可有效降低检测误差，特别是在小物体检测方面表现优秀。CIoU Loss 是一种基于交并比(IoU)的回归损失函数，可以更准确地衡量检测框之间的相似度，并且能够对框的长宽比例进行惩罚，从而提高检测精度。

机场实际雨雪冰存在范围有所不同且对应不同大小的目标框，因此采用多尺度融合技术实现对不同目标尺寸的检测，包括三种尺寸的特征图，即 13×13、26×26、52×52。

如图 10.12 所示，三种尺度的特征图感受野不同，其中 13×13 的特征图感受野最大，使用锚框尺寸较大，适合检测较大的目标，26×26 感受野适中，适合中目标检测，52×52 感受野最小，使用锚框尺寸较小，适合小目标检测。

(a) 13×13　　(b) 26×26　　(c) 52×52

图 10.12　三种尺度下道面雨雪冰状态识别

10.3.3　MobileNet v3

MobileNet v3 专门设计用于在计算和存储资源受限的移动设备上进行图像分类和目标检测，实现高精度和高效率之间的平衡[4]。在网络结构方面，MobileNet v3 使用深度可分离卷积、线性瓶颈、SE(squeeze-and-excitation)模块和 Hard-Swish 激活函数等轻量级设计方法，减少网络计算量和参数数量并保持网络的准确性。在特征提取方面，MobileNet v3 使用了自适应卷积模块和多分辨率特征融合模块，以提高模型的特征表达能力和泛化能力，如图 10.13 所示。

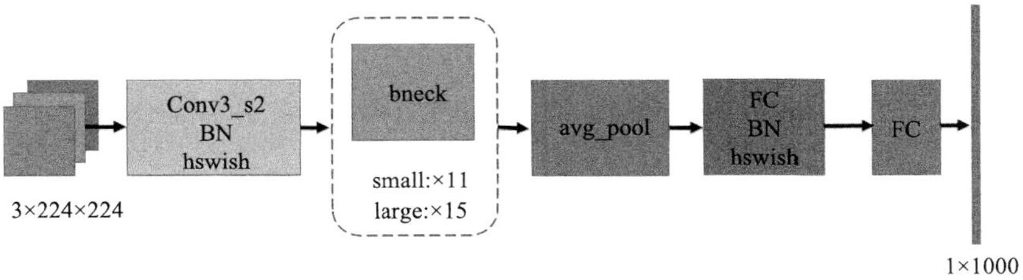

图 10.13　MobileNet v3 网络结构

如图 10.14 所示，传统卷积层在卷积操作时会同时进行深度卷积和逐点卷积，并将这两个操作拆分为两个独立的层，以进一步提高卷积的效率和准确性。在深度卷积步骤中，每个输入通道都会进行一次卷积操作，而卷积核的数量通常远小于输入通道数，其目的是在保留重要特征的同时减少冗余信息，降低模型复杂度并加快计算速度。在逐点卷积步骤中，每个通道的卷积结果将被逐点相加，其中卷积核的大小通常为 1×1，其目的是将每个通道的特征图压缩到期望的数量，以进一步减少模型的计算量。通过这种设计，深度可分离卷积可以在保持较高准确率的情况下减少模型参数和计算量。

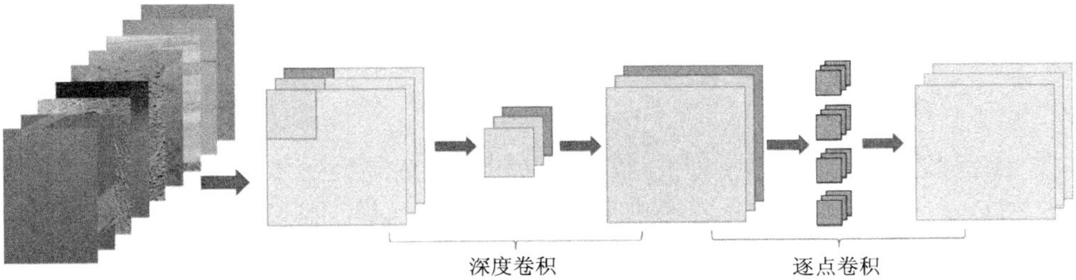

图 10.14　深度可分离卷积

MobileNet v3 的另一个重要组成部分为 SE 模块，用于提高网络的表征能力。SE 模块的作用是在不增加模型计算量的前提下，通过学习通道之间的依赖关系对通道进行重新加权。对不同通道的特征图进行加权求和能够得到更加重要的特征表示，从而提高模型的性能。

SE 模块可以分为 Squeeze 和 Excitation 两个阶段。Squeeze 阶段使用全局平均池化将每个通道的特征图降维到一个标量，以学习该通道的全局重要性。Excitation 阶段将这些标量输入两个全连接层中，通过学习激活函数来学习不同通道之间的依赖关系，进而生成一个通道注意力向量。最后，将该注意力向量应用于原始的特征图上，对不同通道进行加权求和，得到最终的特征表示。

10.3.4　识别评价指标

为验证模型的检测性能，需要确定相应评价指标对不同模型进行性能评价。参照混淆矩阵的结果作为道面状态识别模型的评价指标，如表 10.2 所示。

表 10.2　混淆矩阵

真实标签	预测结果	
	阳性(positive)	阴性(negative)
阳性(positive)	TP(真阳性)	FN(假阴性)
阴性(negative)	FP(假阳性)	TN(真阴性)

目标检测评价指标中的准确率(precision)和召回率(recall)的计算参考式(3.6)和式(3.7)进行。

仅当预测框与真实框的 IoU 大于设定阈值且分类正确时，才认为一个正样本被正确预测。交并比阈值的大小会影响预测框筛选的严格程度，相关研究通常将交并比阈值设置为 0.5。在目标检测任务中一般认为较高的准确率和召回率对应更低的误检率和漏检率。

10.4　道面状态识别结果分析

10.4.1　训练过程

道面状态分类模型采用公开数据集和检测车采集数据共同训练，采用 YOLO v5、YOLO v8、MobileNet v3 卷积神经网络模型对图片进行训练。基于 Python 语言、CUDA11.3、NVIDIA GeForce RTX 3090、PyTorch 1.11.0 进行模型训练，所有模型均训练 200 轮。设置 YOLO v5 和 YOLO v8 初始学习率为 0.01，批处理量设为 400，使用随机梯度下降优化器，根据迁移学习原理，采用 COCO 数据集预训练模型权重作为初始化参数。设置 MobileNet v3 初始学习率为 0.001，批处理量设为 64。整个训练过程在不同的回合采用余弦退火策略对学习率进行调整。模型原来是 1000 分类问题，需在最后一层之后再添加一层批标准化层和线性层将最后输出结果转换为分类所需的 9 种分类结果。

图 10.15 为三种模型训练过程中准确率的变化情况。该曲线展示了不同训练轮次下模型的分类准确率。在进行模型训练时，准确率曲线的变化可以体现模型的训练过程和性能表现。三种模型随着训练轮次的增加，分类准确率逐渐提高，呈现出随训练轮次不断上升的趋势。在训练的前 10 轮，模型快速收敛，YOLO v5 和 YOLO v8 模型由于采用了 COCO 数据集的预训练权重在开始阶段准确率较高。在训练的第 10～50 轮，三种模型的准确率进一步提升。50 轮后 MobileNet v3 的准确率保持振荡，没有明显提升，YOLO v5 和 YOLO v8 缓慢提升。经 200 轮训练，YOLO v8 的准确率最高(达 99%)，YOLO v5 和 MobileNet v3 基本相同(准确率为 97%左右)。图 10.16 为 YOLO v8 雨雪冰状态分类模型部分测试结果。

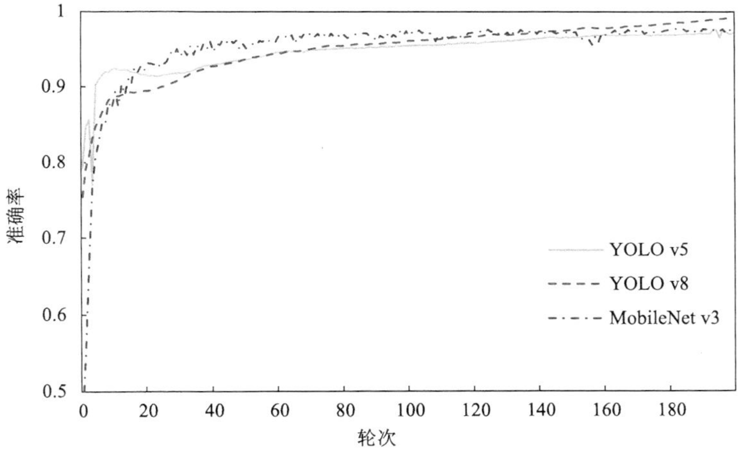

图 10.15　雨雪冰状态分类模型准确率

对于识别模型，需要平衡模型的训练速度、推理速度及预测精度，一般而言，选取精度相同时，训练速度及推理速度快的模型更适用于实际场景的部署。由表 10.3 可以看出，YOLO v8 使用 CSPDarkNet53 作为主干特征提取网络，权重大，参数量最多，但由于其在结构上进行了优化，训练速度和预测速度更快，因此推荐选取 YOLO v8 算法作为道面雨雪冰状态分类模型。

表 10.3　雨雪冰状态分类模型训练成本

模型	FLOPS/10^9	训练速度/(s/轮次)	预测速度/(帧/s)
MobileNet v3	16.3	164	15.1
YOLO v5	12.5	155	15.3
YOLO v8	21.7	148	14.9

注：FLOPS 表示每秒浮点操作数(floating-point operations per second)

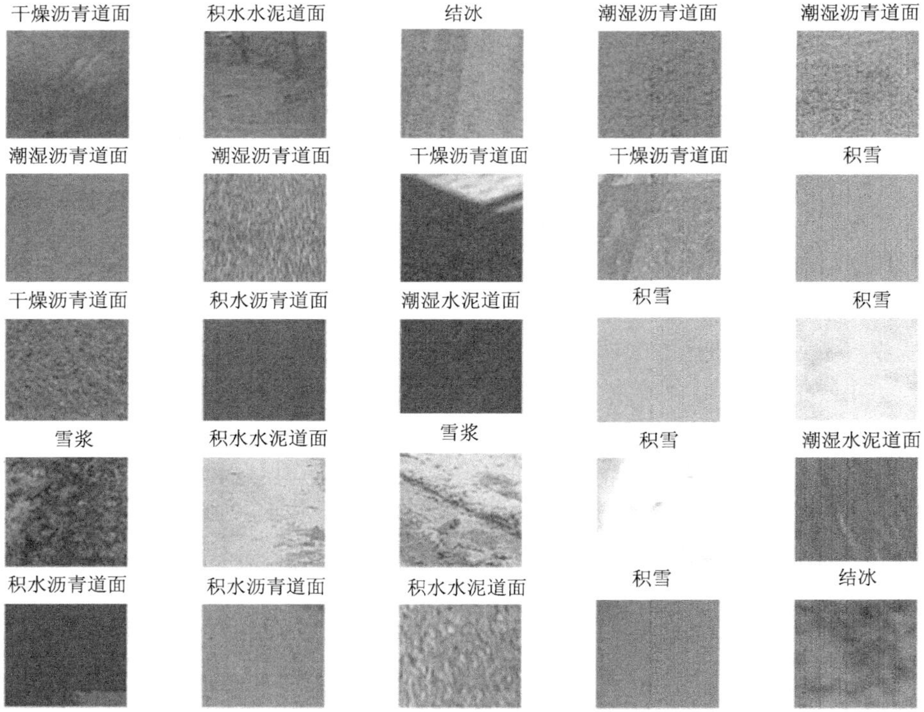

图 10.16　YOLO v8 雨雪冰状态分类测试结果

10.4.2　典型结果

为全面分析模型的分类精度，对模型进行分类以验证准确率。从数据集中每个类别划分出 1000 张图片作为测试集，用训练好的模型权重进行预测。表 10.4 对比了三种模型各类别准确率，均大于 90%，其中 YOLO v8 在各类别的分类效果均为最优，各类别准确率大于 98%，因此从模型识别准确程度上同样推荐使用 YOLO v8 模型作为机场道面分类模型。

表 10.4　分类模型各类别准确率对比

类别	图片数量/张	准确率		
		YOLO v5	YOLO v8	MobileNet v3
全部	9000	0.971	0.992	0.972
干燥沥青道面	1000	0.990	0.998	0.985
干燥水泥道面	1000	0.970	0.994	0.982
积雪道面	1000	0.991	0.998	0.989
结冰道面	1000	0.974	0.988	0.967

续表

类别	图片数量/张	准确率		
		YOLO v5	YOLO v8	MobileNet v3
雪浆道面	1000	0.951	0.980	0.952
积水沥青道面	1000	0.988	0.999	0.976
积水水泥道面	1000	0.918	0.981	0.948
潮湿沥青道面	1000	0.962	0.989	0.956
潮湿水泥道面	1000	0.995	0.998	0.993

干燥沥青道面、积雪道面、积水沥青道面和潮湿水泥道面识别效果较好，雪浆道面和积水水泥道面的识别效果较差。对比数据集原始图像，积水水泥道面图像较少，约为其他类别的 50%，其模型识别准确率较低。样本不均衡问题可以通过增加该类别图像采集数量、过采样或负采样、训练时对不同类别添加不同权重等方式解决。雪浆道面类别图像识别难度较大，因为雪浆是部分融化的积雪形成的，其在形态上的界定没有明确标准，不同的标注人员对同一图片可能存在标注分歧，因此容易形成模型误检。干燥水泥道面与潮湿水泥道面易发生错检，因为两个类别的区别主要在于颜色明暗上，不同光照条件下两种道面状态可能呈现出相近的图像特点，因此区分难度较大，可以通过气象信息进行辅助判断。结冰道面和积雪道面状态图像较为接近，均为道面上覆盖白色雨雪冰混合物，在实际应用过程中，对于积雪结冰这类比较危险的情况应该根据规定暂停通航，辅助人工测量验证道面状态是否适合飞机起降。

图 10.17 为雨雪冰状态分类模型典型结果分析。所列图像为使用 YOLO v8 道面雨雪冰状态分类模型进行识别的验证集中部分代表性图片。图中(a)行第一张图片为有轮迹的积雪道面，第二张图片为部分变色污染的积雪道面，第三张图片为未受破坏的积雪道面，所开发的模型均能够很好地识别。第四张图片为存在少量积水的雪浆道面，第五张图片为光线较暗情况的雪浆道面，第六张图片为部分积雪、部分结冰、部分雪浆的道面，由于进行分类时只能将图片划分为一个类别，标注者将其划分为雪浆道面，分类模型将其识别为结冰道面的概率是 75%，识别为雪浆道面的概率是 19%。

图 10.17(b)行第一张图片为普通潮湿水泥道面，第二张图片为含标线的潮湿水泥道面，第三张图片为包含少量积水积雪道面，虽然三种代表性图片模型的输出结果与人工分类结果相同，但由于第三张图像包含不同状态，模型识别结果为潮湿水泥道面的概率是 50%，为积水水泥道面的概率是 37%，模型最终输出结果为概率最大的结果，无法反映图像中存在的其他道面状态。第四张图片为普通潮湿沥青道面，第五张图片为带标线的潮湿沥青道面，第六张图片为部分干燥、部

分潮湿沥青道面，与潮湿水泥道面识别情况相同，图片中道面全部属于同一种道面状态类型时模型识别准确，图片中存在不同状态时，输出结果为图片中占比最大的道面状态类型。

图 10.17　雨雪冰状态分类模型典型结果分析

图 10.17(c)行前三张图片为不同形态和不同颜色的结冰道面，模型能够准确进行识别。第四张图片为包含水泥板接缝的积水水泥道面，第五张图片为普通积水水泥道面，第六张图片为图像中有雨滴影响的积水水泥道面，模型能够准确进行识别，不会受到其他特征的影响。

图 10.17(d)行第一张、第二张图片为干燥沥青道面，第三张、第四张图片为干燥水泥道面，在不同光线下模型可以对普通道面和有标线道面进行区分。第五张图片为普通潮湿沥青道面，第六张图片为部分潮湿、部分积水、部分积雪的沥

青道面，由于图中包含不同道面状态的面积接近，且污染物遮盖住了道面本身信息，造成模型的误检，最终识别结果是潮湿水泥道面。

综上分析，YOLO v8 分类模型的特征提取能力较强，满足道面状态识别分类的要求，但是当拍摄区域同时存在多种雨雪冰状态时，使用分类模型会造成识别不准确、不能输出图片中包含的全部雨雪冰状态问题。因此，对于多种道面状态共存的情况有必要进行后续的道面雨雪冰状态检测模型训练，以能够划分不同道面状态所处位置和范围。

10.5　基于深度学习的道面雨雪冰状态像素级分割

在完成道面雨雪冰状态的区域级识别后，为进一步获取不同道面状态的覆盖率，需进行道面雨雪冰状态的分割，以提取不同雨雪冰状态的像素级形态。本节首先介绍分割模型实验部分所使用的数据集、模型结构及算法的评价指标。通过引入 E-ELAN 结构进行卷积层、BN 层融合，提出 E-YOLO 模型以提取道面雨雪冰状态多尺度信息。对比 YOLO v5、YOLO v8 与 E-YOLO 的道面状态分割性能，展示各个模型的实验结果并进行对比分析，结合工程实际分析其优势和缺陷。

10.5.1　语义分割任务

深度学习在图像分类等粗粒度任务中已经表现出色，然而更复杂的图像理解任务，如关键点检测、场景理解和目标检测等，对算法性能的要求更高。为了实现更深入的图像理解和推断，需对每个像素进行密集预测以获取像素级别的语义信息。在像素级别的识别任务中，每个像素都被视为单独的数据点，需要对其进行单独处理。相比于传统的图像分类任务，像素级别的识别任务提供了更多的细节和语义信息，也更精细和准确，适用于图像分割、语义分割、实例分割等任务[5]。

图像识别任务如图 10.18 所示。图 10.18(a)为图像分类，主要目的是对整张图片所包含的特征进行识别，如识别出道面存在积雪；图 10.18(b)为目标检测，在分类基础上完成目标定位，矩形框为目标检测算法输出的定位框，表示目标框内为积雪区域；图 10.18(c)为语义分割，实现了对目标的更精细划分，对图像中每个像素进行分类，实现道面状态精细化提取。道面状态的语义分割，可以通过将每个类别的像素数量除以图像总像素数量得到不同类别在图像中的面积比例。在计算面积占比时，通过相机标定和透视校正操作解决透视变换问题。相机标定可以校准相机的内部参数和外部参数，以准确估计物体在图像中的位置和大小。透视校正是通过对图像进行透视变换，将图像中的物体投影到一个平面上，消除近大远小的影响，从而更准确地计算面积占比。

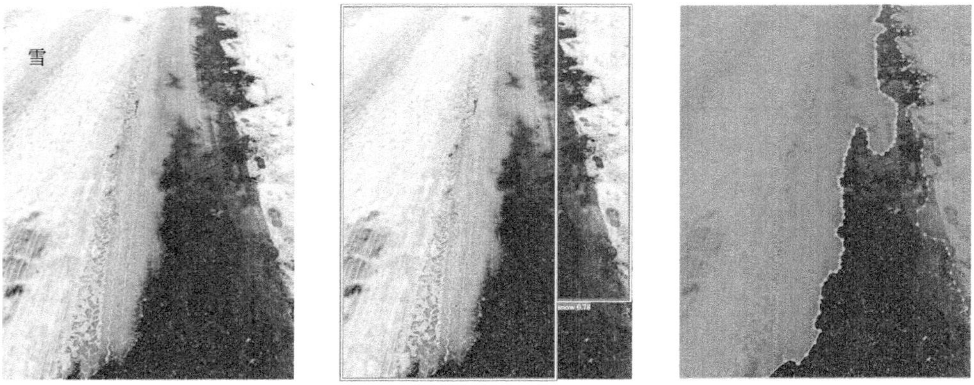

(a) 图像分类　　(b) 目标检测　　(c) 语义分割

图 10.18　图像识别任务

语义分割将图像中每个像素分配一个语义标签任务，也可以理解为将图像分成若干个语义区域。与传统图像分类任务不同，语义分割需对每个像素进行分类，是一种像素级别的图像分析技术。像素级意味着精确到每个像素点，所以语义分割的本质是对每个像素点进行分类，从而划分不同区域。语义分割的输出与图像分类网络类似，图像分类类别数是一个一维的 one-hot 矩阵，如三分类的(0,1,0)。语义分割任务最后的输出特征图是一个三维结构，大小与原图类似。其中，通道数是类别数，每个通道所标记的像素点是该类别在图像中的位置，最后通过 argmax 函数取每个通道有用像素合成一张图像，用不同颜色表示其类别位置，如图 10.19 所示。

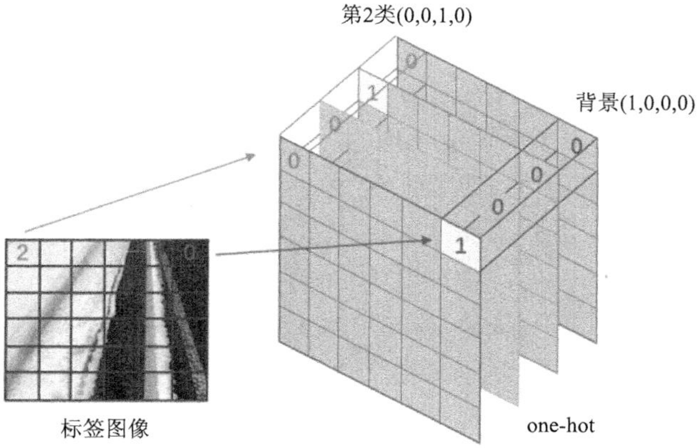

扫码查看彩图

图 10.19　语义分割 one-hot 标签

目前，深度学习是实现语义分割的主流方法，常见的分割算法包括全卷积神经网络(FCN)、U-Net、SegNet、PSPNet 等。机场道面雨雪冰状态的实时检测、视频检测对算法的速度要求更高，因此选择 YOLO 网络进行道面雨雪冰状态分割。本节对比了 YOLO v5、YOLO v8 的分割效果，并在此基础上进行了算法的优化，提出 E-YOLO 模型，将卷积层和批归一化层进行融合，提高模型的预测速度。引入了 E-ELAN 结构以提高网络的学习能力，并在不破坏原始梯度路径的情况下提高性能，采用图像金字塔的方法处理多尺度信息。

10.5.2　改进的 E-YOLO 模型

YOLO v5 作为单阶段算法，是目前主流算法中较为快速且准确的模型，在此基础上针对机场道面雨雪冰状态分割任务对该算法进行优化。

1. *卷积层、BN 层融合*

批标准化(BN)是一种常用的神经网络正则化方法，可以提高神经网络的训练速度和性能。BN 通过对每个小批次中的数据进行标准化，即将每个特征在小批次内进行标准化，使神经网络对输入数据中的变化更加鲁棒。BN 的引入可以有效减少神经网络训练时的内部协变量偏移问题，即输入数据在训练过程中的分布变化问题，从而加速收敛并提高模型的泛化性能。

深度神经网络中的卷积层通常使用 ReLU 等非线性激活函数，其输出分布非常不稳定，因此需在卷积层后添加 BN 层来进一步提高模型的训练和泛化性能。但是，由于卷积层和 BN 层之间需要频繁地进行数据传输和转换，会增加模型的计算和内存开销，特别是在移动设备和嵌入式设备等资源受限的场景下，这种额外的计算和内存开销会变得更加明显。为减少这种额外的计算和内存开销，可以对卷积层和 BN 层进行融合。

卷积层和 BN 层融合是指将 BN 操作融合到卷积操作中，即将卷积层和 BN 层中的均值和方差参数合并为一个卷积操作的权重和偏置参数，并将其当成卷积操作的一部分进行计算。这种融合方法可有效减少计算和内存消耗，在保持模型准确率的同时提高模型的推理速度。

对于卷积层，设一个卷积核的权重为 W，卷积过程就是在特征图中进行滑窗计算。设 W 中一个元素为 w，输入的特征图中的一个元素为 x，则 w 和 x 的计算过程如下：

$$y_{\text{conv}} = wx + b \tag{10.1}$$

BN 层需计算一个小批次中元素的均值方差，对每个元素减去均值并除以标准差，最后利用 γ、β 进行仿射变换即可得到最终的 BN 输出，具体过程如下：

$$\mu_B \to \frac{1}{m}\sum_{i=1}^{m} x_i \tag{10.2}$$

$$\sigma_B^2 \to \frac{1}{m}\sum_{i=1}^{m}(x_i-\mu_B)^2 \tag{10.3}$$

$$\hat{x}_i \to \frac{x_i-\mu_B}{\sqrt{\sigma_B^2+\varepsilon}} \tag{10.4}$$

$$y_i \to \gamma\hat{x}_i+\beta \equiv \mathrm{BN}_{\gamma,\beta}(x_i) \tag{10.5}$$

式(10.2)为求均值；式(10.3)为求方差；式(10.4)为标准化；式(10.5)为仿射变换。

将卷积公式代入 BN 的公式中，有

$$\mathrm{BN}_{\gamma,\beta}(x)=\gamma\frac{wx+b-\mu_B}{\sqrt{\sigma_B^2+\varepsilon}}+\beta=\frac{yw}{\sqrt{\sigma_B^2+\varepsilon}}x+\frac{y}{\sqrt{\sigma_B^2+\varepsilon}}(b-\mu_B)+\beta \tag{10.6}$$

其中，

$$w=\frac{yw}{\sqrt{\sigma_B^2+\varepsilon}}\hat{b}=\frac{y}{\sqrt{\sigma_B^2+\varepsilon}}(b-\mu_B)+\beta \tag{10.7}$$

则有

$$\mathrm{BN}_{\gamma,\beta}(x)=wx+\hat{b} \tag{10.8}$$

将式(10.6)和式(10.7)进行合并得到式(10.8)，完成卷积层和 BN 层的融合。

2. E-ELAN 结构

在目标检测领域中，PAN 模块是一种常用的特征融合模块，可用于融合不同层次的特征以提高模型的性能。在 PAN 模块的基础上引入 E-ELAN 结构，可以在不破坏原始梯度路径的情况下提高网络的学习能力。

E-ELAN 结构是一种基于 PAN 模块的改进结构，它采用可扩展的卷积、通道重排及基于通道注意力机制的特征融合策略[6]。在 E-ELAN 结构中，可扩展的卷积用于增加特征图的深度，通道重排策略则可以将通道分组，以便在不同的分组中进行特征的融合，而基于通道注意力机制的特征融合策略可以通过约束通道注意力保证特征融合效果。

通过引入 E-ELAN 结构，PAN 模块可更好地利用不同层次的特征，提高模型的感受野和特征表达能力，并提高模型的检测性能。此外，E-ELAN[7]结构在保留原始梯度路径的同时，增加了网络的深度和宽度，进一步提高了模型的学习能力。

3. 多尺度信息

在图像语义分割任务中，多尺度物体的存在是一项具有挑战性的任务。对于小目标，由于像素数量较少、分辨率低、信息量有限，特征表达能力受到限制，很多算法难以识别[8]。然而在实际应用中，小目标的分割任务通常非常重要。例如，在冬季凌晨，由于低温和潮湿的道路容易形成薄冰，如果无法及时识别出这种小范围结冰区域，就可能会产生潜在的安全隐患。为解决这一问题，深度神经网络通过在训练图像中加入不同尺度的物体，并通过多轮迭代进行拟合，可以隐式地学习到与各个物体尺度相关的特征。如果在网络训练时显式地考虑目标大小，那么网络能够更有效地处理尺度不同的目标。在计算机视觉任务中，图像金字塔是处理多尺度物体的常用方法之一。通过对同一张图像进行采样，获得多个不同分辨率的图像，并输入神经网络中进行训练，可以有效提高分割性能。

E-YOLO 模型[6]采用图像金字塔的方法处理多尺度信息。具体地，对输入图像进行缩放生成不同尺度的图像，然后将这些图像输入同一个网络中进行训练和预测。其优点是可以在不同尺度上对目标进行检测，以提高算法对不同大/小目标的检测能力。在训练阶段，E-YOLO 算法通过随机缩放来增强图像金字塔，即随机地将原始图像缩放到不同尺度，从而增加数据的多样性，同时提高模型的泛化能力。在预测阶段，E-YOLO 算法使用不同尺度的特征图进行目标检测。网络会在不同尺度上生成多个预测框，然后通过非极大值抑制过滤掉重叠的预测框，得到最终目标检测结果。

10.5.3　数据集构建及标注

采用视频方式获取不同状态下道面状态图像数据。在城市道路交通和高速公路方面，以往通常采用道路监控视频或交通气象观测站进行路表状态数据采集，建立识别或预警模型[8]。目前公开的图像数据集较少，与机场道面相似度较低且多为单一状态路面，不能满足多种道面状态的图像分割需要。依据现有资源在雪天利用检测车进行道路积雪情况拍摄，以模拟机场道面情况。使用行车记录仪进行拍摄，在不同道面状态下行驶并记录视频，共 39 段，同时从网络上下载机场道面除雪视频作为验证集。

拍摄视频中包含干燥、潮湿、积水、结冰、积雪、雪浆 6 种状态。对每段视频进行抽帧处理，视频帧速率为 29.97 帧/s，每 30 帧提取一张图片，得到图像分辨率为 1920 像素×1080 像素。

如图 10.20 所示，使用标注工具 LabelMe 对上述图片进行像素级语义标注。每张图片包含少部分无关背景及一种或多种路面状态，如整片积雪路面、潮湿-积雪路面或结冰-积雪路面等。对不同类别采用 one-hot 进行编码，分别为[1,0,0,0,0,0]背景、[0,1,0,0,0,0]结冰、[0,0,1,0,0,0]积雪、[0,0,0,1,0,0]雪浆、[0,0,0,0,1,0]

积水、[0,0,0,0,0,1]潮湿。标注得到json文件，包含每一张图片的标注轮廓坐标和所有元素坐标，保存在shapes列表中，列表中每个元素对应记录有类别名称，如表10.5所示。

图 10.20　像素级标注界面与标注文件

表 10.5　数据集概况

类别标号	类别名称	像素点数量
0	background	—
1	ice	1.58×10^{7}
2	snow	2.25×10^{8}
3	melted_snow	1.76×10^{8}
4	water	5.54×10^{7}
5	wet	7.64×10^{7}

图10.21为典型道面雨雪冰状态像素级标注结果，使用LabelMe沿不同状态路面边缘绘制多边形。机场与城市道路类似，拍摄视频中道面上可能有工作人员遮挡部分道面，但运动中的人基本不会影响道面状态，因此图(a)、(b)中将行人、电动车等按照原道面状态进行标注。长期固定停放车辆或飞机下方道面可能因为遮挡与其他位置道面状态不同，无法确定道面状态，因此图(c)中车辆或其他固定物体下方道面不进行标注，默认为背景；图(d)为道面状况不规则分布；图(e)为拍摄区域部分光线受遮挡情况。在进行道面分割模型训练时，将json文件转换为模型所需txt格式。

图 10.21　道面雨雪冰状态像素级标注

10.5.4　道面雨雪冰分割结果分析

1. 评价指标

为评价道面状态分割模型的效果，需通过数学指标进行量化表示。分割模型本质上属于像素级别的分类模型，通常采用像素准确率(pixel accuracy, PA)、平均像素准确率(mean pixel accuracy, MPA)、平均交并比(MIoU)进行评价[7]。语义分割任务中，使用像素准确率指标来计算分类正确的像素占总像素数的比例，使用平均像素准确率指标来计算每个类别分类正确的像素占该类别总像素数的比例，使用平均交并比指标来计算每个类别的面积比例。其中，像素准确率和平均像素准确率需要依据混淆矩阵对每个像素的分类结果进行计算，如表 10.6 所示。

表 10.6 语义分割模型混淆矩阵

预测值	真实值	
	i(positive)	j(negative)
i(positive)	ii(TP)	ij(FN)
j(negative)	ji(FP)	jj(TN)

模型分类共 k+1 类，其中 k 为目标类另加 1 个背景类，p_{ij} 表示实际为 i 类，预测结果为 j 类的像素点的总数。

像素准确率(PA)为所有分类正确的像素数占全部像素数的比例。PA 的计算公式为

$$\mathrm{PA}=\frac{\sum_{i=0}^{k}p_{ii}}{\sum_{i=0}^{k}\sum_{j=0}^{k}p_{ij}} \tag{10.9}$$

平均像素准确率(MPA)为各个类别分类正确的像素数占所有预测为该类别像素数比例的平均值。MPA 的计算公式为

$$\mathrm{MPA}=\frac{1}{k+1}\sum_{i=0}^{k}\frac{p_{ii}}{\sum_{j=0}^{k}p_{ij}} \tag{10.10}$$

平均交并比(MIoU)是对所有类别的 IoU 取平均，IoU 为某一个类别真实值和预测值两个集合的交集和并集的比值。MIoU 的计算公式为

$$\mathrm{MIoU}=\frac{1}{k+1}\sum_{i=0}^{k}\frac{p_{ii}}{\sum_{j=0}^{k}p_{ij}+\sum_{j=0}^{k}p_{ji}-p_{ii}} \tag{10.11}$$

2. 测试结果

模型训练过程中，模型运算量大小、预测速度、准确率如表 10.7 所示。

表 10.7 模型性能对比

模型	FLOPS/10^9	预测速度/(帧/s)	准确率
YOLO v5	146.4	38.2	0.827
YOLO v8	220.1	44.7	0.881
E-YOLO	142.0	40.5	0.894

在表 10.7 中，YOLO v8[9]使用了 DarkNet53 作为主干特征提取网络，并将 C3 模块替换成 C2f 模块，因此该模型的权重最大且参数量最多，而 E-YOLO 的权重文件最小。在识别模型开发过程中，需平衡模型的训练速度、推理速度与预测精度。在精度相同时，选择训练速度和推理速度较快的模型用于实际场景的部署。训练的三个模型均为单阶段目标检测模型。在比较预测速度之后，还需进行识别精度比较，以完成模型预测性能的全面分析。训练出的权重文件可用于模型测试，因为它们已经包含了训练所需的所有参数。实际应用中可使用这些训练好的权重文件进行目标检测任务。对于不同的应用场景，需根据实际需要选择不同的模型进行部署，例如，对于对速度有较高要求的应用场景，可选择预测速度快且精度相对较高的模型。

表 10.8～表 10.10 对三个模型测试集中道面雨雪冰状态进行了分割验证。其中，E-YOLO 模型对全类别的平均识别准确率最高(达到 89.4%)，其次为 YOLO v8(平均识别准确率为 88.1%)，YOLO v5 平均识别准确率较低(为 82.7%)。对比不同类别，积雪、雪浆和潮湿状态的识别准确率较高，而结冰状态在三个模型中的识别准确率均较低，其可能原因是结冰数据较少且图像特征与积雪较为相似。实际情况下道面结冰可能是在低温、高湿度和降水、降雪情况下形成的，在图像中结冰和积雪外观相近，且可能由于积水和雪的覆盖改变其表面颜色等特征，导致算法误判其类别。

表 10.8　基于 YOLO v5 的预测结果

类别	准确率	Box		Mask	
		mAP_0.5	mAP_0.5:0.95	mAP_0.5	mAP_0.5:0.95
全部	0.827	0.967	0.712	0.957	0.651
积雪	0.957	0.988	0.875	0.988	0.786
雪浆	0.848	0.892	0.677	0.852	0.548
潮湿	0.881	0.995	0.551	0.995	0.550
结冰	0.620	0.995	0.747	0.995	0.722

表 10.9　基于 YOLO v8 的预测结果

类别	准确率	Box		Mask	
		mAP_0.5	mAP_0.5:0.95	mAP_0.5	mAP_0.5:0.95
全部	0.881	0.963	0.813	0.965	0.699
积雪	0.998	0.986	0.911	0.992	0.824
雪浆	0.975	0.878	0.745	0.878	0.553
潮湿	0.939	0.995	0.674	0.995	0.722
结冰	0.609	0.995	0.921	0.995	0.697

表 10.10　基于 E-YOLO 的预测结果

类别	准确率	Box		Mask	
		mAP_0.5	mAP_0.5:0.95	mAP_0.5	mAP_0.5:0.95
全部	0.894	0.972	0.772	0.962	0.648
积雪	0.955	0.992	0.894	0.992	0.794
雪浆	0.998	0.904	0.695	0.867	0.502
潮湿	0.956	0.995	0.552	0.995	0.551
结冰	0.666	0.995	0.946	0.995	0.747

Box 中的 mAP 指目标检测中检测框的平均精度[10]，计算方法为对每个类别检测框按照置信度进行排序，根据设定的 IoU 阈值计算精度并求平均值。Box 中 mAP 的计算只考虑检测框的位置信息，不考虑目标的具体形状。mAP_0.5 表示 IoU 阈值为 0.5 时的精度，mAP_0.5:0.95 表示 IoU 阈值为 0.5～0.95 时的平均精度。其中，E-YOLO 的 mAP_0.5 值最高(97.2%)，但 YOLO v8 的 mAP_0.5:0.95 值最高(81.3%)。四种类别中雪浆的 mAP 值偏低，根据图片分析，这是因为雪浆和积雪、积水共同存在，是积雪融化的中间状态。这一状态下，对边缘的区分较为主观，无法从图片中明确区分，因此容易导致模型的误判。

Mask 中的 mAP 指目标实例分割中掩码的平均精度，计算方法为对每个类别的掩码按照置信度进行排序，根据设定的 IoU 阈值计算精度并求平均值。Mask 中 mAP 的计算考虑目标具体形状，因此更加精确。三个模型中 YOLO v8 的 mAP_0.5 和 mAP_0.5:0.95 均最高(分别为 96.5%和 69.9%)，在像素级分割任务中 YOLO v8 的识别效果更好。

综上，YOLO v8 和 E-YOLO 的识别效果均可以满足机场道面雨雪冰状态像素级分割任务要求，E-YOLO 的准确率和检测框平均精度较高且预测速度更快，而 YOLO v8 在分割任务中精度更高。

3. 典型结果

为了可视化模型分割效果，采用未标注的行车记录仪采集的全幅图像进行道面雨雪冰状态分割预测，如图 10.22 所示。

在图 10.22 中第一行的前两张图中，道面的雨雪冰状态相对规则，为大面积的结冰和雪浆覆盖，模型可以准确地识别道路以及道路两侧人行道表面的雨雪冰状态。在第一行第三张图中，道面被桥梁遮挡，光线不均匀且路表存在积水，但识别结果并未受到光线遮挡的影响。第二行中包括了道路路侧情况的变化，如

图 10.22　数据集结果展示

空旷、大量建筑物和树木，在这三种情况下，模型都能够准确地进行道路雨雪冰状态的分割，表现出了良好的识别能力。第三行中，第一张图展示了路侧存在电动车以及多种状态混合的情况，而模型也能够较好地识别道面的雨雪冰状态；在第二张图中，路侧停放着汽车；第三张图中，人行道和机动车道的状态不同，存在树木的遮挡，但是模型依然能够准确地分割出道面的雨雪冰状态。这些结果表明，该模型在不同路侧条件下仍能表现出良好的道面雨雪冰状态分割能力。

采用现有数据集进行模型训练，并通过从网上下载的视频对模型进行了测试。图 10.23 展示了机场道面除雪车工作过程的视频部分关键帧。采用经过车载视频训练得到的权重对该视频进行分割。

图 10.23 中第二行第一张图展示了在除雪车工作时由于扬起的积雪模糊了摄像头而造成的影响，第二张图显示了道面被大型车辆遮挡的近距离拍摄情况，即部分道面被遮挡，第三张图显示了大面积积雪的情况，在上述情况下模型均能够准确地分割出积雪区域。

图 10.23 中第三行第一张图中模型错误地将天空区域识别为道面积雪，但是其概率较低，可以通过调整检测框正样本阈值进行调整。第二张图中模型将道面上未被清除干净的积雪识别为雪浆。第三张图中模型将同一部分积雪识别为雪浆和积雪两个不同的类别，这可能是模型在训练数据中没有充分考虑到类似情况导致的。针对这些错误分类情况，可以通过增加训练数据中类似情况的数量和调整

模型参数等方式来改进模型的性能。以上结果表明，所提出的方法在机场道面图像分割任务中具有较高的准确性和可行性。

图 10.23　机场道面雨雪冰覆盖典型分割结果展示

10.6　基于多目视觉的道面雨雪冰厚度精细化检测

完成道面雨雪冰状态的识别与分割后，需进一步满足机场道面雨雪冰厚度的检测需求，为道面状态评价提供依据。采用多目视觉方法从三个不同视角下拍摄同一场景，通过特征点匹配和三角测量原理计算视差图和图像点深度，得到稀疏点云坐标数据，通过点云配准的方法对齐重叠区域生成完整的道面三维点云数据[9]。根据点云坐标数据提出雨雪冰厚度计算模型，对积雪前后的三维点云数据进行旋转变换后划分网格区域，通过对同一网格区域计算积雪后表面与原始道面表面高度差，得到该区域道面积雪厚度。最后在南京大校场机场验证不同道面状态下模型计算雨雪冰厚度的准确性。

10.6.1　多目视觉数据获取

采用的多目视觉方法通过设置左、中、右三台不同位置的相机，从不同视角在同一时间拍摄机场道面某一监控区域的图像，如图 10.24 所示。根据相机型号和现场调试验证，确定拍摄高度为 50cm，可以保证拍摄质量并自动采集存储图像。

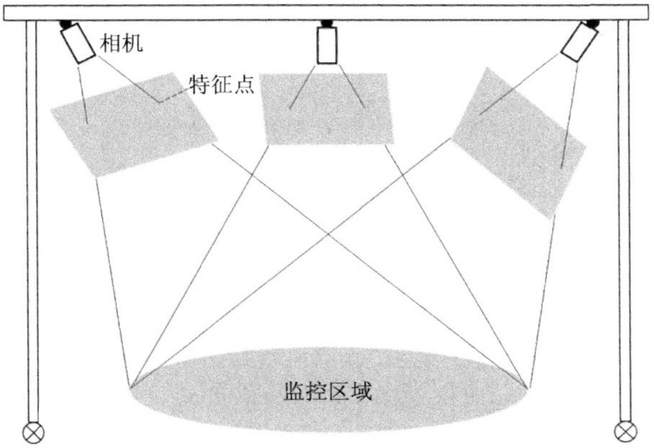

图 10.24　图像采集平台

为更贴近实际情况，共设置 12 个不同工况进行拍摄。积雪表面三维点云数据采集分为室内和室外两部分。室内实验设置两组，室外实验设置两组，对比强弱光照以及 3mm、5mm、7mm、10mm 积雪厚度的不同组合下，图片拍摄以及点云重建情况如图 10.25 所示。

(a) 室内光照充足　(b) 室内光照不足　(c) 室外光照充足　(d) 室外光照不足

(e) 3mm　(f) 5mm　(g) 7mm　(h) 10mm

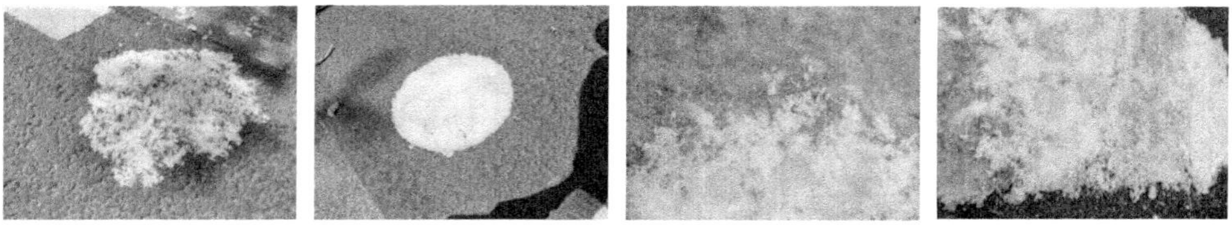

(i) 室外不均匀　(j) 室外均匀　(k) 两种厚度　(l) 多种厚度

图 10.25　不同工况实验设置

10.6.2　三维点云数据生成

所采用的三维点云数据采集方法是从三个角度拍摄积雪表面图像，使用特征点匹配方法对拍摄的二维图像进行三维重建。计算拍摄图像的像素间亮度差异得到 FAST 特征点，用灰度质心法提取 Oriented FAST 关键点，计算 BRIEF 描述子，提取 ORB 特征点[11]；对两张同一时间拍摄图像根据上述 ORB 特征点进行特征点匹配，获取视差图后通过三角测量原理计算图像点的深度；根据相机参数、视差图和图像点深度获取道面三维点云坐标数据。

首先进行对齐照片操作，获得稀疏点云以及所有照片的相机位置信息。图 10.26 为对积雪区域进行三个角度拍摄，并进行特征点匹配后生成稀疏点云的示意图。

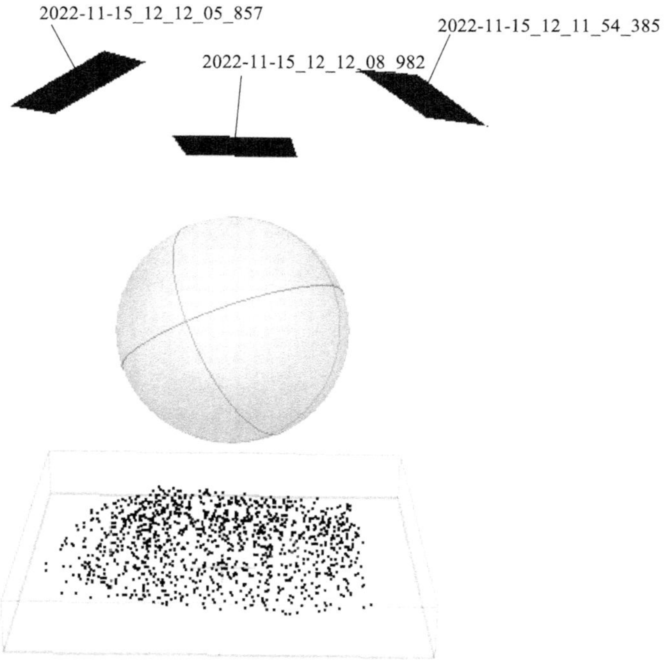

图 10.26　三维重建稀疏点云

图像生成点云是一个基于视觉 SLAM 的过程，需从图像中提取出特征点并进行匹配，以便在不同视角的图像之间确定它们间的几何关系。特征点是指在图像中显著的、不易变形的点，如角点、边缘点等，包括位置、方向、尺度等信息。通过提取这些特征点并计算它们之间的描述子，可将不同图像中的特征点进行匹配并通过三角化等方法计算出点云。在点云生成过程中，特征点的匹配直接影响点云的质量和准确性[10]。

特征点匹配通常分为三个步骤：关键点提取、描述子计算和匹配。关键点提取是一种寻找图像中具有一定特征的像素的过程，不同的算法使用不同的特征检测方法。在得到关键点位置后，根据关键点周围像素的外观信息构建关键点的描述子。最后，在匹配过程中，根据特征点的描述子相似度来寻找不同视角下相同的特征点。

描述子是一种特殊的向量表示，用于描述在特征点周围的像素区域中的图像结构信息。通常描述子是按照一定规则设计的，使得相似的外观特征在向量空间中距离相近。在特征点匹配的过程中通过计算两个特征点描述子的距离来确定它们是否匹配，当两个特征点描述子的距离较小时，可以认为它们来自同一物体或场景。

相机在同一时间分别从监控区域的不同视角拍摄机场道面的图像。监测区域左侧相机拍摄图像记为 I_{L} ，监测区域右侧相机拍摄图像记为 I_{R} 。对图像中每个像素 p，提取该像素点亮度 I_p，设置阈值 T 为 I_p 的 20%，以像素 p 为中心选取半径为 3 的圆上的 16 个像素点，若选取的圆上有连续的 12 个点的亮度大于 I_p+T 或小于 I_p-T，那么像素 p 被认为是特征点。

通过灰度质心法实现特征的旋转，定义一个图像块为 B，该图像块的矩为

$$m_{pq}=\sum_{x,y\in B}x^p y^q I(x,y),\quad p,q=\{0,1\} \tag{10.12}$$

该图像块质心为

$$C=\left(\frac{m_{10}}{m_{00}},\frac{m_{01}}{m_{00}}\right) \tag{10.13}$$

特征点方向为图像块几何中心 O 与质心 C 连接的方向向量 $\boldsymbol{OC}$ ，特征点方向为

$$\theta=\arctan\left(\frac{m_{01}}{m_{10}}\right) \tag{10.14}$$

用 θ 描述关键点的旋转，得到具有尺度和旋转描述的 Oriented FAST 关键点。在此基础上计算每个点的 BRIEF 描述子，对比与左右两张图像同一关键点附近两个随机像素 p 和 q 的大小关系，若 $p>q$，则取 1，反之取 0。选取 128 个对应像素

点，得到由 0 和 1 组成的 128 维向量，即该像素点的描述子。ORB 特征点由关键点和描述子组成。对两张同一时间拍摄的图像，根据 ORB 特征点，使用 OpenCV 快速近似最近邻(FLANN)算法[12]进行特征点匹配，获取视差图。

基于多目视觉生成检测道面目标区域信息，其中目标区域信息为世界坐标系位置。相对位置关系用旋转矩阵 $\boldsymbol{R}$ 和平移向量 $\boldsymbol{T}$ 来表示，双目立体标定为求解 $\boldsymbol{R}$ 和 $\boldsymbol{T}$ 的过程；左右目外参数为(R_1, T_1)、(R_r, T_r)，任取棋盘格一空间点 P，空间点 P 在世界坐标系的坐标值为 P_w，经过双目摄像机投影的点在左右两个摄像头的坐标系下的坐标为 P_l 和 P_r ，由摄像机坐标系与世界坐标系的转换关系，可知：

$$P_l = R_l P_w + T_l \tag{10.15}$$

$$P_r = R_r P_w + T_r \tag{10.16}$$

利用双目摄像机拍摄机场道面目标区域，得到不同方位的两张图像，再由计算视差反向求解目标区域的三维信息；将两个完全相同的摄像机组成横向平行配置的双目视觉系统，C_1 摄像机的光轴 Z_{c1} 和 C_2 摄像机的光轴 Z_{c2} 相互平行，X_{c1} 轴和 X_{c2} 轴共线；积冰区域中某一空间点 P 在两个摄像机坐标系中的 Y 轴和 Z 轴坐标值完全相同，仅 X 轴坐标值相差距离 b。

对机场道面目标区域图像数据进行特征点匹配，生成道面三维点云数据。已知道面积雪区域的两幅图像中对应某一空间点 P 的像素坐标(u_1， v_1)和(u_2， v_2)，利用摄像机内参数计算出空间点 P 的三维坐标(X_{c1}， Y_{c1}， Z_{c1})，利用式(10.17)～式(10.19)求出机场道面积雪区域表面的三维点云数据，还原区域三维信息。

$$X_{c1} = \frac{b(u_1 - u_0)}{u_1 - u_2} \tag{10.17}$$

$$Y_{c1} = \frac{b a_x (v_1 - v_0)}{a_y (v_1 - v_2)} \tag{10.18}$$

$$Z_{c1} = \frac{b a_x}{u_1 - u_2} \tag{10.19}$$

采用双边滤波对各积雪图像进行去噪处理。利用双边滤波对积雪图像的各图像像素点进行加权平均，根据邻域像素值的加权平均值组合得到中心像素点的像素值：

$$g(x, y) = \frac{\sum_{k,l} f(k,l)\omega(i,j,k,l)}{\sum_{k,l} \omega(i,j,k,l)} \tag{10.20}$$

基于相机坐标系，将连续空间划分为尺寸为 $L \times W \times H$(长×宽×高)的小立方体，每一个小立方体定义为一个体素，全部体素的几何组成体素空间 Ω。如果体

素空间 Ω 内存在预设数量的点云，则对点云信息进行抽象提取并赋予体素信息，否则体素信息置为空。当体素中的点云数量大于预设阈值时，对体素中所有点云信息中的 (g,u,v,c) 元素分别进行直方图统计，选取数量占比最多的一个赋值给当前体素语义信息。选取当前体素的几何中心作为体素空间信息，并构成体素信息结构体 $V=\{X_v,Y_v,Z_v,G_v,U_v,V_v,C_v\}$，其中 (X_v,Y_v,Z_v) 是体素的空间信息，(G_v,U_v,V_v) 是体素的图像信息，C_v 是体素的语义信息。

在稀疏点云基础上生成密集点云。根据实测尺寸对密集点云进行缩放并匹配当前图像尺寸。此时道面积雪三维点云中往往包含表面宏观轮廓、测量异常值和噪声等干扰数据，需要去噪以高精度还原积雪区域轮廓。

在积雪厚度提取过程中，横断面主要成分为纹理、道面宏观形变、细节误差、姿态和异常数据。纹理、道面宏观形变和细节误差是理想情况下的道面组成成分，而姿态、异常数据则是实际测量时引入的噪声，包括动态的测量环境、道面反光异常等。纹理异常数据一般具有较高的随机性，在断面中，一般表现为零值和幅值较大的脉冲信号，会影响路面纹理提取的准确度，因此要在纹理提取前经相关预处理降低或消除，但同时又要保证横断面轮廓原始形貌不受影响。对横断面执行以下步骤以去除异常数据：

(1) 利用中值滤波获取横断面的参考断面；

(2) 计算断面各点与参考断面的距离，寻找偏离参考断面较多的异常点；

(3) 使用异常点附近的非异常数据替换零值和高程值较大的异常点。

对异常数据进行预处理极大地消除了零值和高脉冲高程点的影响，保证了横断面轮廓形貌的完整性，使非异常数据高程值免受变动。

在点云数据预处理的基础上，进行道面积雪表面重构。尽管各个扫描断面间具有一定的间隔，但每个断面上的特征点与邻近断面上的匹配特征点具有几何联系。通过三维重构来建立断面间特征点的联系，重现被测道面表面的三维形貌并实现任意点的积雪厚度计算，如图 10.27 所示。

三维重构通常用三角网格表达，将复杂的三维几何形状转化为由大量小三角形组成的网格模型。三角形作为基本元素相比于四角网格联系更紧密，可以更好地逼近各种几何形状，能更好地展示物体表面的几何特征，拓扑结构简单且易于操作和修改。Delaunay 三角网是目前应用最广泛的三角剖分方法，具有以下重要特点：

(1) 最大化最小角准则。相比于其他三角剖分技术，Delaunay 三角网生成的三角形中的最小角最大，是所有三角网中最均匀化、规则化的三角网。

(2) 空球准则。当点云集中的任意四个点不共圆时，构成的三角网中任意三角形的外接圆中都不包含其他数据点，此三角网具有唯一性。

(3) 局部性。Delaunay 三角网中任意增加、减少或偏移三角形顶点后，三角网不需要重建，通过局部变化即可获得新的三角网。

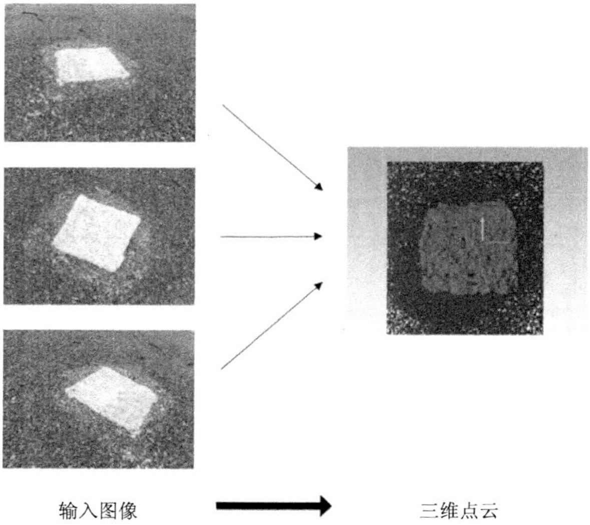

图 10.27　图像生成点云

通过插值法从分散的点云数据中构建局部三角面片，形成相关拓扑关系，从而形成道面雨雪冰三维模型，如图 10.28 所示，此方法重建的道面几何和拓扑关系保留了道面表面积雪厚度的特征。通过此三角剖分法建立拓扑关系，可以基于道面三维点云重建道面表面状态的宏观形态。

扫码查看彩图

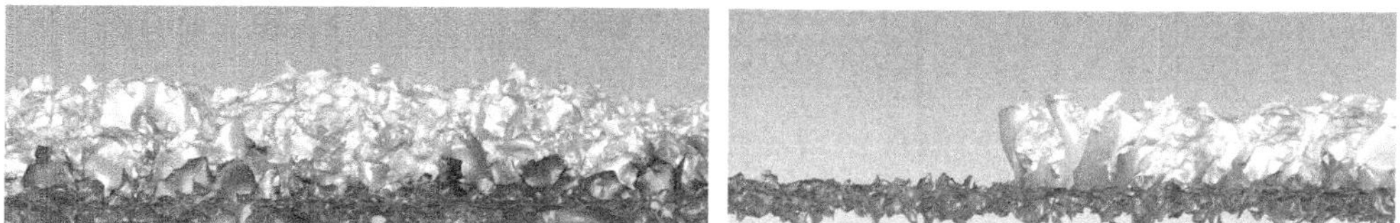

图 10.28　三维重构后积雪道面横切面图

10.6.3　表面积雪厚度计算

机场跑道表面状况评估过程中，将跑道划分为三段，分别记录每段跑道状况代码、跑道表面污染物的种类、深度和覆盖范围信息。并根据三维点云计算雨雪冰厚度。

三维点云数据包含了道面表面各点的三轴坐标，为计算积雪厚度需要对原始无积雪路面进行平面拟合，确定原高程基准面，在有积雪情况下计算新的高程拟合平面，两高程差相减计算得到平均积雪厚度。目标方程为计算某个点积雪最高点到路面表面的距离。其中 X、Y、Z 分别为三维点云中每个匹配点的三维坐标。根据三维坐标拟合出三维平面方程：

$$\cos\alpha \cdot X_i + \cos\beta \cdot Y_i + \cos\gamma \cdot Z_i + d = 0 \tag{10.21}$$

点到直线的距离：

$$\text{distance} = \frac{|Ax_0 + By_0 + C_0 + D|}{\sqrt{A^2 + B^2 + C^2}} \tag{10.22}$$

优化的目标函数：

$$d_i = |\cos\alpha \cdot X_i + \cos\beta \cdot Y_i + \cos\gamma \cdot Z_i - d| \tag{10.23}$$

约束条件：

$$\cos^2\alpha + \cos^2\beta + \cos^2\gamma = 1$$

拉格朗日对偶问题：

$$f = \sum_{i=0}^{N} d_i^2 - \lambda \cdot (\cos^2\alpha + \cos^2\beta + \cos^2\gamma - 1) \tag{10.24}$$

求目标函数 f 的极小值：

$$\frac{\partial f}{\partial d_i} = 2\sum_{i=0}^{N} d_i = 2\sum_{i=0}^{N} |\cos\alpha \cdot X_i + \cos\beta \cdot Y_i + \cos\gamma \cdot Z_i - d| = 0 \tag{10.25}$$

由式(10.25)可得

$$d = \cos\alpha \cdot \frac{\sum_{i=0}^{N} X_i}{n} + \cos\beta \cdot \frac{\sum_{i=0}^{N} Y_i}{n} + \cos\gamma \cdot \frac{\sum_{i=0}^{N} Z_i}{n} \tag{10.26}$$

$\frac{\sum_{i=0}^{N} X_i}{n}$、$\frac{\sum_{i=0}^{N} Y_i}{n}$、$\frac{\sum_{i=0}^{N} Z_i}{n}$ 为四个点的重心(均值)，因此用 $\overline{X}$、$\overline{Y}$、$\overline{Z}$ 代替，则有

$$d = \cos\alpha \cdot \overline{X} + \cos\beta \cdot \overline{Y} + \cos\gamma \cdot \overline{Z} \tag{10.27}$$

将 d 代入 d_i 中，有

$$d_i = |\cos\alpha \cdot (X_i - \overline{X}) + \cos\beta \cdot (Y_i - \overline{Y}) + \cos\gamma \cdot (Z_i - \overline{Z})| \tag{10.28}$$

f 的新形式：

$$\begin{aligned} f = &\sum_{i=0}^{N} [\cos\alpha \cdot (X_i - \overline{X}) + \cos\beta \cdot (Y_i - \overline{Y}) + \cos\gamma \cdot (Z_i - \overline{Z})]^2 \\ &- \lambda \cdot (\cos^2\alpha + \cos^2\beta + \cos^2\gamma) - 1 \end{aligned} \tag{10.29}$$

F 对 $\cos\alpha$、$\cos\beta$、$\cos\gamma$ 求偏导等于 0，则有

$$\frac{\partial f}{\partial \cos\alpha} = 2\cdot\sum_{i=0}^{N}(\cos\alpha\cdot\Delta X+\cos\beta\cdot\Delta Y+\cos\gamma\cdot\Delta Z)\cdot\Delta X-2\lambda\cos\alpha=0$$

$$\frac{\partial f}{\partial \cos\beta} = 2\cdot\sum_{i=0}^{N}(\cos\alpha\cdot\Delta X+\cos\beta\cdot\Delta Y+\cos\gamma\cdot\Delta Z)\cdot\Delta Y-2\lambda\cos\beta=0$$

$$\frac{\partial f}{\partial \cos\gamma} = 2\cdot\sum_{i=0}^{N}(\cos\alpha\cdot\Delta X+\cos\beta\cdot\Delta Y+\cos\gamma\cdot\Delta Z)\cdot\Delta Z-2\lambda\cos\gamma=0 \tag{10.30}$$

将上述三个式子写成矩阵的形式：

$$\sum_{i=0}^{N}\begin{bmatrix}\Delta X\cdot\Delta X & \Delta X\cdot\Delta Y & \Delta X\cdot\Delta Z\\ \Delta Y\cdot\Delta X & \Delta Y\cdot\Delta Y & \Delta Y\cdot\Delta Z\\ \Delta Z\cdot\Delta X & \Delta Z\cdot\Delta Y & \Delta Z\cdot\Delta X\end{bmatrix}\begin{bmatrix}\cos\alpha\\ \cos\beta\\ \cos\gamma\end{bmatrix}=\lambda\begin{bmatrix}\cos\alpha\\ \cos\beta\\ \cos\gamma\end{bmatrix} \tag{10.31}$$

由式(10.31)可以看出，求解最佳法向量变成了求解特征值特征向量。

$$\cos^2\alpha+\cos^2\beta+\cos^2\gamma=1,\quad x=(\cos\alpha,\cos\beta,\cos\gamma),\quad |x|=1 \tag{10.32}$$

$$\boldsymbol{Ax}\cdot\boldsymbol{x}=\lambda\boldsymbol{x}\cdot\boldsymbol{x} \tag{10.33}$$

代入 $\boldsymbol{A}$ 矩阵整理得

$$\lambda=\sum_{i=0}^{N}(\cos\alpha\cdot\Delta X+\cos\beta\cdot\Delta Y+\cos\gamma\cdot\Delta Z)^2 \tag{10.34}$$

通过该方法输入位置坐标，高程相减即可计算出图像范围内任一点积雪厚度。图 10.29 为生成点云重构的道面表面积雪情况。

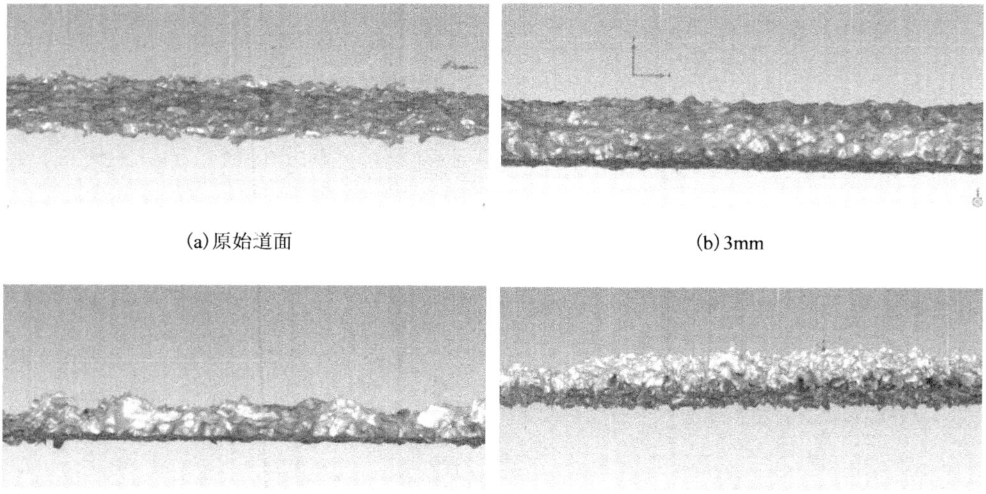

(a)原始道面　(b)3mm

(c)5mm　(d)7mm

(e) 10mm

扫码查看彩图

图 10.29　道面点云可视化

根据一定范围内积雪道面和道面原始点云数据坐标差可计算道面积雪厚度。通过计算，整个图片范围共有 271423 个点，随机取其中 25 个点，分别提取其 x、y、z 坐标，并计算不同位置的积雪厚度。

由表 10.11 实验数据对比可以看出，点云厚度计算模型和直尺测量厚度的差值均小于 1.0mm，平均误差为 0.3mm。大部分点云测试厚度值比直尺测量值偏大，其原因在于设计实验时，使用直尺测量雨雪冰厚度并平铺至沥青和水泥道面表面，但由于道面表面的纹理和构造深度不同，直尺底端只能与道面的最高位置接触，而在点云测量时取值为原道面的平均高度值，因此两者之间存在差值。不同工况

表 10.11　实验数据对比　（单位：mm）

工况编号	测试厚度	直尺测量厚度	绝对误差
(1)	3.2	3.0	0.2
(2)	5.1	5.0	0.1
(3)	6.7	7.0	0.3
(4)	10.1	10.0	0.1
(5)	3.4	3.0	0.4
(6)	5.1	5.0	0.1
(7)	7.3	7.0	0.3
(8)	9.8	10.0	0.2
(9)	3.2	3.0	0.2
(10)	10.3	10.0	0.3
(11a)	3.2	3.0	0.2
(11b)	6.6	7.0	0.4
(12a)	3.3	3.0	0.3
(12b)	7.9	7.0	0.9
(12c)	5.5	5.0	0.5
(12d)	9.2	10.0	0.8

下的结果表明室内误差略小于室外误差，但差距不明显，且人工直尺测量存在一定误差。在室外大面积不均匀雨雪冰情况下，模型测试雨雪冰厚度与直尺测量误差明显变大，其原因在于当监控范围取单点进行厚度提取时，雨雪冰表面不是完全平整的平面，而直尺测量读数值相比点云坐标点是一个小范围的均值，因此在实际应用中平均雨雪冰厚度更具有参考价值。

10.6.4　机场道面工程验证

将基于多目视觉的机场道面雨雪冰厚度检测方法在江苏省南京市大校场机场实际工程中进行应用，验证上述方法在实际工程中的实用性。大校场机场现有长约 2800m、宽约 60m 的机场跑道。本节数据采集在该跑道进行。

通过对现场机场道面的巡查发现，大校场机场原址分为沥青和混凝土两类跑道，原沥青跑道上裂缝较多，开裂较大，为贴近现实机场跑道，选取无裂缝路段进行拍摄。水泥混凝土路面上有标准刻槽，因此分别对两条跑道进行路面表面状态拍摄和处理。

为进行机场道面积雪厚度现场验证，在检测车上安装三个摄像头，如图 10.30 所示，位于距地面 0.5m 高度处，从三个角度进行检测区域的拍摄。设置中间摄像头为俯拍角度，两侧摄像头分别设置 60°倾斜。三个摄像头共同拍摄区域记为检测区域，检测区域面积为 $1m^2$。

图 10.30　检测车摄像头安装

拍摄时在同一位置分别拍摄干燥原地面、道面有水、道面积雪三种情况。共设置 18 种拍摄工况，包括沥青道面、水泥道面、是否有阴影遮挡、积雪厚度、积雪面积、道面表面是否有裂缝等影响因素。表 10.12 为相机拍摄数据，拍摄前手动调整焦距使其适用于相机拍摄高度和位置。实际拍摄时除工况 16 设置为阴影遮挡外，其他工况均光线充足。调整光圈至最大以减小曝光时间，避免车辆抖动对图像画质的影响。曝光时间设置为 200μs，表中图片偏暗是因为设置的曝光时间较短，但图像明暗程度不影响生成点云质量及精度。

表 10.12　大校场拍摄图像数据

编号	道面类型	左相机	中相机	右相机
1	干燥沥青道面	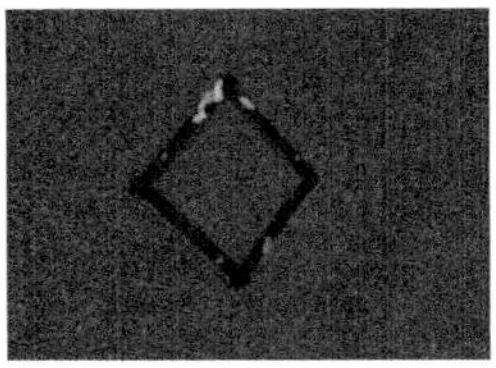	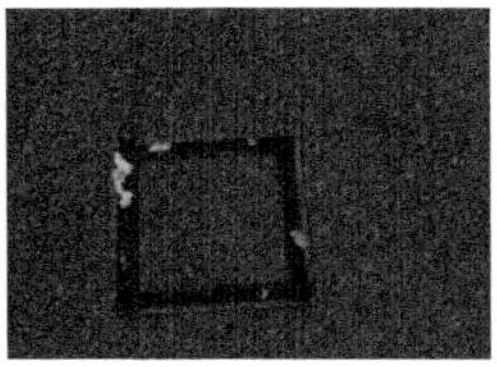	
2	潮湿沥青道面			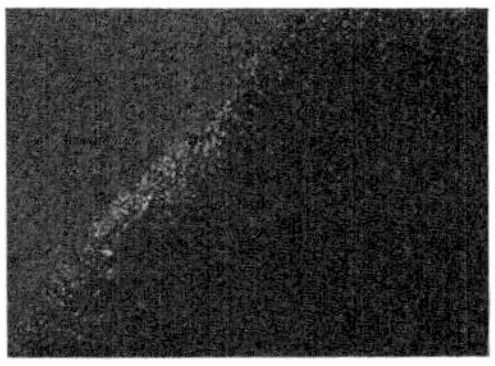
3	积雪沥青道面	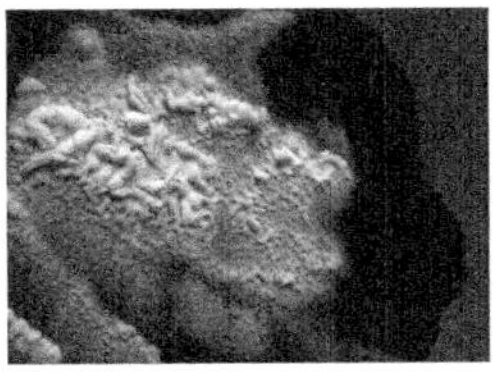	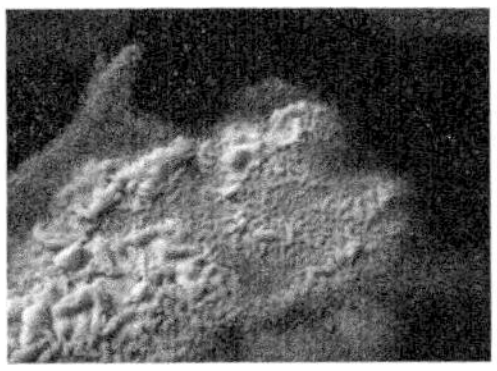	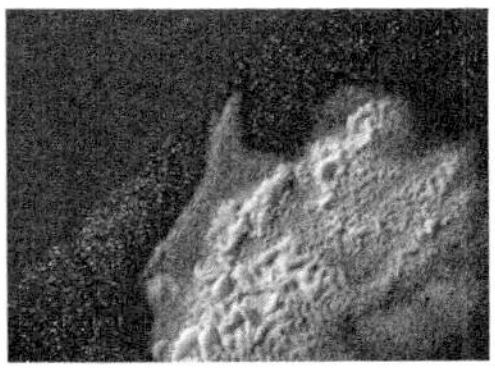
4	干燥沥青道面			
5	潮湿沥青道面			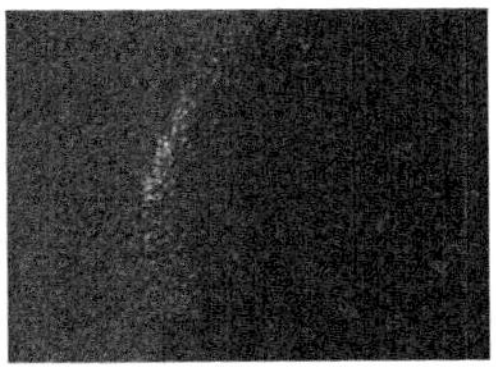

续表

编号	道面类型	左相机	中相机	右相机
6	积雪沥青道面1	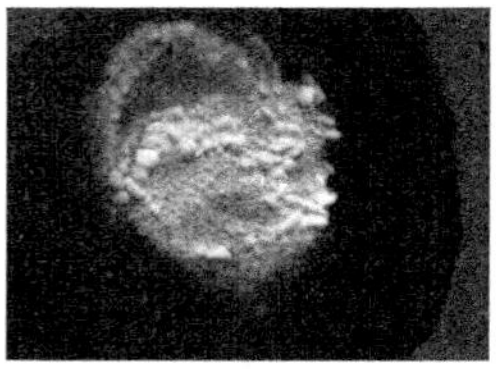	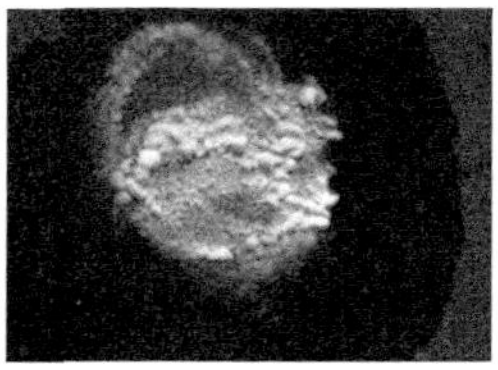	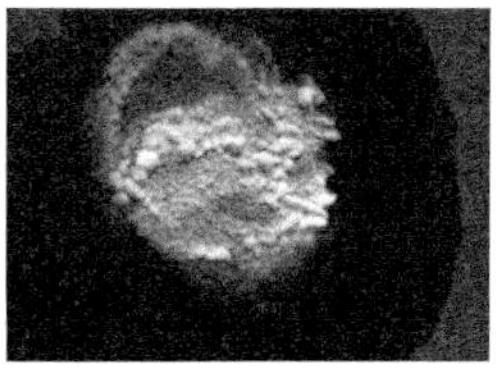
7	积雪沥青道面2	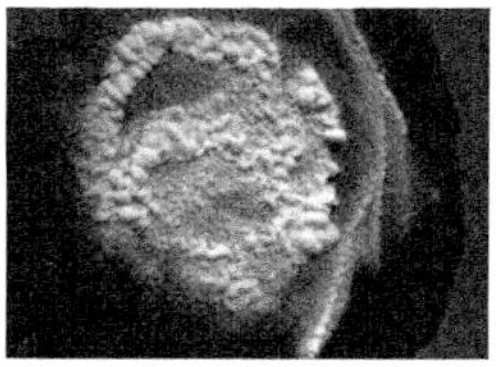	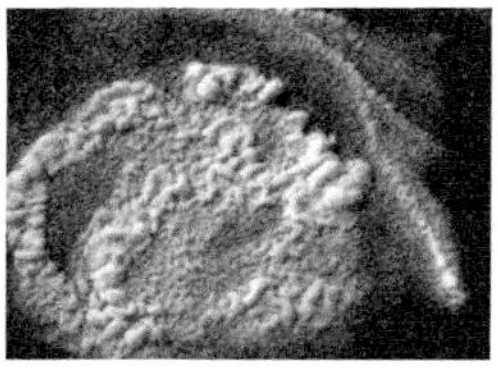	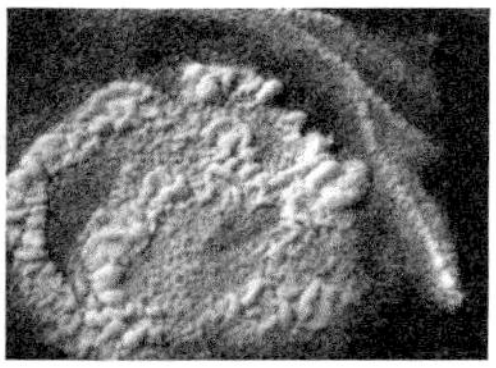
8	干燥沥青道面	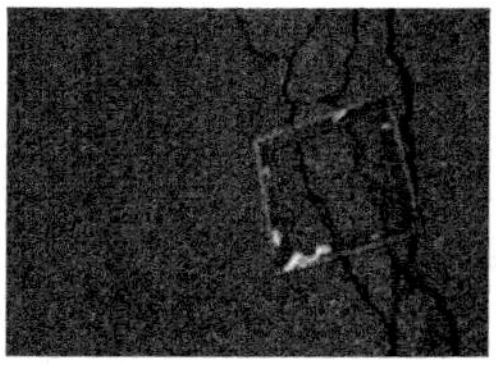	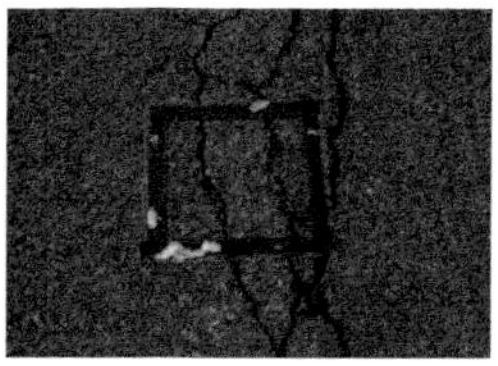	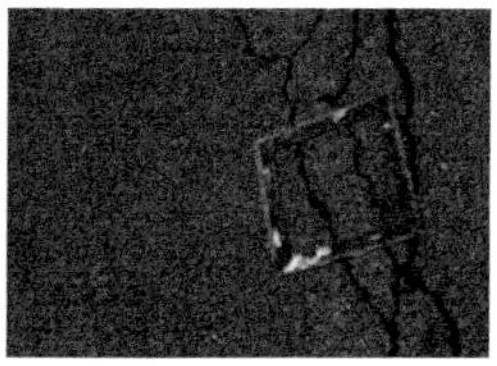
9	潮湿沥青道面			
10	积雪沥青道面1	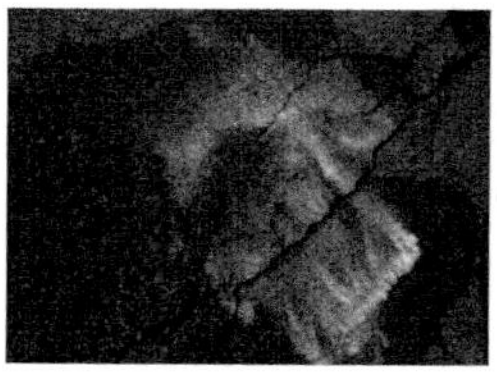	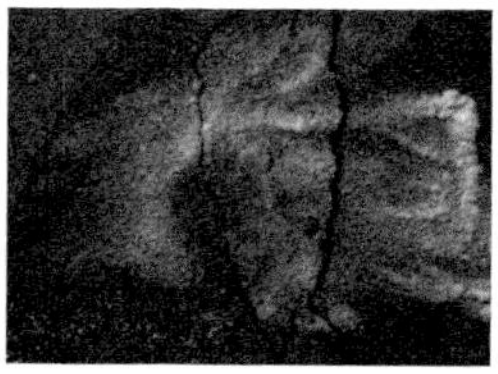	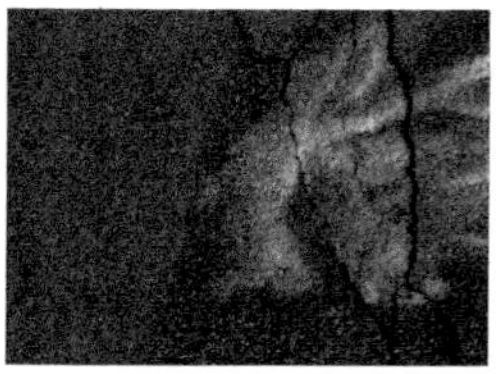
11	积雪沥青道面2	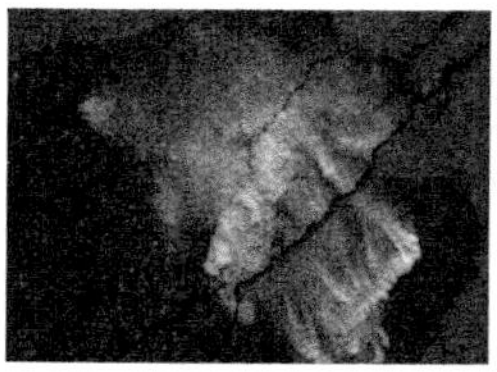	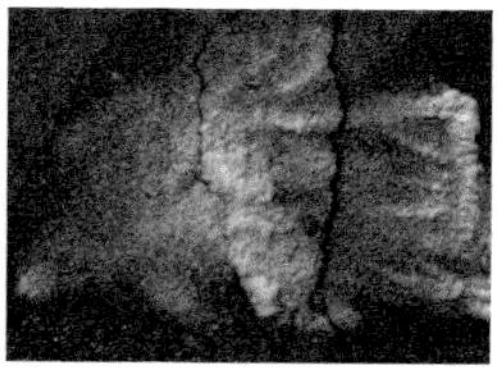	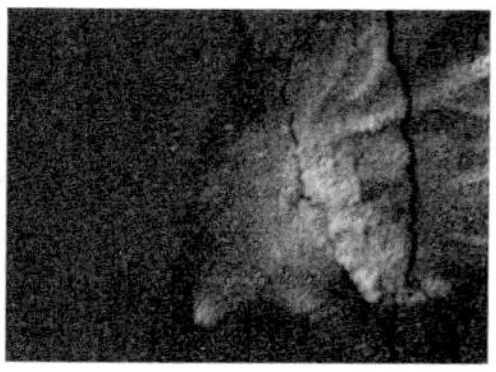

续表

编号	道面类型	左相机	中相机	右相机
12	干燥水泥道面			
13	潮湿水泥道面		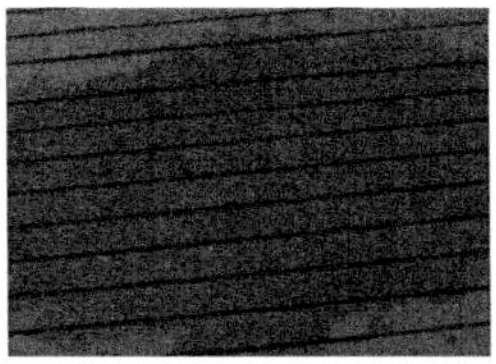	
14	积雪水泥道面1	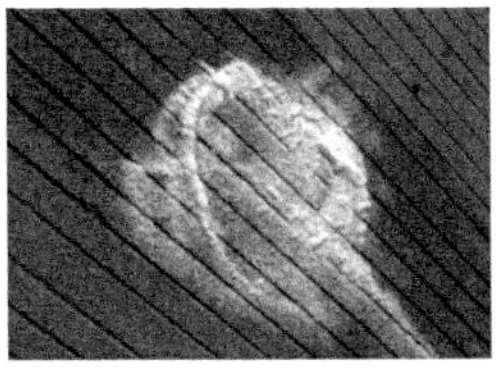	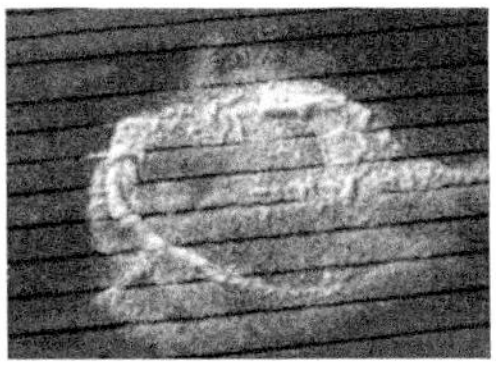	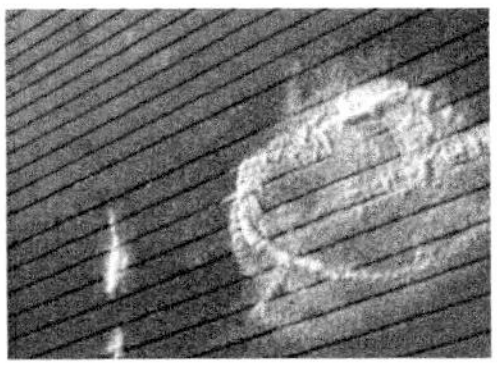
15	积雪水泥道面2	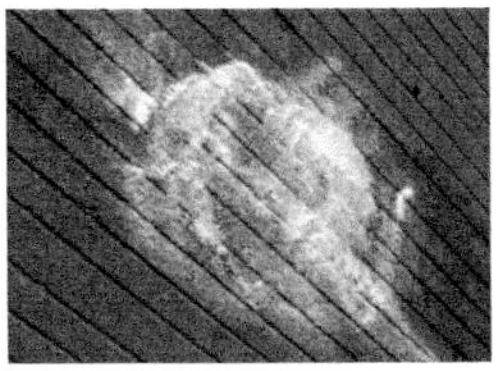	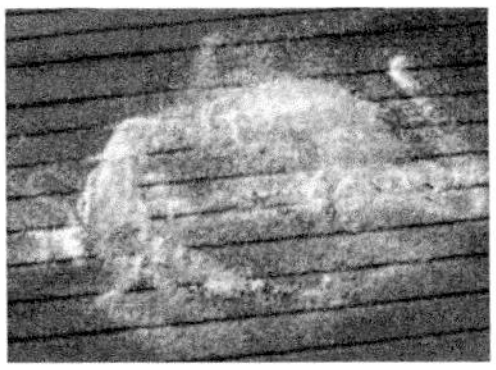	
16	积雪水泥道面2(阴影)		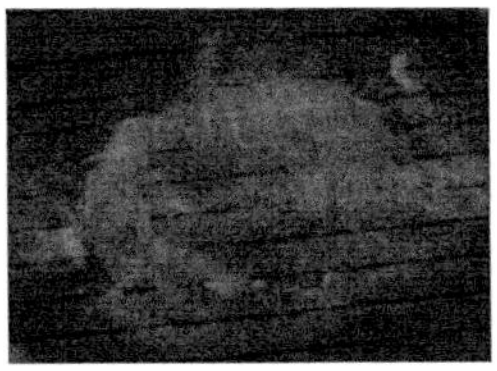	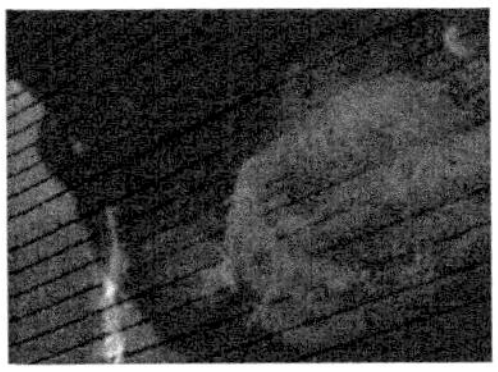
17	积雪水泥道面3	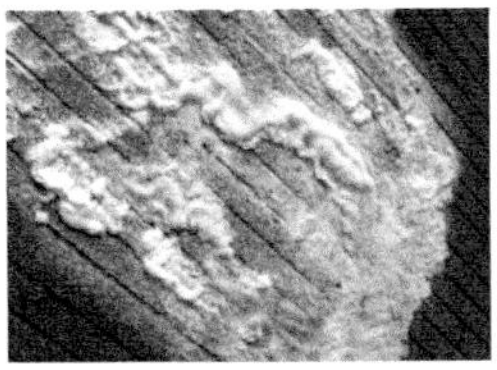	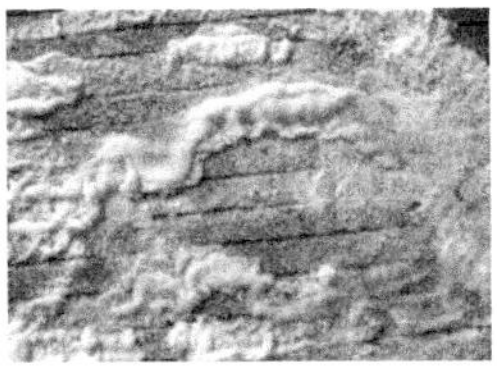	

续表

编号	道面类型	左相机	中相机	右相机
18	积雪水泥道面4	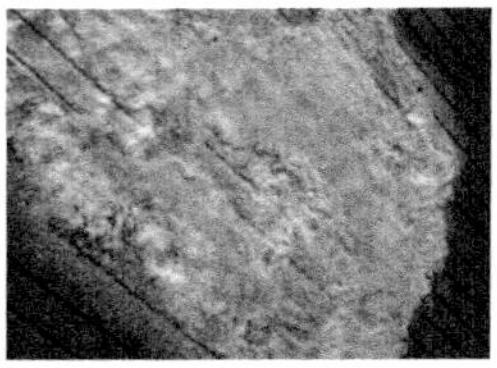		

图 10.31 为积雪厚度计算流程图。在数据采集过程中，获取的点云数据中会存在非对象点云数据，即在点云数据集中没有任何实际物体信息的点，也称为无用点或噪声点。这些点是由采集设备的噪声、环境干扰、遮挡或采样误差等原因产生的，对后续应用和分析都具有干扰，不仅降低后期数据处理效率，同时使建立的三维模型存在较大误差。因此，需要对非对象点云数据进行删除，包括体外孤点、非连接项、噪声。体外孤点是指点云中的离群点，通常数量较少且不与主

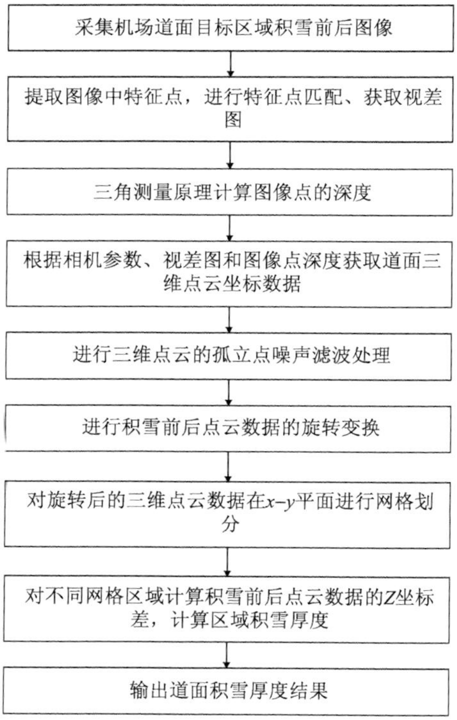

图 10.31　积雪厚度计算流程图

要的点云区域相连，可以通过点云去噪算法过滤。非连接项指点云中的局部区域，它们与周围区域没有有效连接，在点云处理中被认为是不相关的数据。这些区域通常出现在点云表面的空洞或断裂处，也可能是由于视野的限制、遮挡或反射等原因造成的，可以通过使用点云配准、重建等算法对非连接项进行处理，以保证点云数据的完整性和准确性。

对大区域场景进行扫描采集点云数据时，通常两期扫描点云的坐标都需要进行配准以统一到同一坐标系，会产生系统误差。这个误差受两期点云空间参考系的精度、扫描站点数以及扫描设备性能等因素的影响。

点云配准方法有两种：基于地面控制点的点云配准，通过固定的地面控制点匹配多站或多点云数据；基于同一区域比较的点云配准，通过比较两个点云间的重叠区域进行配准，再通过独立的控制点或参考点云分析点云配准精度。

基于重叠区域比较的点云配准精度可以达到厘米级，基于控制点的点云配准精度可以达到毫米级，设备的测量精度也是影响最终配准精度的关键因素，因为控制点难以在扫描区域中严格均匀布设，所以两期点云在不同的区域与方向上也就不一定均匀匹配，配准误差在点云上一般非均匀分布。

沥青道面和水泥道面表面较为粗糙，扫描仪扫描时会出现冗余点和噪声点。在建立三维道面模型时这些点会引起模型失真，需要降低或消除冗余点和噪声点，分离出道面点云数据中噪声点及冗余点并过滤删除。

需要针对设置的拍摄位置进行尺度校准，校准使用标准的 15 cm 方形尺，如图 10.32 所示。首先测出点云图中方形尺两转折点位置上的间距 d(单位为 mm)，缩放比例按 150/d 计算。将整幅点云图按照该比例进行缩放。由于车载工业相机距地面高度不变，即拍摄时景深位置参数不变，因此三个相机之间的位置参数与缩放比例不变。计算得到所有点云数据的缩放比例为 328。

图 10.32　15mm 方形尺

对积雪前后的三维点云数据分别在 x-y 平面进行网格划分。积雪前后图像分别以各自 x、y 的最小值和最大值为边界，划分为 5×5 的网格，以网格为单位进行后续计算，如图 10.33 所示。

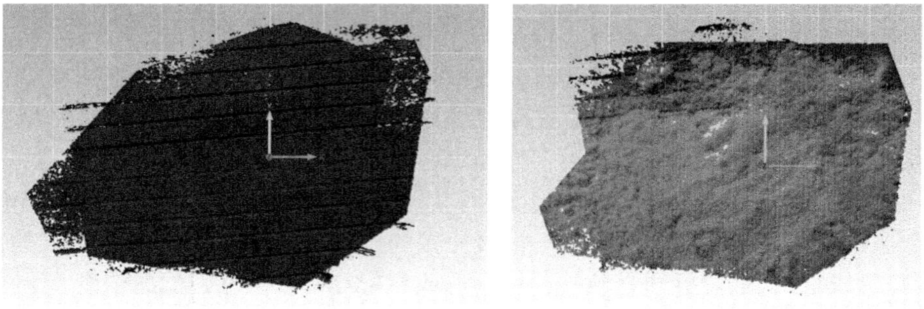

图 10.33　水泥道面检测区域采样后生成点云

各摄像头处于水平工作平面，且拍摄不同位置图像时摄像头高度保持不变，即获得物理对象点云坐标 x、y 为对象的平面位置，而坐标 z 为对物理对象点的高程位置。为此，依据道面位置坐标 x、y 通过理论曲面函数 $F(x, y)$ 确定道面理论高程值。由路面点云理论坐标 (x, y, z) 及其他道路信息参数建立理论路面数字化模型。对同一网格区域计算积雪后表面与原始道面表面高度差，分别计算区域内积雪前后所有点云 z 坐标平均值，积雪前记为 $\overline{z_0}$，积雪后记为 $\overline{z_1}$，得到该区域道面积雪厚度 $h = \overline{z_1} - \overline{z_0}$。

图 10.34 为地面点云数据图，使用 cloud compare 进行多期道面点云数据叠加，计算不同位置点云数据 z 坐标差值，记为道面上覆盖积雪厚度。图 10.35 为两期点云叠加后情况，对原地面和积雪工况进行叠加，分析两幅点云共有部分某一坐标点云数据 z 坐标差值，并计算各"同名变形点"的变形。设图中的一对同名变形区域积雪前后分别含有 m 个和 n 个扫描点，则积雪前后的变形值计算过程为：计算原始干燥道面中点云的平均法向量 $\boldsymbol{l}$，将 P_1、P_2 中的点云通过三维旋转变换，使 z 轴平行于 $\boldsymbol{l}$，这样原始干燥道面和积雪后道面可以基本上是一对平行曲面，从垂直于 $\boldsymbol{l}$ 的平面方向看，即为如图 10.35(b)所示的情形。即同一 x-y 坐标下，积雪前后 z 坐标差即该点道面表面积雪厚度。表 10.13～表 10.16 为道面不同位置积雪厚度情况，设置 a～h 测点，并对两期点云在 x-y 平面上进行网格划分。以两期点云重合部分 x、y 的最大值和最小值作为边界，设置 2×4 的网格，每个目标点为网格中心位置。

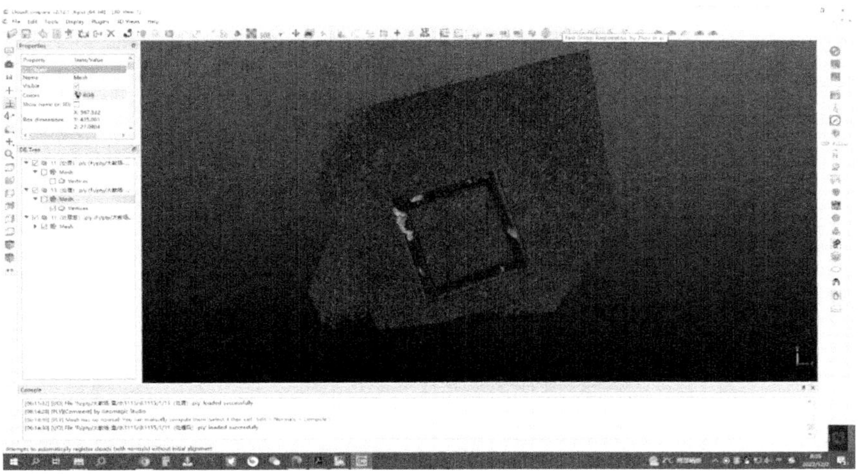

图 10.34 原地面点云数据

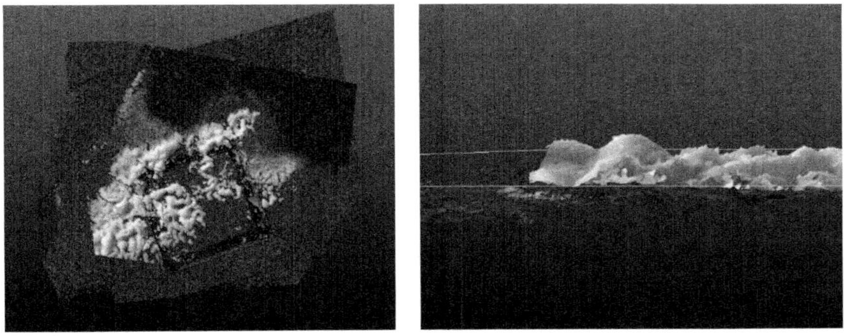

(a) 俯视图 (b) 正视图

图 10.35 叠加积雪工况后点云

表 10.13 沥青道面不同位置积雪厚度情况(跑道边缘沥青道面)

编号	目标点纵坐标差/mm							
	a	b	c	d	e	f	g	h
2	0.18	1.04	1.00	1.26	1.32	0.48	–0.04	–0.80
3	2.70	4.81	4.21	3.21	3.52	3.02	2.32	2.88

表 10.14 沥青道面不同位置积雪厚度情况(跑道中心线沥青道面)

编号	目标点纵坐标差/mm							
	a	b	c	d	e	f	g	h
5	–0.11	–0.22	0.74	0.36	0.18	0.01	0.53	0.75
6	1.42	2.30	2.38	2.47	1.85	1.63	0.81	0.21
7	5.68	6.12	5.04	3.30	2.24	0.32	3.28	5.74

表 10.15　沥青道面不同位置积雪厚度情况(有裂缝沥青道面)

编号	目标点纵坐标差/mm							
	a	b	c	d	e	f	g	h
9	0.25	0.79	0.28	0.13	0.16	0.24	–0.06	–0.27
10	0.49	0.26	2.18	3.64	5.61	2.98	4.67	0.03
11	0.35	0.64	4.65	5.18	6.15	5.86	4.86	0.16

表 10.16　水泥道面检测区域不同位置积雪厚度情况

编号	目标点纵坐标差/mm							
	a	b	c	d	e	f	g	h
13	–0.11	0.13	0.09	0.15	0.19	0.44	–0.08	0.14
14	0.70	1.81	3.21	1.21	3.52	1.02	2.32	2.88
15	–0.13	1.94	5.49	5.16	3.84	1.68	3.64	3.45
16	–0.15	1.86	5.51	5.28	3.85	1.64	3.59	3.31
17	3.16	0.62	5.87	7.61	10.46	3.49	2.44	3.84
18	4.61	3.94	5.19	6.84	7.53	5.37	5.10	4.52

对跑道边缘沥青道面设置工况 1 为原始点云，将工况 2 进行叠加，分别计算潮湿和积雪情况下的厚度情况，如表 10.13～表 10.16 所示。由工况 2 可知在 a～f 目标点位置厚度变化较小，但 g、h 两点出现负值。观察图像可知，g、h 两点位于图像边缘，均为干燥道面，两点 z 坐标应为同一值。但计算出现负值，其原因主要是实际测量时检测区域两端的入射角都偏大，且随着距离增加入射角更大，导致精度损失。因此，中间部分观测条件优于两端，故中间变形测量精度高于两端变形测量精度。工况 3 同样以工况 1 为原始点云进行计算，对于有效数据区域积雪厚度测试结果为 2～5mm，符合实际摊铺雨雪冰厚度。对于有裂缝的沥青道面和无裂缝沥青道面没有显著差距，积雪厚度符合实际雨雪冰厚度。水泥道面设置的不同工况测试效果良好，因水泥道面存在深度约为 6mm 的刻槽，为消除刻槽对单点厚度变化的影响，原道面高度取监控区域的平均高度值，厚度测试结果和实际摊铺情况一致，且阴影遮挡对测量结果基本没有影响。

10.7　机场道面雨雪冰状态评价与预警

机场道面存在结冰、积雪等污染时，无法提供正常起降所需的摩擦，飞机的制动性能会明显下降，影响飞机运行安全[11]。为确保飞机在污染跑道上的安全运行，各国进行了与雨雪冰道面飞机适航性相关的实验和研究，不断完善相关规章和运行条例。2021 年国际民用航空组织(ICAO)为统一全球范围内的跑道状况报告标准，废除了测定摩擦系数判断道面适航性的方法，提出了新的污染跑道全球报告格式(global reporting format, GRF)，主要通过湿跑道和污染跑道的运行管理规定和雪情通告进行判定[12]。

本节首先分析新规定提出的道面状态、污染物覆盖率、道面温度、污染物厚度对飞机起降安全的影响，综合以上影响因素提出道面雨雪冰状态评价指标，结合道面状态识别、道面状态像素级分割、雨雪冰厚度检测的方法以及道面雨雪冰状态评价指标，搭建机场道面雨雪冰状态识别与预警系统。

10.7.1　道面状态影响因素分析

传统摩擦测试车获取道面摩擦系数的方法缺乏可重复性和系统校准可靠性，且各地机场使用的测试设备和测试方法有所差别，无法明确各种测试方法获得的摩擦性能参数与飞机性能之间的关系。因此，为制定全球统一的标准，保障航空器在污染道面的起降安全，国际民用航空组织建立了报告系统，使用 GRF 评估并报告跑道表面状况。GRF 中包含每条跑道的跑道状况代码(RWYCC)、污染物类型、污染物厚度和污染物覆盖范围。其中跑道状况代码用 0～6 的数字反映道面的制动能力。以上 GRF 信息用于完成跑道状况报告(RCR)，该报告传送给机组，机组据此估计飞机的制动性能并计划着陆过程。同时，机组在滑跑过程中反馈实际制动效应情况。跑道状况评估可以细分为四个变量：道面状态类别、污染物覆盖率、污染物厚度和道面温度，本节分别分析这四个变量对飞机起降安全的影响。

1. 道面状态类别

RWYCC 中共包含 6、5、4、3、2、1、0 七个跑道状况代码，跑道状况代码的大小代表着飞机起降的危险程度。如图 10.36 所示，等级越低，跑道的受污染情况越严重，抗滑性能越差。因此，不同的道面状况代码可以直接反映航空器的滑跑性能。

6：干跑道。

5：轮胎上施加的制动力所达到的减速效果正常，并且能正常控制方向。

4：制动减速或方向控制能力在好与中之间。

3：轮胎上施加的制动力所达到的减速效果明显降低或方向控制能力明显降低。

2：制动减速或方向控制能力在中与差之间。

1：轮胎上施加的制动力所达到的减速效果大幅度降低或方向控制困难。

0：轮胎上施加的制动力所达到的减速效果几乎为零或无法控制方向。

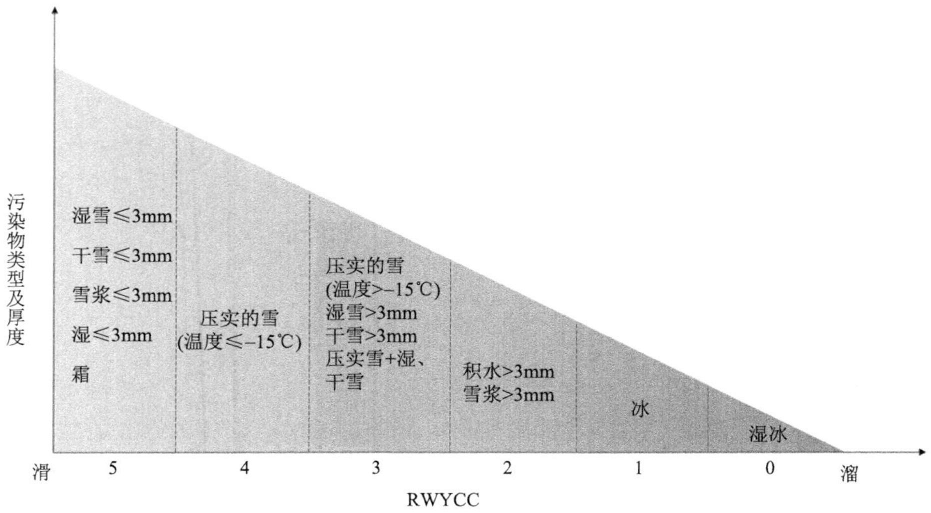

图 10.36　不同跑道状况代码与污染物类型及厚度关系

根据运行着陆距离计算方法，将跑道污染状况修改为相应跑道状况代码所反映的跑道状况，分别计算不同跑道状况下飞机的着陆距离，如图 10.36 所示。综合跑道状况代码来看，可以得出跑道状况代码越小，着陆距离越大，跑道污染状况越严重。

2. *污染物覆盖率*

污染物覆盖率指污染物覆盖区域的面积占整段跑道面积的比例。机场范围内降雨降雪程度基本一致，整条跑道的污染物覆盖状态是一致的，即污染物覆盖率为 100%。但除雪进程、除雪剂喷洒量、道面温度等存在差异，会导致不同区域处于不同状态。对应不同的污染物覆盖率，需通报不同道面情况，如图 10.37 所示。规范规定当污染物覆盖率小于 10%时，对飞机起降安全影响小，道面状况评级不改变，且不通报污染物类型；当污染物覆盖率在 10%～25%时，对飞机起降安全影响较小，当道面状况评级不改变的情况下，进一步通报污染物类型及覆盖率，以便场务工作人员及时监控跑道状态变化；当污染物覆盖率大于 25%时，道面已经被严重污染，摩擦系数和粗糙度受污染物影响较大，因此状况评级需要根据跑道状况评估矩阵进行对应的类别划分，通报污染物类型及覆盖率。污染物覆盖率越高，道面对飞机的影响越大，飞机的运行安全越受到威胁。因此，在飞行操作中应当根据污染物覆盖率来选择适当的起降速度和距离，确保飞机的运行安全[13]。

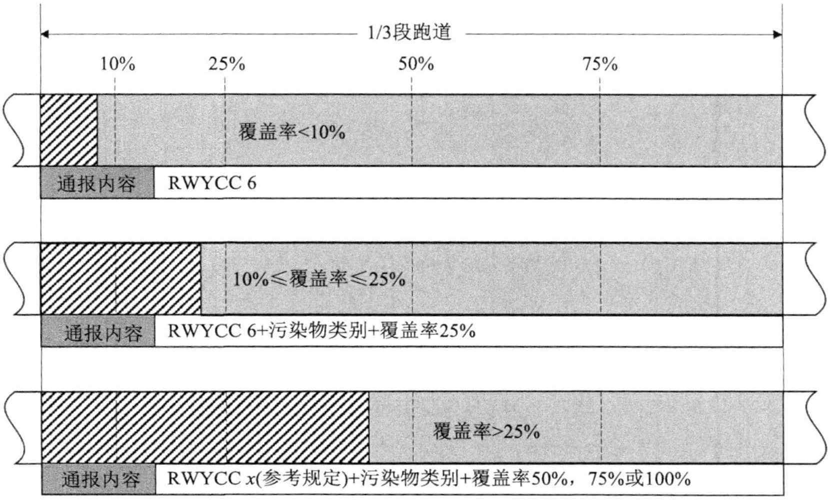

图 10.37　跑道污染物覆盖率通报情况

根据以上规定[13]，如果跑道的 RWYCC 评级为 6(干跑道)，且污染物覆盖率在 25%以下，只需要进行通报并监控，以确保污染物的进一步积累得到控制。因此，通过道面雨雪冰状态分割模型获得道面污染物覆盖率，小于 25%时评价道面为干跑道，仅通报污染物类别和位置结果。对污染物覆盖率大于 25%的道面进行后续道面雨雪冰状态评价。

3. 污染物厚度

污染物厚度会影响道面抗滑性能，不同污染物影响程度不同。压实的雪、冰等硬质污染物厚度对道面整体抗滑性能影响较小，这是因为硬质污染物表面摩擦系数不受其厚度大小的影响，但污染物厚度对道面表面的粗糙度和几何形态有一定程度的影响，这会对轮胎与道面接触面积、轮胎与道面的形变、轮胎与道面之间的摩擦产生影响，从而影响飞机的制动性能和抗滑能力。当硬质污染物厚度较薄时，会形成如图 10.38 所示的道面表面结构，保留部分道面宏观纹理的摩擦性能。当硬质污染物厚度较大时会将宏观纹理完全覆盖，导致道面摩擦特性大幅度降低。

对于积水、积雪等松散型污染物的厚度，根据 RWYCC 的规定，以 3mm 作为区间划分标准，与道面状况评级相对应。根据评级标准，当积雪、雪浆厚度小于 3mm 时均属于 5 级，当积雪大于等于 3mm 时属于 3 级，跑道制动效应中等，但当雪浆大于等于 3mm 时属于 2 级，跑道制动效应中差，因此机场道面的适航性对雪浆厚度的增加更为敏感。

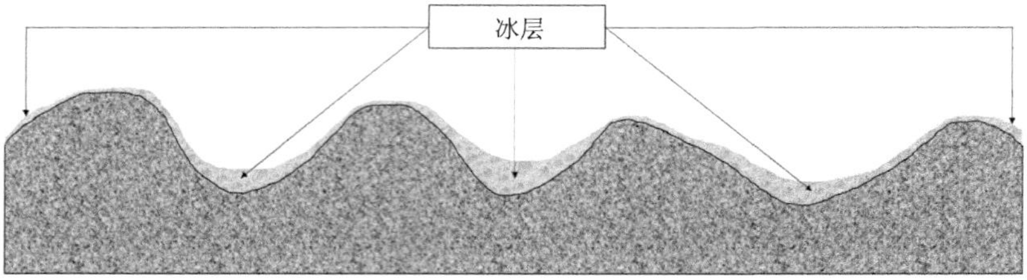

图 10.38　薄冰道面宏观纹理图

4. 道面温度

道面温度对道面有雨雪冰等污染物时飞机着陆安全的影响非常大[14]。当道面温度低于冰点时，雪和冰在道面上变得更加坚硬和光滑，导致摩擦系数下降，增加飞机着陆滑行的距离和时间，影响飞机的制动性能和操控能力并增加飞行事故的风险。当道面温度低于冰点时，水分子也会冻结在道面表面并形成冰层，也会对飞机着陆产生不利影响。因此，在道面有雨雪冰等污染物时，必须关注道面温度，并进行必要的雨雪冰融化和防冻处理。当道面温度高于熔点时，道面表面的雨雪冰逐渐融化形成水膜，容易导致飞机滑水，也需及时进行清理。

10.7.2　道面雨雪冰状态评价指标

根据上述机场道面运行安全影响因素，将上述影响因素进行融合提出新的综合指标以衡量机场道面受雨雪冰影响的严重程度，具体如下[14]。

道面状态类别：道面污染类型通过机场道面状态图像分类模型获取。由于机场在正常运行中受到降雪影响后会及时处理，较少出现积雪被压实的情况，且湿雪和干雪的等级划分相同，对跑道评级影响相同，因此统一设置为积雪类别。评价指标共设积雪、雪浆、结冰三种，针对不同道面污染物类型采用不同的参数。

污染物覆盖率：指机场道面表面被覆盖的雨雪冰面积占总道面的比例。摩擦系数随着雨雪冰覆盖面积增加而降低，因此将污染物覆盖率作为指标反映机场道面受雨雪冰影响的程度。通过道面状态分割模型获取，污染物覆盖率小于 25%时仅通报污染物类型和位置，不改变道面状态评级，因此不进行道面雨雪冰状态评价；污染物覆盖率为 25%～100%时使用公式进行道面雨雪冰状态评价。

污染物厚度：指机场道面表面的雨雪冰的厚度。积雪厚度增加使摩擦系数降低，影响道面的适航性，因此将雨雪冰厚度作为指标来反映机场道面受雨雪冰影响的程度。通过多目视觉雨雪冰厚度检测方法来获取监控区域平均污染物厚度。

道面温度：由机场航空气象地面观测部门进行连续观测，不同道面状态采用相应的参数。道面存在雨雪冰情况时道面温度较低，因此评分公式中道面温度范围为 5℃以下。

综上，当道面表面受到雨雪冰污染时，将观测数据道面状态类别、污染物覆盖率、道面温度和污染物厚度作为自变量，通过道面雨雪冰状态评分(runway surface ice & snow condition score，RSCS)公式综合反映机场道面受雨雪冰影响的严重程度：

$$S=\frac{1}{3}\left[\left(\frac{3}{5+5\mathrm{e}^{15p-4}}+0.2\right)\cdot\alpha+\frac{2\beta}{1+\mathrm{e}^{\frac{T-5}{5}}}+\frac{9\gamma}{Y^2+9}\right]\times 100 \tag{10.35}$$

式中，S 为道面雨雪冰状态得分；p 为污染物覆盖率；T 为道面温度，℃；Y 为污染物厚度，mm；α 为覆盖率修正系数；β 为温度修正系数；γ 为厚度修正系数。各修正系数如表 10.17 所示。

表 10.17　修正系数

类别	覆盖率修正系数	温度修正系数	厚度修正系数
积雪	1.4	1.0	1.3
雪浆	0.8	0.6	1.0
结冰	0.4	0.4	0.3

为分析每个影响因素对道面状况评分的影响，分别绘制出每种影响因素的得分曲线。

图 10.39 为污染物覆盖率得分曲线，污染物覆盖率越高，对道面运行安全影响越显著。当污染物覆盖率不到 10%时，该影响因素的评分接近 80 分，污染物覆盖率到 25%后，随着污染物覆盖率的增大，评分急剧下降。覆盖率达到 50%以上危险程度较高，得分接近 20 分。

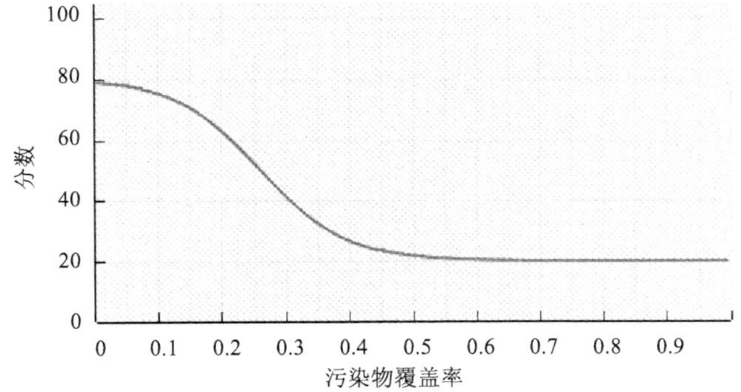

图 10.39　污染物覆盖率得分曲线

图 10.40 为道面温度得分曲线，当道面表面有污染物时，道面温度越低，对飞行器运行安全影响越显著；当道面有水时，温度越低，道面上的水分越容易结冰，道面越光滑，增加滑行和制动距离，降低飞机起降时的安全性能。在道面未喷洒除冰液时，0℃为结冰临界点，当温度高于 0℃时，结冰积雪的风险较低，相应的影响因素评分较高。当温度降低到 0℃以下时，道面上的积水和积雪都更容易冻结。温度降低到–10℃以下后，温度变化对道面状态的影响不大。

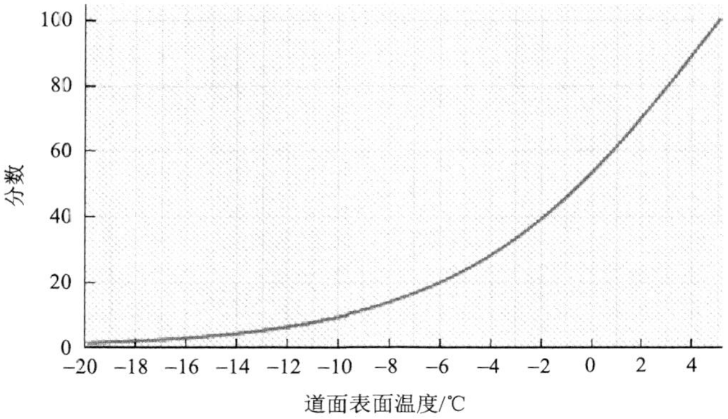

图 10.40　道面温度得分曲线

图 10.41 为污染物厚度得分曲线，尤其是道面表面有积雪和雪浆时，厚度的增加会明显降低道面的摩擦系数，增加起降事故风险。公式采用的污染物厚度为检测区域污染物厚度平均值，参照 RWYCC 中对污染物厚度的规定，当污染物厚度大于 3mm 时，相应的影响因素评分急剧下降，当厚度超过 10mm 后，评分基本不会改变，此时道面需要停航并进行除雪工作。

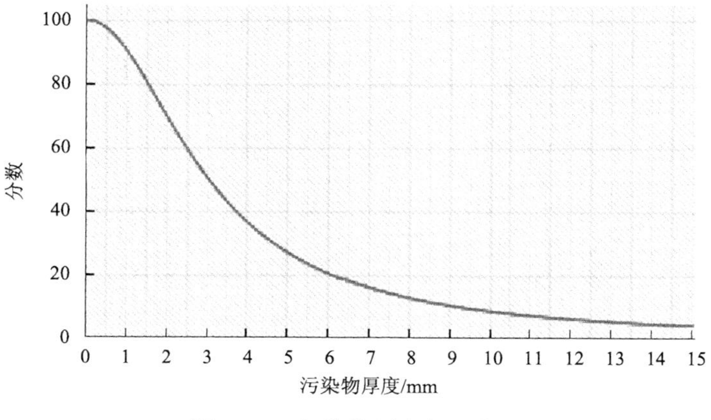

图 10.41　污染物厚度得分曲线

当机场道面处于积雪状态时，α 取值为 1.4，β 取值为 1.0，图 10.42 为对应的污染物覆盖率、道面温度、污染物厚度影响下的道面状况评分情况，评分越低颜色越接近蓝色，表明道面状况越危险；评分越高颜色越接近红色，表明道面状况越接近干道面，越接近安全。

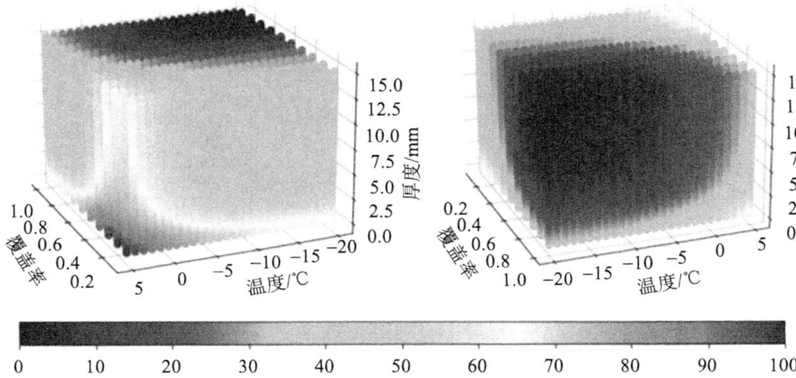

扫码查看彩图

图 10.42　潮湿情况道面表面状况评分图

根据当前道面状况可能造成的危害程度分为四级预警，RSCS 为 60 分以上较为安全，对应四级预警，45～60 分较为危险，对应三级预警，25～45 分危险等级升高，对应二级预警，25 分以下非常危险，对应一级预警。针对不同情况各机场应采取实时监控、停航除雨雪冰等操作。

表 10.18 为采用正交法选取代表性情况的评分评级结果。情况 1、2 为积雪厚度较薄、污染物覆盖率较低、道面温度较高的情况，对应 RWYCC 等级也较高，为 5 级。相对应情况 12、13，虽然雪浆厚度较薄，RWYCC 等级为 5 级，但道面温度低，雪浆极易在低温情况下形成冰层，且覆盖率大，因此 RSCS 较低，对应二级预警。情况 9、10 都为 15mm 厚度雪浆，但雪浆是雪融化成水过程的中间状态，情况 9 道面温度高，随雪浆融化积水排出道面将更加安全，对应二级预警。情况 10 道面温度极低，雪浆易结冰更加危险，对应一级预警。结冰情况 RSCS

表 10.18　评分评级对比

编号	类别	雨雪冰覆盖率	道面温度	雨雪冰厚度	RSCS	RWYCC 等级
1	积雪	0.3	–4	1	65	5
2	积雪	0.4	1	3	59	5
3	积雪	0.5	–17	5	31	3

续表

编号	类别	雨雪冰覆盖率	道面温度	雨雪冰厚度	RSCS	RWYCC 等级
4	积雪	0.6	–11	7	29	3
5	积雪	0.7	5	9	57	3
6	积雪	0.9	–16	15	20	3
7	积雪	0.3	–4	4	52	3
8	积雪	1	–7	15	25	3
9	雪浆	0.3	5	15	39	2
10	雪浆	0.9	–16	15	14	2
11	雪浆	0.3	–4	4	35	2
12	雪浆	1	–16	3	26	5
13	雪浆	0.7	–7	1	36	5
14	雪浆	0.8	–14	7	19	2
15	雪浆	0.9	–11	11	17	2
16	雪浆	1	–20	9	17	2
17	冰	0.3	–7	9	11	1
18	冰	0.7	–17	7	7	1
19	冰	0.5	–11	11	7	1
20	冰	0.6	–14	13	6	1
21	冰	0.7	–20	15	5	1
22	冰	0.8	1	5	16	1
23	冰	0.9	5	3	22	1
24	冰	0.3	–4	1	18	1

均低于 25 分，处于非常危险状态，同时对应的 RWYCC 等级也是最低的 1 级，场务工作人员应立刻采取处理措施。

RWYCC 等级只考虑当前道面状态进行评级，本节的 RSCS 公式考虑温度变量，即对雨雪冰状态的变化趋势加以考虑，能够作为当前道面状况评级的补充，为机场提供更加全面的数据支持。

10.7.3 道面雨雪冰状态识别与预警系统

为将机场道面雨雪冰状态检测与预警技术落实到应用中，将机场道面状态识别、道面雨雪冰状态分割模型和道面雨雪冰厚度计算方法进行整合，建立了机场道面状态实时监测系统。该系统主要功能为输入机场道面图像数据，通过机器视觉进行道面状态识别，判别道面目前干燥、潮湿、积水、结冰、积雪、雪浆状态，并对不同区域状态进行像素级分割，通过输入同一位置的多张不同角度图像，得到该区域道面表面三维点云数据，进行道面覆盖雨雪冰厚度计算。根据道面表面状况评分结果对道面雨雪冰状态进行预警。

系统中雨雪冰状态检测模块的功能主要是完成整个系统对图像和点云文件的基本管理和结果展示，文件模块包含新增、导入文件、导出文件、删除功能，如图 10.43 所示。用户可以在文件模块进行文件管理，在进行文件管理时，用户可以上传实拍图像文件、打开点云文件、重置点云文件，通过道面状态识别模型进行道面状态识别。“打开点云文件”功能的实现首先应该根据用户选择的点云文件，判断文件格式是否符合要求，系统支持“.txt”、“.ply”以及“.las”的点云文件读取。系统可根据用户自定义选择的文件路径保存系统加载的或者已经处理后的点云数据，保存文件格式默认为“.txt”。

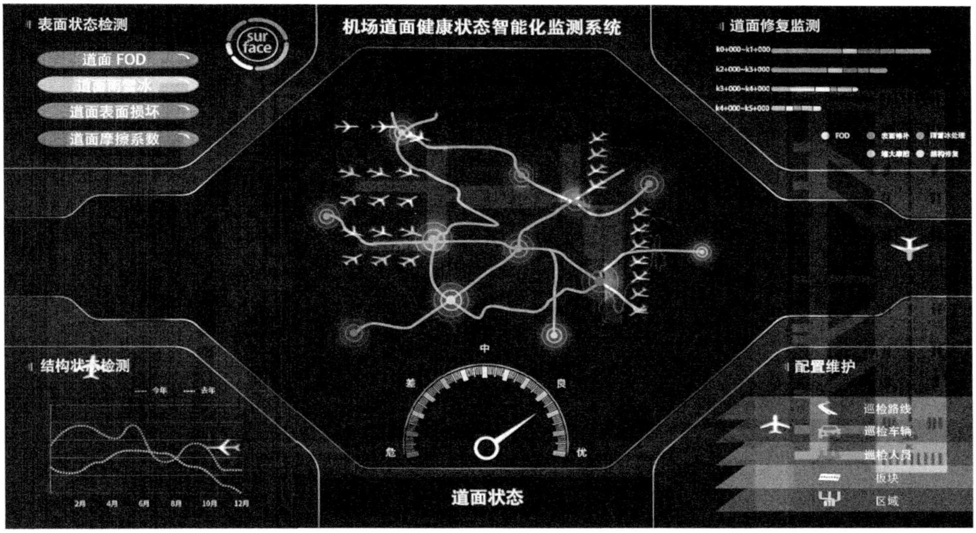

图 10.43　机场道面雨雪冰状态检测界面

扫码查看彩图

依据获取到的图片利用道面雨雪冰状态识别和分割模型获取当前道面状态，将模型训练好的权重嵌入系统，实现实时雨雪冰状态检测。同时结合道面温度信息计算 RSCS，并根据得分给出预警等级，如图 10.44 所示。

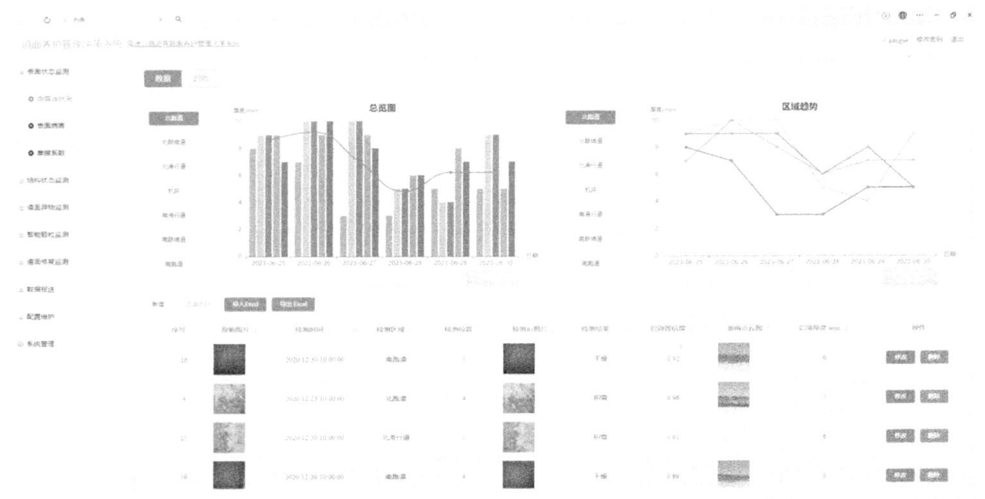

图 10.44　机场道面雨雪冰状态预警界面

参 考 文 献

[1] 李斯. 基于谱图理论的机场道面除冰雪群作业研究. 天津: 中国民航大学, 2018.

[2] RSCD-Road_Surface_Classification_Dataset. [2024-06-30]. https://github.com/ztsrxh/RSCD-Road_Surface_Classification_Dataset.

[3] Chen Y, Wang K J, Zhou W F. Evaluation of surface textures and skid resistance of pervious concrete pavement. Journal of Central South University, 2013, 20(2): 520-527.

[4] Piccardi A, Colace L. A sensor for the optical detection of dangerous road condition//Proceedings of the 7th International Conference on Photonics, Optics and Laser Technology, Prague, 2019: 280-285.

[5] 张久鹏, 王培, 葛敬勇, 等. 基于红外技术的沥青路面积水结冰厚度测试方法与影响因素. 东南大学学报(自然科学版), 2019, 49(6): 1187-1192.

[6] Bay H, Ess A, Tuytelaars T, et al. Speeded-up robust features(SURF). Computer Vision and Image Understanding, 2008, 110(3): 346-359.

[7] 孙中华, 蒋斌, 贾克斌. 基于朴素贝叶斯分类的路面积雪状态检测. 吉林大学学报(工学版), 2013, 43(S1): 380-383.

[8] 武洪强. 基于支持向量机的路面状态视频图像识别技术研究. 北京: 北京交通大学, 2017.

[9] Pan G Y, Fu L P, Yu R F, et al. Evaluation of alternative pre-trained convolutional neural networks for winter road surface condition monitoring//The 5th International Conference on Transportation Information and Safety, Liverpool, 2019: 614-620.

[10] Nolte M, Kister N, Maurer M. Assessment of deep convolutional neural networks for road surface classification//The 21st International Conference on Intelligent Transportation

Systems (ITSC), Maui, 2018: 381-386.

[11] 徐诚极, 王晓峰, 杨亚东. Attention-YOLO: 引入注意力机制的 YOLO 检测算法. 计算机工程与应用, 2019, 55 (6): 13-23, 125.

[12] Howard A, Sandler M, Chen B, et al. Searching for MobileNetV3//2019 IEEE/CVF International Conference on Computer Vision (ICCV), Seoul, 2019: 1314-1324.

[13] 谭舒亚, 葛俊锋, 叶林, 等. 非接触式路面结冰探测技术研究进展. 公路, 2015, 60(6): 244-249.

[14] 刘建华. 基于最小二乘支持向量机的机场道面积冰厚度预测. 天津: 中国民航大学, 2020.